职业素养通修教程

主　编　叶　蓉　文峥嵘

天津大学出版社
TIANJIN UNIVERSITY PRESS

内容摘要

基本职业素养是职业人的安身立命之本。本书紧扣职场对人才的基本素养要求精心选择编写内容，由概论、职业意识、信息素养、学习能力、沟通能力、协作能力、礼仪修养七个部分构成。书中穿插了大量贴近学生、贴近职场、经典实用的案例，可读性强，每一模块精心设计了拓展训练项目，突出了实用性、操作性和趣味性。

图书在版编目(CIP)数据

职业素养通修教程/叶蓉，文峥嵘主编. —天津：天津大学出版社，2014.8（2019.7重印）
ISBN 978-7-5618-5147-0

Ⅰ.①职… Ⅱ.①叶…②文… Ⅲ.①职业道德-教材 Ⅳ.①B822.9

中国版本图书馆 CIP 数据核字(2014)第170468号

出版发行	天津大学出版社
地　　址	天津市卫津路92号天津大学内(邮编:300072)
电　　话	发行部:022-27403647
网　　址	publish.tju.edu.cn
印　　刷	天津市蓟县宏图印务有限公司
经　　销	全国各地新华书店
开　　本	185mm×260mm
印　　张	16
字　　数	399千
版　　次	2014 年 8 月第 1 版
印　　次	2019 年 7 月第 5 次
定　　价	32.00元

编 委 会

主　编　叶　蓉　文峥嵘

副主编　马　蜂　胡广龙

参　编　邹　莉　冯　玫　张素君

前　言

良好的职业素养既是驰骋职场的通行证,又是成功人生的奠基石。当代大学生走出校园,如何在激烈的就业竞争中脱颖而出?步入职场,如何在人才济济的职业环境中游刃有余?手持令人艳羡的大学文凭,怀揣令人眼花缭乱的职业资格证书、技能等级证书去求职,未必能够获得人事经理们的认同;在职场上一味埋头苦干,未必能获得晋升的空间。因为,相比知识和技能,企业更看重员工的基本职业素养。

基本职业素养就是职场人工作时应具备的最基本、最核心、最关键的素质和能力。如何提升基本职业素养?这正是本书编写的初衷。我们在深入企业对员工基本职业素养调研分析的基础上,根据企业对人才素养的要求,为适应准职场人、职场新人可持续发展的内在需求,编写了本书,希望以此书为依托,通过养成教育,让大学生能够立足现在、把握未来,不断提升基本职业素养,使之成为他们的安身立命之本!

在本书编写过程中,我们着力凸显以下三个特点。

第一,实用性。无论是概论部分还是其后任何一个模块,我们较少着墨于理论知识的深刻阐述,而是引用了古今中外的大量典型案例。通过案例的分析和阅读,使每一个希望找到理想工作或渴望纵横驰骋职场的读者清楚地了解在职场上经常遇到的与素养有关的问题以及如何正确面对并妥善解决这些问题。

第二,操作性。我们摒弃了枯燥的说教,在进行必要的理论阐述的基础上,着眼于如何提升基本职业素养,以行为养成为主线,以传授技巧为重点,让读者在其中体验、感悟、提升,达到自我觉察、自我教育、自我发展的目的,从而提升基本职业素养。为配合教材使用,我们在每一模块都设计了系列实操训练题,适合课堂练习或作为课外素质拓展训练项目。

第三,趣味性。我们以职场中的典型案例为切入点,穿插了一些情境、案例、故事、背景等,以事说法,以境论道,激发阅读兴趣。此外,我们特意搜集了很多基本职业素养方面的测试题,读者可以自由选取感兴趣的部分做一些小测试,了解自己的优势与不足,明了改进的方向。

总之,本书层次分明、条理清晰、体例新颖、可读性强,较好地做到了理论与实践的结合、学习与应用的统一。

全书分为七个部分,“概论 素养成就人生”由胡广龙编写,“模块一 职业意识”由马蜂编写,“模块二 信息素养”由邹莉编写,“模块三 学习能力”由张素君编写,“模块四 沟通能力”由叶蓉编写,“模块五 协作能力”由文峥嵘编写,“模块六 礼仪修养”由冯玫和文峥嵘共同编写。

本书编写过程中,我们参考了国内近期出版的有关教材、著作、论文等,吸收和借鉴了相关作者的研究成果和学术精华;此外,搜索了人民网、百度、搜狐、新浪、阿里巴巴等网站上的大量文献,引用了其中的案例、数据,在此表示诚挚的谢意!另有一些资料、案例由于是多年积累,现已无法查证出处,在此对无法标注的相关作者表示深深的谢意和歉意,也希望相关作者及时与我们联系。

本书特邀武汉软件工程职业学院副校长王路群教授和教务处处长张红卫教授参与审稿,他们严谨细致地提出了许多宝贵的指导意见,在此致以衷心的感谢!在编写过程中,也得到了天津大学出版社的精心指导和鼎力支持,在此一并表达诚挚的谢意!

由于编写此书是一项开创性的工作,加之经验不足、水平有限,在内容选择和体例安排上难免存在疏漏之处,敬请专家学者和师生员工批评指正,以利今后修改完善。

编者

2014 年 5 月

目　　录

概论　素养成就人生

【情境导入】

感动中国的码头工人

1972 年孔祥瑞初中毕业后被分配到天津港码头当工人。1985 年他放弃了在职工大学深造的机会，把工作岗位当成课堂，把生产实践作为教材，把设备故障作为课题，把身边拥有一技之长的工友当作老师，勤奋学习，刻苦钻研。他有记工作日志的习惯，小本子每天随身携带，设备出现哪些故障、什么原因、修理过程、注意事项等一一记录在案。日积月累，一本本工作日志成为他搞技术创新的资料库。

孔祥瑞说："一个好工人就应该爱岗敬业，对国家要忠，对工友要义，对企业要爱，对工作要专。"在他身上时时体现出身先士卒、先人后己，与工友同甘共苦、和谐相处的优秀美德。

1999 年 7 月 1 日下午 3 时，天津港码头作业现场地面温度已达 40 摄氏度，一台正在作业的主力门机却突然短路起火。此时，烈日下晒了一天的门机表面已经热得烫手，冒着浓烟的铁皮机房温度也超过了 50 摄氏度。此时，孔祥瑞心急如焚。南方五省电厂电煤告急，国务院急令抢运，不能耽搁啊。"军情紧急！"孔祥瑞第一个钻进了烤箱似的机房。时间一分一秒地过去了，汗水不断流进他和工友们的眼眶、嘴角，湿透了工装。他和 5 名工友个个挥汗如雨，喉咙冒烟，每个人的工装上都可以拧出水来。6 个人喝了整整 5 箱矿泉水，却没人去厕所。孔祥瑞让工友们轮换着出机房喘口气儿，而他却一直扎在机房里不停地抢修，直到晚上 11 时，整整干了 8 个小时。故障修复，装船作业恢复了，走出大罐的孔祥瑞才长长地出了一口气，身体像棉花一样，瘫坐在地上。

孔祥瑞就是这样把全部身心投入到他热爱的本职工作中，几十年如一日，无怨无悔。数十年来，他取得 150 多项科技成果，为企业创造效益 8 400 多万元。继获得全国劳动模范、全国"五一"劳动奖章、全国优秀共产党员等 20 多项荣誉称号之后，2006 年他荣膺"中华技能大奖"，2009 年又被评为"100 位新中国成立以来感动中国人物"。

（新华网，http://www.xinhuanet.com/politics/zt20061031，略改）

你是否会有这样的疑问：为什么有人总是激情工作，快乐生活？为什么有人总是能得到领导的赏识和器重？为什么有人学历不高，能力似乎也不强，但职务、薪酬却令人羡慕？你或许也发出了这样的感慨：为什么我时常在人际关系方面遭遇挫折？为什么我总是竞争不过他人？为什么我总是难以投入激情，缺乏成就感？而你是否清楚，这一切都与个人的基本职业素养息息相关。

无论你从事什么工作，成功的基础都是你的态度和素养，这决定了我们在职场上的成就。孔祥瑞从一名普通的中专生到蓝领专家,靠的是什么?靠的正是他脚踏实地、敢于担当、勇于创新、身先士卒、甘于奉献的基本职业素养。细节决定成败,素养成就人生。基本职业素养贯穿于整个职业生涯,是笑傲职场的利刃锐器,是职场安身立命之本。

【案例1】

比尔·盖茨担任图书管理员

1965年,美国西雅图景岭学校有一位名叫比尔·盖茨的小学四年级学生。他到学校图书馆帮忙,管理员让他把别人还书时放错了位置的书放回正确的位置。小盖茨问:"像是当侦探吗?"管理员说:"那当然。"小盖茨便不遗余力地干起来。第一天,他找出好几本放错地方的书。第二天,他来得更早,而且干得更卖力气。过了两个星期,小盖茨搬家到另一个地方,并转到当地一所新学校就读。临走时,小盖茨担心地说:"我走了,谁来整理那些站错队的书呢?"又过了两个星期,小盖茨竟然重新回到西雅图景岭学校。原来,新学校的图书馆不让学生帮忙,失望之下,盖茨提出回原学校。妈妈拗不过,只好把小盖茨转回西雅图景岭学校。由于上学路远,小盖茨的爸爸承担了开汽车接送他的任务。这个小盖茨,就是后来成为世界首富的比尔·盖茨。

(新浪网,http://ent.sina.com.cn/x/2005-08-13/0802809365.html)

一、职业素养概述

(一)职业

1.职业的含义

职业是参与社会分工,利用专门的知识和技能,为社会创造物质及精神财富,从中获取合理报酬,满足物质生活和精神生活的工作。职业的含义强调了五个方面。

(1)社会分工。比如我们要穿牛皮鞋,但却不能从养牛做起,在养牛、杀牛、制皮、设计鞋样、制作皮鞋、销售皮鞋的各个环节中,都需要有不同的人参与其中,每个人做一份工作,最终才能满足穿牛皮鞋的需要。

(2)知识技能。每一种职业都要具备专门的知识和技能。比如,推销人员除需要基本的企业知识、产品知识、营销知识、消费者知识外,还需要具备学习能力、洞察能力、分析能力、人际交往能力、执行能力等。

(3)创造财富。农民种粮食、蔬菜,服装设计师设计漂亮的衣服,建筑工人建造高楼大厦,作家著书,舞蹈家跳舞等,这些都属于创造财富。有的人创造物质财富,有的人创造精神财富。有的人是直接创造,如生产产品;有的人是间接创造,比如做保安是在保护别人的财富。

(4)合理报酬。每个职业人一定要通过创造财富来获得合理报酬。我们创造出来的财富,一部分上缴国家,一部分留在企业,一部分由自己消费,各部分比例用法律规定或者由利益各方商定,这叫合理报酬。

(5)满足需求。一个人通过获得报酬以满足物质生活和精神生活上的需求。物质生活需求的满足是指通过资金去购买生活上的必需品,包括吃穿住行的用品;精神生活上的需求,包括喜悦感、团队认同感、实现自我价值以后的满足感等。

2. 职业的分类

由于世界各国国情不同,其划分职业的标准也有所区别。

(1)国际标准职业分类。1958 年,联合国颁布《国际标准职业分类》,把职业由粗至细分为四个层次,包括 8 个大类、83 个小类、284 个细类、1 506 个职业项目,总共列出职业 1 881 个。其中 8 个大类是:①专家、技术人员及有关工作者;②政府官员和企业经理;③事务工作者和有关工作者;④销售工作者;⑤服务工作者;⑥农业、牧业、林业工作者及渔民、猎人;⑦生产和有关工作者、运输设备操作者和劳动者;⑧不能按职业分类的劳动者。

(2)我国职业分类。据统计,我国现有 1 万多种职业,都与国民经济的产业、行业有着密切联系。1999 年颁布的《中华人民共和国职业分类大典》根据我国国情,按照工作性质同一性原则,参照国际职业分类标准,对我国社会职业进行了科学划分,一共分为 8 个大类、66 个中类、413 个小类、1 838 个职业。其中 8 个大类是:①国家机关、党群组织、企事业单位的负责人;②各类专业、技术人员;③办事人员和有关人员;④商业、服务业人员;⑤农、林、牧、渔、水利劳动者;⑥生产、运输设备操作人员及有关人员;⑦军人;⑧不便分类的其他从业人员。

(二)职业素养

"素养"一词在《汉书 · 李寻传》中这样记载:"马不伏历,不可以趋道;士不素养,不可以重国。"其含义就是修炼涵养。素养就是在遗传因素的基础上,受后天环境、教育的影响,通过个体自身的体验认识和实践磨炼,形成的比较稳定的、内在的、长期发生作用的基本品质结构,包括人的思想、道德、知识、能力、心理、体格等。从层次结构上划分,深层为自然生理素养,包括体质、体格、本能、潜能、体能、智能等;中层为心理素养,包括认知素质与才能品质,需要层次与动机品质、气质与性格意志品质、自我意识与个性心理品质;外层为社会文化素养,包括科学精神、道德素养、审美素养等。素养也通常被称为素质。

职业素养则是劳动者对社会职业了解与适应能力的一种综合体现,是人类在社会活动中需要遵守的行为规范,是职业内在的要求。其主要表现在职业兴趣、职业习惯、职业能力、职业个性及职业情况等方面。影响和制约职业素养的因素很多,主要包括受教育程度、实践经验、社会环境、工作经历以及自身的一些基本情况(如身体状况等)。

职业素养包含职业心态、职业知识技能、职业行为习惯三大核心。职业心态是职业素养的核心,良好的职业心态应该是由爱岗、敬业、忠诚、奉献、正面、乐观、用心、开放、合作及始终如一等组成。职业知识技能是做好一个职业应该具备的专业知识和能力。职业行为习惯是在职场上通过长时间的学习、改变、形成,而最后变成习惯的一种职场综合素质。习惯是一种定型的行为,是长时期逐渐养成的思维、语言、行为等生活的方式。

(三)基本职业素养

美国心理学家莱尔 · M. 斯潘塞(Lyle M. Spencer)和塞尼 · M. 斯潘塞(Signe M. Spencer)于 1973 年提出"素质冰山模型"理论,将企业人员个体素质划分为表面的"冰山以上部分"和深藏的"冰山以下部分"。其中,"冰山以上部分"包括基本知识、基本技能,约占 20%;而

"冰山以下部分"包括社会角色、自我形象、特质和动机,约占80%,对人员的行为与表现起着关键性作用。

如果把一个员工的全部才能看作一座冰山,浮在水面上的是他所拥有的资质、知识、行为和技能,这些都是员工的显性素养,可以通过各种学历证书、职业证书来证明,或者通过专业考试来验证;而潜在水面下的东西,包括职业道德、职业意识和职业态度,称为隐性素养。显性素养和隐性素养的总和,就构成了一个职业人所具备的全部职业素养。

隐性素养也被称为基本职业素养。职业素养既然有大部分潜伏在水下,就如同冰山有五分之四存在于水下一样,正是这五分之四的隐性素养部分支撑了一个人的显性素养部分。所以,一个人的基本职业素养对一个人的职业发展至关重要。

基本职业素养就是职业人把工作做好应具备的最基本、最核心、最关键的素质和能力。从构成上看,基本职业素养具体体现在学习能力、沟通能力、组织协调能力、意志品质、进取心和求知欲、敬业精神、责任意识、团队意识等诸多方面。基本职业素养涉及面广,覆盖内容较多,其中最重要、最核心的内容可以概括为十个方面:敬业、诚信、务实、沟通、协作、主动、坚持、自控、学习、创新。它们是基本职业素养所涵盖的职业道德、职业意识、职业态度的具体体现。

基本职业素养具有以下特征。

(1)普适性。不同的职业对岗位要求不尽相同,但对基本职业素养的需要却是统一的。

(2)稳定性。一个人的基本职业素养是在长期执业期间日积月累形成的。它一旦形成,便产生相对的稳定性。

(3)内在性。从业人员在长期的职业活动中,经过自身学习、认识和亲身体验,知道怎样做是对的,怎样做是不对的,从而有意识地内化、积淀和升华这一心理品质。即人们常说:"把这件事交给某人去做,有把握,让人放心。"人们之所以放心把事情交给他,就是因为办事之人内在素养好。

(4)发展性。社会的发展对人们不断提出新的要求;同时,人们为了更好地适应、满足社会的发展的需要,也要不断提高自身的素养。从这一角度来说,基本职业素养具有发展性。

【案例2】

递送盒子的职场考验

一位年轻人毕业后被分配到一个海上油田钻井队,能与美丽的大海为伴那是多么幸运的事啊!年轻人兴致勃勃地来到了海上钻井现场。这时,师傅要求他在10分钟内登上几十米高的钻井架,把一个盒子送到坐在顶层的主管手里。这有什么难的!年轻人拿着盒子快步登上狭窄的舷梯,到了顶层他已气喘吁吁。主管收到盒子后没说什么,只在上面签名后就让他送下去。

年轻人又快步跑下舷梯,把盒子交给师傅,他想着眼下没有什么事情了,就想坐下来歇歇。谁知,师傅拿着自己签了名的盒子交给他,让他用同样的时间再送给主管。他看了看师傅，犹豫了一下，转身登上舷梯。第二次登上顶层把盒子交给主管时，他已经浑身是汗，两腿止不住地打颤。主管头也没抬，在盒子上签下名字，让他再送下去。下来后，师傅接到盒子又签上字，要求他再送上去。

这时候，年轻人有些怒不可遏，但考虑到自己是新人就忍住了。这一次他是一个台阶一个台阶地爬上去的，当他第三次把盒子递给主管时，主管阴沉着脸说："这一次怎么搞的，你没有按时间完成任务，把盒子打开！"年轻人打开盒子，里面是一个玻璃杯，一包咖啡，一包咖啡伴侣。

主管指着身边的暖瓶对他说："冲杯咖啡。"年轻人简直忍无可忍了，"咣当"一下把盒子扔在地上，大声说："我不干了！"主管站起身来语重心长地说："刚才让你做的这些其实是承受极限的训练。因为我们在海上作业，随时会遇到危险，一方面要求队员必须有极为专业的攀爬能力，另一方面要求大家必须具有极强的专注和耐挫能力，只有这样才能承受各种危险的考验，完成海上作业任务。你没有喝到自己冲的甜咖啡。现在，你可以另谋高就了。"

（中国管理传播网，http://manage.org.cn/article/200704/45660.html，略改）

二、基本职业素养的作用

基本职业素养是一只无形的手，你看不见它，但它无时无刻不在发挥着关键甚至是决定性作用。一个人基本职业素养的高低，直接关系到他一生的职业成就。一流的员工一定拥有一流的基本职业素养。

世界经合组织的柯林·博尔提出，21世纪人才必须有三本护照、三种生产能力和三种财富。三本护照分别是学术性护照，职业性护照，事业心、进取精神、创造能力和协调组织能力护照；三种生产能力分别是创造能力、塑造能力和想象能力；三种财富分别是创造性、健康和交往。这"三个三"实际就是对人才的知识结构、能力结构和综合素质的高度概括。

能力结构指高素质人才对于从事专业岗位工作所必需的基本能力组成。从人才全面发展的目标及21世纪对大学生能力的需要和大学生成才战略来考虑，21世纪大学生在能力结构方面应具备知识的自我更新能力，信息的灵活处理能力，良好的适应能力、实践动手能力、分析和解决问题的能力以及团队合作、沟通交际和组织管理能力。

近些年，我国就业市场出现一种怪现象：一方面不少企业求贤若渴，另一方面求职者一职难求。这一现象的产生，固然有诸多方面的原因，但企业的叫苦不能不引起我们的注意，企业在招聘和用人中最不满意的就是毕业生的基本职业素养问题，这突出表现在以下四个方面。

（1）就业学生诚信不足。当前毕业生的不诚实现象日益凸显，如夸夸其谈自己的专业成绩，好得叫人"瞠目"。

（2）图安逸，怕吃苦。"大城市、好单位、高薪"是大学生的首选。据不完全统计，约有90%的毕业生选择效益好、工资高、地处大中城市的好单位，愿意到急需人才的边远地区和艰苦行业的毕业生仅占2%。

（3）善小不为，善大难为。对一些轻而易举就能干好的小事情，不愿干、不屑干，即使是单位要求，也很不情愿，认为浪费了自己的青春。

（4）是不愿与人团结互助、共同合作。

而企业最看重的正是毕业生的基本职业素养。良好的基本职业素养是大学生进入企业的“金钥匙”，是个人事业成功的基础，也是企业评价人才的重要指标。而调查表明，接近100%的大学生不了解、不迫切希望知道用人单位招聘、录用、使用人才的素质与能力基本标准。

【案例3】

世界著名企业的用人标准

摩托罗拉：5个E

第一个E——Envision（远见卓识），即对科学技术和公司的前景有所了解，对未来有憧憬；第二个E——Energy（活力），即要有创造力，并且灵活地适应各种变化，具有凝聚力，能带领团队共同进步；第三个E——Execution（行动力），即不能光说不做，要行动迅速、有步骤、有条理、有系统性；第四个E——Edge（果断），即有判断力、是非分明、敢于并且做出正确的决定；第五个E——Ethics（道德），即品行端正、诚实、值得信任、尊重他人、具有合作精神。

IBM：高绩效

IBM需要“高绩效”的人才，在IBM的“高绩效”文化中，主要包括三个方面：“win”——必胜的决心；“execution”——又快又好的执行能力；“team”——团队精神。

微软：雇佣有潜质的人

比尔·盖茨说：“在我的公司里，我愿意雇佣有潜质的人，而不是那些有经验的人。因为从长远来看，潜质更有价值。如果雇员以加薪或是提升作为条件威胁要辞职，那么即使会造成短期的麻烦局面，我也让他们走，因为不受眼前因素左右的雇佣政策将有利于公司长远发展。”

宝洁：八项基本原则

宝洁公司对人才重要性是这样理解的：如果你把我们的资金、厂房及品牌留下，把所有的人带走，我们的公司会垮掉；相反，如果你拿走我们的资金、厂房及品牌，留下我们的人，10年内我们将重建一切。宝洁公司对人才素质的要求归结为八个方面：领导能力、诚实正直、能力发展、承担风险、积极创新、解决问题、团结合作、专业技能。需要指出的是“这八个方面是并列的，没有顺序先后。”“诚实正直”和“专业技能”一样重要。

（中国行业信息网，http://news.cnlinfo.net/marketing/2008/08/05/28004.htm）

三、基本职业素养的培养

大学生基本职业素养的培养，不仅应该较好满足其多元发展的需要，而且应当遵循“四个结合”原则，即现在学习与将来工作相结合，个别需要与一般需要相结合，情商发展与智商发展相结合，一时需要与一世需要相结合。实现这四个结合，需要学生、学校、社会齐心协力、共同努力。

(一)自我培养

大学生应该加强基本职业素养的自我修炼,在思想、情操、意志、体魄等方面进行自我锻炼。同时,还要培养良好的心理素质,增强应对压力和挫折的能力,善于从逆境中寻找转机。具体来说,大学生基本职业素养可以着重从以下六个方面进行自我培养。

(1)在大学生活中培养职业道德。必须把良好道德品质的培养放在首位,形成“说老实话、办老实事、做老实人”的好品质,自觉遵守道德法则。在自我教育、自我管理中做遵纪守法的进步青年,在学习中知法、懂法、守法、不违法;同时通过社会实践活动自觉培养爱岗敬业、奉献社会、服务大家的良好职业道德。

(2)在平时的学习活动中培养职业形象。在平时的学习活动中,树立正确的人生观、价值观,陶冶情操,内外兼修,掌握社交技术,灵活应用社交礼仪,塑造良好的职业形象。

(3)在实习实训中培养职业态度。在社会实践、校内实习实训等职业环境中了解职业前景,增强对职业的认识和热爱,完善自我,挖掘潜能,通过自我调整,养成正确的职业态度。

(4)在专业理论和实践课中培养职业技能。在专业理论和实践课中,获取专业知识,考取各类证书,培养交际能力、竞争能力、合作能力。

(5)在活动中培养良好沟通能力。在活动中,自主创设谈话情景,锻炼口语表达能力,自主训练非有声语言表达能力,有效表达内在思想和气质。

(6)在团队活动中培养团队协作精神。通过集体活动和与团队成员沟通,自主培养团体情感,在团体活动中尽情感受竞争与合作的关系、个人与集体的关系,学会欣赏别人、赞美别人。

【案例4】

追梦少年梦想成真

2009年,李长青高考落榜,父母希望他能读一所民办大学,李长青却有自己的想法:听朋友介绍说一些IT职业教育的课程学期只需一年,毕业后有机会进入IT业成为一名白领。怀揣IT白领梦想的李长青开始了他的IT培训生活。由于目标明确,李长青学习很用功,学习成绩一直很棒。为了锻炼自己的综合素质,他还积极参与学校社会活动。

期间,李长青被选为学校“魔鬼训练营”讲师。有一段时间,经过学校楼下的人,总会看到这样的场景:一名同学站在队伍前面,大声说出自己的名字,说一些心里话,并大声喊出“我是最棒的!”这是李长青带领同学们进行的一项心理防线的突破训练。一个优秀的网络技术工程师不仅要有过硬的技术,还要具备良好的与人沟通能力。“同学们都太害羞了,要加强锻炼。”李长青这样认为,也这样努力着。他还根据自己学习COT职业素质导向课程的心得,整理出一套职业礼仪与职场注意事项的材料,做成PPT给同学们讲解。在一年培训期间,李长青学到了很多专业技能及职业素养知识。学校的职业导向课程中传授的职业素养、职场礼仪、时间管理等都十分实用,为李长青未来的职业生涯增加了筹码,也帮助他在日后的求职面试中脱颖而出。

培训结束后,李长青以一名准职业人的状态参与IT岗位的应聘。在老师推荐下,拥有良好技术能力与全面素质的李长青还没有正式毕业就顺利通过了亿雅捷交通系统(北京)有限公司的面试,担任运维工程师,负责公司的网络搭建和运维。一年前,还是一名失落的高考落榜生;一年后,凭借自己的努力成为一名令人羡慕的IT白领。

(腾讯教育,http://edu.qq.com/a/20101117/000076.htm,略改)

(二)学校培养

大学要把学生基本职业素养的养成作为重点工作,将之纳入学生培养的系统工程,使学生在步入大学校门的那一天起,就明白学校与社会的关系、学习与职业的关系、自己与职业的关系,全面培养大学生的隐性职业素养。

学校要构建理论与实践一体化的课程体系,形成以真实工作场景为载体的、课内外实训并举的教学模式,突出实际的应用性;并注意以表扬鼓励与挫折教育相结合,将基本职业素养的培训贯穿于日常过程考核中。

学校还应成立相关职能部门,帮助大学生完成基本职业素养的全过程培养。如以就业指导部门为基础成立大学生职业发展中心,开设相应课程,及时向大学生提供职业教育和实际职业指导。

(三)社会培养

大学生基本职业素养的培养不能仅仅依靠学校和学生本身,社会资源的支持也很重要。很多企业都想把毕业生直接投入"使用",但是却发现很困难。企业界也逐渐认识到,要想获得较好职业素养的大学毕业生,企业也应该参与到大学生的培养中来。可以通过以下的方式进行:企业与学校联合培养大学生,提供实习基地以及科研实验基地;企业家、专业人士走进高校,直接提供实践知识、宣传企业文化;完善社会培训机制,对高校大学生进行专业的入职培训以及职业素养拓展训练等。

总之,大学生基本职业素养的培养是目前高等教育的重要任务之一,而这一任务的进行,需要大学生、高校及社会等多方面的协同配合。

【自我测试】

国际标准情商测试题

美国心理学家认为:在人成功的诸多主观因素中,智商(IQ)因素大约占20%,而情商(EQ)则占80%左右。情商包括五个方面的内容:一是认识自身的情绪,因为只有认识自己,才能成为自己生活的主宰;二是能妥善管理自己的情绪,即能调控自己;三是自我激励,它能够使人走出生命中的低潮,重新出发;四是认知他人的情绪,这是与他人正常交往,实现顺利沟通的基础;五是人际关系的管理,即领导和管理能力。

下面是国际标准情商测试题,可口可乐、麦当劳、诺基亚等众多世界500强企业,曾以此作为员工EQ测试的模板,帮助员工了解自己的EQ状况。通过以下测试,你能对自己的EQ有所了解。但切记这不是一个求职询问表,用不着有意识地尽量展示你的优点、掩饰你的缺点。如果你真心想对自己有一个准确判断,就请如实选择。其中共33道题,测试时间25分钟,最高EQ为174分。

第1~9题:请选择一个和自己最切合的答案,将答案填入横线处。

1. 我有能力克服各种困难:______

A. 是的　　B. 不一定　　C. 不是的

2. 如果到一个新的环境,我要把生活安排得:______

A. 和从前相仿　　B. 不一定　　C. 和从前不一样

3. 一生中,我觉得自己能达到我所预想的目标:______

A. 是的　　B. 不一定　　C. 不是的

4. 不知为什么,有些人总是回避或冷淡我:______

A. 不是的　　B. 不一定　　C. 是的

5. 在大街上,我常常避开我不愿打招呼的人:______

A. 从未如此　　B. 偶尔如此　　C. 有时如此

6. 当我集中精力工作时,假使有人在旁边高谈阔论:______

A. 我仍能用心工作　　B. 介于A、C之间　　C. 我不能专心且感到愤怒

7. 我不论到什么地方,都能清晰地辨别方向:______

A. 是的　　B. 不一定　　C. 不是的

8. 我热爱所学的专业和所从事的工作:______

A. 是的　　B. 不一定　　C. 不是的

9. 气候的变化不会影响我的情绪:______

A. 是的　　B. 介于A、C之间　　C. 不是的

第10~16题:请如实选答,将答案填入横线处。

10. 我从不因流言蜚语而气愤:______

A. 是的　　B. 介于A、C之间　　C. 不是的

11. 我善于控制自己的面部表情:______

A. 是的　　B. 不太确定　　C. 不是的

12. 在就寝时,我常常:______

A. 极易入睡　　B. 介于A、C之间　　C. 不易入睡

13. 有人侵扰我时,我:______

A. 不露声色　　B. 介于A、C之间　　C. 大声抗议,以泄己愤

14. 在和人争辩或工做出现失误后,我常常感到震颤、精疲力竭,而不能继续安心工作:______

A. 不是的　　B. 介于A、C之间　　C. 是的

15. 我常常被一些无谓的小事困扰:______

A. 不是的　　B. 介于A、C之间　　C. 是的

16. 我宁愿住在僻静的郊区,也不愿住在嘈杂的市区:______

A. 不是的　　B. 不太确定　　C. 是的

第17~25题:请选择和自己最切合的答案,将答案填入横线处。

17. 我被朋友、同事起过绰号、讥讽过:______

A. 从来没有　　B. 偶尔有过　　C. 这是常有的事

18. 有一种食物使我吃后呕吐：______

A. 没有　　B. 记不清　　C. 有

19. 除去看见的世界外，我的心中没有另外的世界：______

A. 没有　　B. 记不清　　C. 有

20. 我会想到若干年后有什么使自己极为不安的事：______

A. 从来没有想过　　B. 偶尔想到过　　C. 经常想到

21. 我常常觉得自己的家庭对自己不好，但又确切地认识他们的确对我好：______

A. 否　　B. 说不清楚　　C. 是

22. 每天我一回家就马上把门关上：______

A. 否　　B. 不清楚　　C. 是

23. 我坐在小房间里把门关上，但我仍觉得心里不安：______

A. 否　　B. 偶尔是　　C. 是

24. 当一件事需要我做决定时，我常觉得很难：______

A. 否　　B. 偶尔是　　C. 是

25. 我常常用抛硬币、翻纸、抽签之类的游戏来猜测吉凶：______

A. 否　　B. 偶尔是　　C. 是

第26～29题：请选择“是”或“否”，将答案填入横线处。

26. 为了工作我早出晚归，早晨起床时我常常感到疲劳不堪：______

A. 是　　B. 否

27. 在某种心境下我会因为困惑陷入空想，将工作搁置下来：______

A. 是　　B. 否

28. 我的神经脆弱，稍有刺激就会使我战栗：______

A. 是　　B. 否

29. 睡梦中我常常被噩梦惊醒：______

A. 是　　B. 否

第30～33题：每题有5种答案，请选择与自己最切合的答案，将答案填入横线处。

30. 工作中我愿意挑战艰巨的任务：______

(1)从不　(2)几乎不　(3)一半时间　(4)大多数时间　(5)总是

31. 我常发现别人好的意愿：______

(1)从不　(2)几乎不　(3)一半时间　(4)大多数时间　(5)总是

32. 能听取不同的意见，包括对自己的批评：______

(1)从不　(2)几乎不　(3)一半时间　(4)大多数时间　(5)总是

33. 我时常勉励自己，对未来充满希望：______

(1)从不　(2)几乎不　(3)一半时间　(4)大多数时间　(5)总是

计分时请按照计分标准，先算出各部分得分，最后将五部分得分相加，得到的总分即为你的最终得分。

第1～9题，每回答一个A得6分，回答一个B得3分，回答一个C得0分。计______分。

第 10 ~ 16 题，每回答一个 A 得 5 分，回答一个 B 得 2 分，回答一个 C 得 0 分。计______分。

第 17 ~ 25 题，每回答一个 A 得 5 分，回答一个 B 得 2 分，回答一个 C 得 0 分。计______分。

第 26 ~ 29 题，每回答一个“是”得 0 分，回答一个“否”得 5 分。计______分。

第 30 ~ 33 题，各选项从左至右分数分别为 1 分、2 分、3 分、4 分、5 分。计______分。

总得分为______分。

如果你的总得分在 90 分以下，说明你的 EQ 较低，你常常不能控制自己，你极易被自己的情绪所影响。很多时候，你轻易被激怒、动火、发脾气，这是非常危险的信号——你的事业可能会毁于你的暴躁。对此，最好的解决办法是能够给不好的东西一个好的解释，保持头脑冷静，使自己心情开朗。正如富兰克林所说：“任何人生气都是有理的，但很少有令人信服的理由。”

如果你的总得分在 90 ~ 129 分，说明你的 EQ 一般，对于一件事，你不同时候的表现可能不一样，这与你的意识有关，你比前者更具有 EQ 意识，但这种意识不是常常都有，因此需要多加注意、时时提醒。

如果你的总得分在 130 ~ 149 分，说明你的 EQ 较高，你是一个快乐的人，不易惊恐担忧，对于工作你热情投入、敢于负责，你为人更是正义正直、同情关怀，这是你的长处，应该努力保持。

如果你的总得分在 150 分以上，那你就是个 EQ 高手，这是你事业有成的一个重要前提条件。

模块一　职业意识

【情境导入】

马班邮路的坚守者

1984 年,19 岁的王顺友成了四川省凉山彝族自治州木里藏族自治县一名普通的马班邮路乡邮员。至 2005 年他当选为《感动中国》十大人物时,20 多年间,他一个人跋山涉水、风餐露宿、按班准时把一封封信件、一本本杂志、一张张报纸准确无误地送到每个用户手中。

木里藏族自治县地处青藏高原东南缘,这里高山绵延起伏,平均海拔 3 100 米,生活和工作条件十分艰苦。王顺友负责的邮路从木里县城经白碉乡、三桷桠乡和倮波乡至卡拉乡,往返 584 公里。1999 年,王顺友开始负责县城至白碉乡、三桷桠乡、倮波乡三个乡邮件的投递工作,这条邮路往返 360 公里,他每月两个邮班,一个邮班来回 14 天,每月有 28 天要徒步跋涉在苍茫大山中。必经之地察尔瓦山,气候异常恶劣,一年中有 6 个月被冰雪覆盖,气温达到零下十几摄氏度。而一旦走到海拔 1 000 多米的雅砻江河谷时,气温又高达 40 多摄氏度。从白碉乡到倮波乡,还要经过当地老百姓都谈之色变的"九十九道拐"。这里,拐连拐,弯连弯,山狭路窄,抬头是悬崖峭壁,低头是波涛汹涌的雅砻江,稍有不慎,就会连人带马摔下悬崖掉进滔滔江水中。

在这条路上,没人能替他分担这近乎残酷的艰苦,他一肩挑、一人扛。当万家灯火、家人团聚的时候,王顺友只能独自蜷缩在山洞、牛棚、树林里或露天雪地上,只有骡马与他相伴。冬天一身雪,夏天一身泥,饿了就啃几口糌粑面,渴了只能喝几口山泉水或吃几块冰。到了雨季,他几乎没穿过一件干衣服。由于常年在野外风餐露宿,喝酒驱寒,王顺友的身体落下了很多毛病,胃病常年伴随他,心脏、肝脏、关节也经常受到病痛折磨。面对这绝无仅有的困苦,这个外表矮小、干瘦、背驼的男子汉以顽强意志战胜了孤独寂寞和艰难险阻,为大山深处各族群众架起了一座"绿色桥梁"。

(中华人物网,http://www.zhrww.net/Article.asp? ArticleID=2783,略改)

第一节　职业意识概述

一、职业意识的含义

在竞争日益激烈的知识经济时代,社会的竞争就是人才的竞争,而人才的竞争取决于素质的竞争,健康的职业意识是职业素质的核心部分。人力资源理论研究者认为,职业化人才的成功与否主要取决于其职业意识水平的高低。作为大学生,一定要充分了解和把握职业意识，并注重培养自己良好的职业意识，唯有如此，才能在未来的职业生涯中创造良好的业绩、成就美好的人生。

（一）什么是意识

意识是大脑的一种属性机能，是对客观现实的能动反映，是大脑进行的一种活动。

人的意识是一个结构复杂的系统。从内容上看，意识是知、情、意三者的统一："知"是指人类对世界的认识；"情"是指情感，是对客观事物的感受和评价；"意"是指意志，是人类追求某种目的和理想时表现出来的自我克制、毅力、信心和顽强不屈等精神状态。从意识的自觉程度来看，意识可以分为潜意识和显意识。潜意识是主体不能控制和提取并参与思维活动的意识；显意识是人们自觉认识并受到一定目的控制的意识。从意识的指向来看，意识又可以分为对象意识和自我意识。对象意识指向客观世界的各种事物、现象、关系和过程；自我意识则指向自身内部的各种关系、体验以及人在世界中的地位。

意识具有主观能动性。它不仅能够主动地、有选择地和创造性地反映客观世界，而且能够指导实践改造客观世界；同时能够在一定程度上调节和控制人体的生理活动，反映自身并控制自身的行为。总之，意识是人的精神生活的重要特征，人的日常生活、学习和工作，都是在意识支配下进行的。

（二）什么是职业意识

职业意识即从业者在特定的社会条件和职业环境影响下，在教育培养和职业岗位任职实践中形成的某种与所从事的职业有关的思想和观念。它以基本的职业知识为基础，以对职业价值的理性认识为核心，同时展开对职业目标、职业道路、职业道德、职业能力、职业信念、职业发展等一系列问题的思考，反映一个人对于职业的根本看法和态度，是职业认知与职业行为的综合，主要包括职业认识、职业情感、职业意志、职业行为等。

职业意识是人在职业问题上的心理活动，是自我意识在职业选择领域的表现。职业意识的形成不是偶然的，而是一个由浮浅趋于深刻、由模糊趋于鲜明、由幻想趋于现实的发展过程。

二、职业意识的意义

（一）提升职业素质

职业活动中，个人的成功与否越来越取决于其综合职业素质的高低，良好的职业意识则可以极大地增强个人职业追求和发展的动力，从而促进其职业素质的提高。培养良好的职业意识，造就高素质的劳动者，必将提升用人单位的工作业绩，推动社会的发展进步。

（二）导航职业生涯

职业生涯就是一个人的职业经历，是指一个人一生中所有与职业相联系的行为与活动以及相关的态度、价值观、愿望等连续性经历的过程，也是一个人一生中职业、职位的变迁及工作、理想的实现过程。在影响职业发展的因素中，职业意识具有导向和调节作用，对个人职业发展影响重大。正确的职业认知、积极的职业情感、坚强的职业意志、良好的职业行为，必将推进人的职业生涯的良性发展。

（三）实现人生价值

人的价值是个人价值和社会价值的统一，也就是人作为价值主体和客体对自我需要和社会需要的满足程度。人的价值评价关键是如何对待社会价值与个人价值的关系，其核心内容是如何处理贡献与满足的关系。人生价值主要通过职业活动来体现，职业是实现人生价值的舞台。职业能否实现人生价值，与人的职业认识、职业情感、职业意志、职业行为息息相关。良好的职业意识能使从业者敬业、乐业、精业、勤业，从而实现人生的价值。

【案例 1-1】

三个工人砌墙

三个工人在建筑工地上砌墙。有人问他们在做什么。

第一个工人悻悻地说："没看到吗？我在砌墙。"

第二个人认真地回答："我在建大楼"。

第三个人快乐地回应："我在建一座美丽的城市。"

十年以后，第一个工人还在砌墙，第二个工人成了建筑工地的管理者，第三个工人则成了这个城市的领导者。

思想有多远，我们就能走多远。在同一条起跑线上，态度决定一切。

（中建二局第一建筑工程有限公司，http://www.cscec2b1c.com/cscec/dangxiao/xiaogushidadaoli/2013/0808/727.html）

这个故事深刻说明了不同的职业意识导致不同的职业人生，从而实现不同的人生价值。第一个人心理显然很不平衡，砌墙对他来说是单调、枯燥的机械工作；第二个人是位有责任心的人，对从事的砌墙工作很满足，也很敬业，能从单调的工作中寻找到乐趣；第三个人则具有很高的人生追求和远大的理想抱负，对从事的工作积极乐观，砌墙对他来说是实现人生价值的愉快工作。正是各自职业意识的差别，导致了10年后悬殊的人生状态。

正如美国心理学家马斯洛所言："心态变，则态度变；态度变，则行为变；行为变，则习惯变；习惯变，则命运变！"

三、职业意识发展的阶段

职业意识的发展主要经历以下三个阶段。

（一）幻想阶段

这一阶段主要在小学时期。小学生已经萌生了职业意识，他们从自己的兴趣爱好和崇拜对象的职业中形成职业理想，还没有考虑职业与自己性格、知识、能力之间的关系以及职业的现实需求，想象成分居多，现实考虑极少，带有随意性，易随客观环境刺激的变化而变化。

（二）分化阶段

这一阶段主要在中学时期。中学生已经初步形成了比较稳定的兴趣爱好和价值取向，这为职业意识的深化奠定了基础。最初，中学生的职业选择由兴趣主导，并试图将兴趣与能力统一于价值体系中。随着心理、生理等各种因素的不断发展，中学生认识到未来职业与主体状况之间的内在联系，其职业目标同原来的职业意向出现分化，在不断的分析比较中选择自己的职业目标，并为目标的实现不断付出努力。

（三）成熟阶段

这一阶段是一个由主观愿望落实到具体计划的过渡期，大学生正处于这一阶段。专业选择是职业意识的具体表现，大学生要权衡各个职业的价值，选取相对价值最高的职业目标。大学生对专业的选择实际上是对职业的选择，尽管将来未必从事专业对口的工作，但大学学习也是为将来就业所进行的实际准备，这种准备体现了职业意识。

职业意识的成熟最终要靠现实职业选择来实现。大学生正处于职业意识成熟阶段的前期，处在职业社会边缘地带，已经开始向职业社会过渡，逐渐认清职业社会对某些职业的实际要求，从而找准职业定位。

四、良好职业意识的表现

良好职业意识是从业人员的根本素质，是一个合格的社会职业者的必备条件，它不仅是个人职业生涯成功的保证，也是促使企业生产发展和社会发展的需要。

良好职业意识的形成和保持，不仅需要良好的社会环境和社会实践，特别是从业实践，而且需要对社会认可的良好职业意识的充分把握。对尚未就业的大学生来说，对良好职业意识的理解和认同是职业意识培养的重要前提。

良好职业意识除了本模块后面要重点讲述的责任意识、质量意识、创新意识、服务意识外，还主要包括以下八个方面。

（一）规则意识

规则意识是指发自内心的、以规则为自己行动准绳的意识。比如说遵守校规、遵守法律、遵守社会公德、遵守游戏规则的意识。规则意识是现代社会每个公民都必备的一种意识。规则意识有三个层次：首先是关于规则的知识；其次是要有遵守规则的愿望和习惯；最后是遵守规则成为人的内在需要。

孟子曾说："不以规矩，不能成方圆。"在日常生活中，规范和制度无处不在、无时不有。大到一个国家，小到一个企业，都有自己的规章制度。规范和制度是组织正常运行的最基本保证。公司的每一个部门，都会依据本部门的职能制定相应的规章制度，以保证本部门工作顺利进行。每位员工都是公司的一分子，遵守公司的各项规章制度是员工的基本职责。

【案例 1-2】

海尔的"13 条军规"

在海尔企业文化中心，有一张已经发黄的稿纸，上面写着 13 个条款，据说这是张瑞敏执掌海尔后颁布的第一个管理制度文件。

1984 年，从部队转业的张瑞敏刚来海尔时，看到的是一个濒临倒闭的小厂：员工领不到工资，人心涣散，在厂区打架骂人的、随便偷盗公司财产的、在车间随地大小便的现象比比皆是。公司一年换了四任厂长，前三任要么知难而退，要么被员工赶走。怎么办？张瑞敏定出了一系列基本规定：严禁偷盗公司财产、严禁在车间大小便……

第一次出台的制度，一共13条，其中包括不准迟到、不准早退、不准在工作时打毛衣、不准在工作时闲聊……每一条都不是高不可攀，都紧挨员工的道德底线。任何一条都让员工感觉"不应该"违背，因此制度本身具有了极强的可执行性。更重要的是，张瑞敏没有让制度停留在这13条上，而是抓住每一个违反制度的典型行为，发动大家讨论，挖掘典型行为的思想根源，上升到理念层次，再以这种理念为依据，制定更加严格的制度……在这种管理制度下，每执行一次制度，就沉淀一个理念，以理念为依据，再制定更多的制度。结果制度越来越健全、越来越严，同时文化越积越厚重、思想越来越统一。每一个方面都有文化的渗透和影响，同时每一个方面都有严格的奖惩制度。最终形成了"制度与文化有机结合"的海尔模式。

（和讯网，http://bschool.hexun.com/2009－10－19/121385045.html，略改）

（二）诚信意识

诚实守信是中华民族的传统美德，是为人处世的基本准则，也是从业人员对社会、对他人所承担的义务和职责，是人们在职业活动中处理人与人之间关系的道德准则。

诚信是一种优良的品质，意味着一言九鼎、言出必行、说到做到。这个世界上并不缺乏有能力的人，那种既有能力又忠诚于企业的人才是每一个企业所企求的理想人才。在职场上，诚实守信会赢得上司、同事和客户的信任，为事业成功赢得更多的机会。

【案例1-3】

信义兄弟

孙水林、孙东林，武汉市黄陂区李集街仰山庙村人，武汉东方建筑集团有限公司项目经理。

2010年2月9日，腊月廿六。在北京做建筑工程的孙水林回到天津，原定与暂住在天津的家人和弟弟孙东林聚一天再回武汉，但他查看天气预报了解到，此后几天，天津至武汉沿线的高速公路，部分地区可能因雨雪封路。他决定赶在封路前回武汉，给先期回武汉的民工发放工钱。春节前发放工钱，是他对民工的承诺。

当晚，孙水林提取26万元现金，带着妻子和三个儿女出发了。次日凌晨，他驾车驶至南兰高速开封县陇海铁路桥段时，由于路面结冰，发生重大车祸，20多辆车连环追尾，孙水林一家五口全部遇难。

弟弟孙东林为了完成哥哥的遗愿，在大年三十前一天，来不及安慰年迈的父母，将工钱送到了民工手中。因为哥哥离世后，账单多已不在，孙东林让民工们凭着良心领工钱，大家说多少钱，就给多少钱。钱不够，孙东林就贴上了自己的6.6万元和母亲的1万元。就这样，在新年来临之前，60多名民工都如愿领到工钱，孙东林如释重负。"新年不欠旧年账，今生不欠来生债"。孙水林、孙东林兄弟20年坚守承诺，被人们赞为"信义兄弟"，获得"2010

年度感动中国十大人物”殊荣。

（中国新闻网，http://www.chinanews.com/sh/2011/02－15/2843667.shtml）

（三）敬业意识

敬业就是用一种恭敬严肃的态度对待自己的职业，是从业人员在特定的社会形态中，认真履行所从事的社会事务，尽职尽责、一丝不苟的行为。

有调查显示：学历资格已不是很多公司招聘员工时的首选条件，大多数企业认为，良好的工作态度是雇佣员工的最重要条件，其次才是职业技能和工作经验。在工作中要有兢兢业业、埋头苦干、任劳任怨的工作态度和忘我精神，而不是偷懒耍滑、马虎草率、敷衍塞责、玩忽职守。

【案例1-4】

十秒钟惊险镜头

德国一家电视台重金征集“十秒钟惊险镜头”，许多新闻工作者趋之若鹜。在诸多参赛作品中，一组名叫“卧倒”的镜头以绝对优势获得冠军。

拍摄者是一位名不见经传的年轻人。那天晚上播完十秒钟短镜头后，几乎整个德国都静止了十分钟，人们眼含热泪沉浸在惊险中不能自拔。

镜头记录了这样的情节：在一个火车站上一个扳道工正在走向岗位，为一列徐徐而来的火车扳道岔。这时，他发现在铁道的另一头，还有一列火车正从相反的方向进站。如果不及时扳道，车辆必定相撞。急忙中他无意回过头来，却发现自己的儿子正在铁轨那一头玩耍，而那辆进站的火车正行驶在这条道轨上。是抢救儿子，还是扳道岔避免一场灾难，供他选择的时间太少了。只见他朝儿子大喊一声：“卧倒！”同时箭一般冲过去扳道岔。

霎时，这边火车驶入了预定轨道，那一边火车也呼啸而过。两列火车上的旅客丝毫不知道，他们的生命几乎毁于眨眼之间，当然更不知道，此时一个小生命卧倒在铁轨边，火车从上面轰鸣而过。孩子丝毫未伤，旅客怡然自在。这一幕恰巧被从此经过的记者摄入镜头。

后来，人们才知道，那个工人忠厚木讷，最大的优点是忠于职守。

二十多年的扳道生涯从没有误过一秒钟。更让人唏嘘不已的是，他儿子是个精神发育迟缓儿童。他曾多次对儿子说：“你长大后能干的工作太少，你必须有一样是出色的。”儿子听不懂他的话，还是那样傻乎乎的。但在生命攸关的时刻却卧倒了。而这正是父亲陪他玩打仗游戏时，唯一听懂并做得最出色的动作。

（扬子晚报网，http://epaper.yangtse.com/yzwb/2008－01/02/content_10379855.htm）

（四）竞争意识

竞争意识是个人或团体间力求压倒或胜过对方的一种心理状态，它能使人精神振奋、努力进取，促进事业的发展，是现代社会中个人、团体乃至国家发展过程中不可缺少的心态。只有存在竞争，社会才会有活力；只有重视竞争，有强烈的竞争意识，才能不断地超越自我。

商场如战场，说的就是商场中的竞争和战场上的战争同样残酷。企业的员工能否适应激烈的竞争，能否从竞争中脱颖而出，是他能否取得成功的关键。世界上所有通过自己的奋斗取得成功的人，都具有强烈的竞争意识。只有敢于竞争的员工，才是最优秀的员工；只有敢于胜利的团队，才是最卓越的团队。

【案例 1-5】

中国女孩成功竞选哈佛“总统”

2006 年 5 月，哈佛大学研究生院学生会主席竞选进入了白热化阶段，因为美国历史上有三位总统出自哈佛学生会主席，所以哈佛学生会主席竞选也就成了美国人的一大关注。最后只剩下 4 个主要的竞争对手，分别是哈恩、吉米克、隆德里格斯和中国学生朱成。

按照美国习惯，这种时刻相互以丑闻打击对手成为必然。首先，隆出人意料地曝出了哈和吉的丑闻，给了他俩以致命的打击；接着哈和吉又曝光了一段隆在一家中国超市被警察询问的录像，隆也到了百口难辩的地步。

到了整个竞选中最重要的一天，4 个竞选者一起召开新闻发布会。哈、吉和隆都显得有些沮丧，只有朱成依旧带着端庄的微笑。她走上台说：“我今天想先说清楚隆德里格斯在超市行窃的事。”她的话让所有人都屏住了呼吸，隆更是攥紧了拳头。朱成说：“我认识那家中国超市的老板，问明了整个事情的经过。事实上，隆是因为帮助老板抓到了小偷，才被警察询问情况的！”霎时，整个现场一片哗然，三个对手更是张口结舌。更出人意料的是，就在投票前 15 分钟，隆宣布了自己退出的消息，并且号召自己的支持者把票投给朱成，自己愿意做她的助理……

就这样，朱成力挫群雄，成了哈佛学生会第一任华人主席。朱成颠覆了美国最习惯靠手段恶搞对手的传统思维和做法。试想如果朱成不这样做，现任的哈佛学生会主席也许会另有其人。朱成让对手变成了朋友，她不仅成功了，而且还给对手、给所有的哈佛学生乃至更多的人上了鲜活的一课。

（光明网，http://www.gmw.cn/03jzz/sd/2007－08/07/content_651938.htm）

（五）团队意识

团队意识是指整体配合意识，包括团队的目标、团队的角色、团队的关系、团队的运作过程四个方面。团队意识是一种主动性的意识，将自己融入整个团队对问题进行思考，想团队之所需，从而最大限度地发挥自己的作用。而如果只是服从命令，则是被动的、消极的。

俗话说：“一根筷子轻轻被折断，十双筷子牢牢抱成团。”团队意识的重要性对于任何组织来说都是无与伦比的，大到国家，小到公司，都需要每个成员具有团队精神。一个人没有团队意识将难成大事；一个公司没有团队意识将成为一盘散沙；一个民族没有团队意识也将难以强大。可以这样说，团队意识决定组织成败。

【案例 1-6】

团队合作比优秀成绩更宝贵

一家做市场策划的合资咨询公司招聘高层管理人员，9 名优秀应聘者经过初试，从上百人中脱颖而出，闯进了由公司老总亲自把关的复试。老总看过这 9 个人详细的资料和初试成绩后，相当满意。然而，此次招聘只能录取 3 个人，所以老总给大家出了最后一道试题。

老总把这 9 个人随机分为甲、乙、丙三组。指定甲组的 3 个人去调查本市婴儿用品市场，乙组的 3 个人去调查妇女用品市场，丙组的 3 个人去调查老年人用品市场。老总解释说："我们录取大家是来搞市场研发的，所以你们必须对市场有敏锐的观察力。让大家调查这些行业，是想看看大家对一个新行业的感应能力。每个小组的成员务必全力以赴！"临走的时候，老总补充道："为避免大家盲目开展调查，我已经叫秘书准备了一份相关行业的资料，走的时候自己到秘书那里去取。"

两天后，9 个人都把自己的市场分析报告送到了老总那里。老总看完后，站起身来，走向丙组的 3 个人，分别与之一一握手，并祝贺道："恭喜 3 位，你们已经被本公司录取了！"

面对大家疑惑不解的表情，老总不紧不慢地说："请大家打开那天我叫秘书给你们的资料，互相看看。"原来，每个人得到的资料都不一样，甲组的三个人得到的分别是本市婴儿用品市场过去、现在和将来的分析，其他两组的也类似。老总说："丙组的 3 个人很聪明，互相借用了对方的资料，补全了自己的分析报告。而甲、乙两组的 6 个人却各自行事、互不联系，自己做自己的，使得报告内容很片面。我之所以出这样一个题目，其实最主要的目的，是想看看大家的团队合作意识。甲、乙两组失败的原因在于，他们没有合作，忽视了队友的存在！要知道，团队合作精神在现代企业里比什么都重要！"

（福建人才联合网，http://www. fjrclh. com/news/show. asp? articleid = 1494）

（六）节约意识

法国作家大仲马说："节约是穷人的财富、富人的智慧，节约是所有财富的真正起始点。"在公司进入微利时代的今天，除了赚钱的思路、观念需要及时进行调整、转变、更新外，更重要的是用节约的方法来降低成本、增加利润。当一个公司能够抠出低成本时，也就抠出了高效益。但是，抠门绝不是该投资的不投资，而是杜绝浪费，将不该花的钱节省下来，让它为公司的生存发展发挥更大的作用。

"制度是最好的老师。"在企业要求员工减少浪费的时候，同时一定要对企业制度作出修改——修改掉企业管理考核制度中容易滋生浪费的"温床"，从而让员工更好地形成节约的意识，使员工在工作的过程中能够将企业当作自己的家一样去对待，从不浪费一度电、一滴水做起，让企业资源的利用率大大提升，从而让员工在生产劳动的过程中养成不浪费的好习惯。

【案例 1-7】

王永庆的节俭人生

“塑胶大王”王永庆是中国台湾的巨富，曾居美国《福布斯》杂志华人亿万富豪榜首位，世界富豪排行榜第 11 位。

这样一位“富可敌国”的人却一直保持着节俭的习惯。他的一条旧毛巾，一直使用了 27 年还舍不得扔掉，仍然继续使用。因为时间太长了，这条毛巾缺边少沿，毛茸茸的，经常刺拉皮肤。他的太太十分心疼他，拿了一条新毛巾想给王永庆换一换，但王永庆却说：“既然能凑合着用，又何必换新的呢。就是一分钱的东西也要捡起来加以利用，这不是小气，是一种精神，是一种警觉，是一种良好的习惯。”

王永庆很少在外面宴请客户，一般都是在台塑大楼后栋顶楼的招待所内宴客。还经常采用“中菜西吃”的方式，让大家围在圆桌边，由侍者逐个分菜，一人一份，吃完再加，既卫生又不浪费，这与当今社会用公款大吃大喝的现象形成了鲜明的对比。台塑集团内的职工食堂也采取类似的自助餐形式，菜与饭都是自取，分量不限，可是舀到餐盘里的饭菜绝对不可以剩下或倒掉，否则就要受罚。王永庆还时常提醒厨师要节约能源，他说：“汤煮开以后，应立即将火关小，汤的温度达到沸点 100 摄氏度以后继续大火烧，那只是浪费电而已。”

在穿着方面，王永庆也十分节省。王永庆只在确有必要时，才去做一套西服，而不是像一般企业家一样，事先预备好几套西装。有一次，王太太发现王永庆的腰围缩小了，平常穿的西装显得不太合身了，便特地请了裁缝师傅到家里给王永庆量尺寸，准备给他定做几套合身的新西服。没想到王永庆却从衣柜里拿出几套已经很旧的西装，坚持请裁缝师傅把腰身改小就行了，而拒绝定做新的。王永庆认为：“既然旧西装还是好的，改一改就可以穿，又何必浪费去做新的呢？”

王永庆说：“我幼时无力进学，长大时必须做工谋生，也没有机会接受正式教育，像我这样的一个身无专长的人，永远感觉只有刻苦耐劳才能补其自身的不足。而且，出生在一个近乎赤贫的环境中，如果不能刻苦耐劳简直就无法生存下去。直到今天，我还常常想到曾经生活的困苦，那也许是上帝对我的恩赐。”

（滨海教育网，http://www.bhe.cn/Article/ShowArticle.asp? ArticleID = 9912）

（七）创业意识

创业意识是指一个人根据社会和个体发展的需要所引发的创业动机、创业意向或创业愿望。创业意识是人们从事创业活动的出发点与内驱力，是创业思维和创业行为的前提。需要和冲动是构成创业意识的基本要素。

当今社会随着科学技术的进步和劳动生产率的提高，经济增长对就业的吸纳能力将会不断下降，就业缺口也会不断扩大。鼓励大学生自主创业，既能解决自身就业难的问题，还能为社会拓展就业渠道，更重要的是能满足大学生自我实现的需要。因此，现代大学生应强化创业意识，主动适应社会与时代发展的现实需要。

【案例 1-8】

80 后的亿万富翁

李想，PCPOP. com 首席执行官，1981 年出生，1999 年创业，高中文凭。2006 年以泡泡网 CEO 身份，跻身“中国十大创业新锐”，是榜单上最年轻的一位，也是 80 后创业群体首次进入这一榜单。

李想上初中的时候，就对电脑产生了浓厚的兴趣。初中三年，他看了三年电脑方面的书。高一开始，他就规划了自己的职业路线：先上高中，然后考大学，大学毕业后进入报纸或杂志做顶尖的编辑。李想订阅了很多与计算机互联网有关的书籍和杂志，高二时就大量给这些杂志投稿，基本上 IT 类所有的媒体都有他的稿件，编辑开出千字 300 元的稿费标准，每月光稿费就 1 000 多元。

高二时，李想创办了自己的网站“显卡之家”，这样的网站在石家庄就有上百个。由于“显卡之家”最初没有考虑到收益，而是以方便网友的原则办站，短短 3 个月，网站访问量由最初的 200 次增加到 7 000 次。互联网公司前来投放广告，低廉的广告收费和良好的效果让李想赚取了日后创业的 10 万元“基本金”。2000 年高中毕业的李想毅然放弃了高考，创办了泡泡网。经过十年的飞速发展，目前已经拥有 800 万注册用户，30 多个专业频道，900 余个子频道，超过 25 000 个产品网站，5 000 家以上的经销商与容纳数万产品的即时报价系统，为用户提供资讯、互动、营销三位一体的网络服务，成为中国最具权威性与影响力的 IT 垂直互动门户网站之一。

（网易传媒，http://media.163.com/10/0630/15/6AEGNOJV007663AT.html，略改）

（八）安全意识

所谓安全意识，就是人们头脑中建立起来的生产必须安全的观念，也就是人们在生产活动中对各种各样有可能对自己或他人造成伤害的外在环境条件的一种戒备和警觉的心理状态。安全与生产是矛盾的对立统一，只有搞好安全才能使生产有序进行，忽视安全，生产就会停滞不前，造成国家财产的重大损失和从业人员的伤亡。

从业人员从事生产经营活动，首先要对其所从事的作业场所和工作岗位的安全进行了解，做到安全生产心中有数。树立安全意识，最主要的一点就是严格执行安全操作规程，执行安全规程不打折扣、不变样，有人没人管都一个样，有没有监控都一个样。

【案例 1-9】

葛麦斯安全法则

隐去管理者的身影，让亲人取而代之，去唤醒操作者的安全意识，这就是著名的“葛麦斯安全法则”。

在阿根廷著名的旅游景点卡特德拉尔，有段蜿蜒的山间公路，其中有3公里路段弯道多达12处。由于弯道密集，因此经常发生交通事故，人们称之为“死亡弯道”。这段路从1994年通车到2004年，共发生了320起交通事故，106人丧生。交通部门在该段路入口处竖立了提示牌：“前方多弯道，请减速行驶”，没起作用；于是将提示语改成触目惊心的文字：“这是世界第一的事故段”“这里离医院很远”，事故依然高发。

就在人们的智慧仿佛走到尽头时，老司机葛麦斯公布的“独家安全秘籍”给公路管理当局以新的启示。葛麦斯驾车43载，不仅从未发生过交通事故，甚至连一次违章记录都没有，因此在他退休前，交通部决定颁发一枚“优秀模范驾驶奖章”给他。

颁奖当天，记者问葛麦斯要如何才能做到平安驾车。葛麦斯回答：“其实开车时，我都由家人陪着啊！不过乘客看不到我的家人，因为他们都在我的心里。”

记者不解，葛麦斯笑着说：“想想你的妻子正等着你吃晚餐；你还要陪孩子上学；年迈的父母正是需要你照顾的时候……你就会小心驾驶。”

原来，葛麦斯的秘诀就是时时刻刻把对家人的爱放在心中。

（中国安全生产网，http://www.aqsc.cn/102480/102486/222661.html）

第二节　责任意识

一、认识责任意识

责任就是分内应做的事情，也就是承担应当承担的任务，完成应当完成的使命，做好应当做好的工作。责任无处不在，存在于每一个角色。父母养儿育女，老师教书育人，医生救死扶伤，工人铺路建桥，军人保家卫国……人在社会中生存，就必然要对自己、对家庭、对企业甚至对祖国承担并履行一定的责任。

责任意识，就是清楚明了地知道什么是责任，并自觉、认真地履行社会职责和参加社会活动，把责任转化到行动中去的心理特征。有责任意识，再危险的工作也能减少风险；没有责任意识，再安全的岗位也会出现险情。责任意识强，再大的困难也可以克服；责任意识差，很小的问题也可能酿成大祸。

【案例 1-10】

远涉重洋的一封来函

武汉市鄱阳街的景明大楼建于1917年，是一座6层楼房。在1997年也就是这座楼度过了漫漫80个春秋的一天，突然收到当年的设计事务所从远隔重洋的英国寄来的一份函件。函件告知：景明大楼为本事务所1917年设计，设计年限为80年，现已到期，如再使用为超期服役，敬请业主注意。

（南方电网报多媒体数字版，http://www.csg.cn/epaper/html/2010-11/06/content_1236.htm）

二、增强责任意识

工作意味着责任。每一个职位所规定的任务就是一种责任。责任是一名员工的立身之本,可以说,一个人放弃了工作中的责任,就意味着放弃了在工作中更好生存的机会。

现实中,我们不难听到这样的抱怨:“我们辛辛苦苦地工作,每个月才那么点钱,干吗要为老板卖命!”“市场经济讲究等价交换,拿多少钱,干多少活,我要对企业负责了,那不是给老板白干活了?”这便是有些打工者的“哲学”,他们的人生信条是:老板给多少钱,我就干多少活,这样才不吃亏,至于对企业负责,那是老板考虑的问题。其实,对工作负责就是对自己负责,工作兢兢业业,是在为自己的前途打拼,一方面是在为自己的能力添砖加瓦,另一方面也是借着企业这个平台逐渐实现自己的理想。

【案例 1-11】

奥运史上“最美的垫底者”

1968 年,墨西哥奥运会男子马拉松赛上,30 岁的坦桑尼亚老将阿赫瓦里在跑出不到 5 公里后因碰撞而摔倒,膝盖受伤,肩部脱臼,但他并未就此退出,而是一瘸一拐地向终点跑去。渐渐地,所有选手都将他远远甩在身后。天色已全黑,阿赫瓦里仍在继续着。由于剧痛,他的慢跑比寻常人散步还要慢,他的膝盖不住流淌着鲜血,嘴角也痛苦地抽搐。

不知什么时候,他的身边出现了一名男子,《三角洲天空画报》的记者,这位记者同情地看着他,不解地问:“为什么明知毫无胜算,还要拼命跑下去?”

阿赫瓦里显然毫无准备,他默默地又“跑”了好一会儿,才突然坚定地答道:“我的祖国,把我从 7 000 英里外送到这里,不是让我开始比赛,而是要我完成比赛。”

被深深感动的记者不但向自己的杂志社发了稿,还立刻把稿件发回奥林匹克新闻中心,阿赫瓦里的名言不一会儿就通过广播回荡在墨西哥城这座世界人口最多城市的上空,许多本已回家的市民纷纷赶到路边,为这位勇敢的选手助威、欢呼。在观众的鼓励下,阿赫瓦里拖着伤腿,顶着满天星星,走入了专门为他打开灯光的阿兹特克体育场,几乎是一步一步蹭到了终点线。此时,偌大的体育场里,只剩下场地工作人员和最后一批即将散去的观众。短暂的沉默后,所有观众和工作人员面向阿赫瓦里举起了双手,雷鸣般的掌声经久不息。

由于过于激动,人们忘了统计他的确切成绩,在奥运成绩册上只有他获得的名次:75 人中的第 57 名,排在他之后的 18 位选手,都因各种原因中途退赛。

(《中山日报》,2008 年 1 月 7 日,C7 版,略改)

(一)干好第一份工作

想要有所作为,首要的是干好本职工作,对于刚毕业的大学生来说,则要干好自己的第一份工作。处境的改变,理想的实现,事业的成功,很多时候不在于做的是什么工作,而在于工作做得怎么样。

当年因海湾战争而扬名全球,后来又被美国总统小布什重用的鲍威尔,他的第一份工作是在一家汽水厂抹地板。当时他就打定主意做个最好的抹地工人,结果第二年就被提升为副工头，最终成为声名显赫的军事家和政治家。他的成长告诫人们：凡是能成大业者，不会嫌弃平凡的工作，都是在实干的基石上建立起自己的金字塔的。

迈阿密《先驱》报荣誉总裁罗伯托·苏亚雷斯，刚到美国时在《先驱》报做临时工，专门站在广告插入机器前，将一份份广告夹入报纸内，每天工作 15 个小时。他认为这是一生中最严峻的时期，但也是最大报偿的时期，因为他明白了没有什么收获是理所当然而不需要付出努力的。

选择第一份工作可能不是由自己的意志决定的，但怎样看待第一份工作，走好人生奋斗的第一个起点，确实是靠个人努力的。以什么样的态度去工作，这将影响你的一生。成功人士对待人生第一份工作的态度告诫人们：以尽职尽责的态度去工作，走好人生奋斗的第一个起点，将会影响你的一生。

【案例 1-12】

扫厕所出身的麦当劳 CEO

2004 年 4 月 19 日，麦当劳公司原董事会主席和首席执行官吉姆·坎塔卢波突然辞世后，麦当劳公司董事会随后推选时年 43 岁的查理·贝尔为麦当劳公司新任总裁兼首席执行官，他因此成为第一位非美国人的麦当劳公司掌门人，而且也是麦当劳最年轻的首席执行官。

查理·贝尔和麦当劳的渊源可以追溯到 28 年前。当时，年仅 15 岁的贝尔由于家境不富裕，在澳大利亚的一家麦当劳打工，他在麦当劳的第一份工作是打扫厕所。虽说扫厕所的活儿又脏又累，贝尔却干得踏踏实实。他常常是扫完厕所，接着就擦地板，地板干净了，又去帮着翻翻烘烤中的汉堡包。这一切被这家麦当劳的老板——麦当劳在澳大利亚的奠基人彼得·里奇看在眼里。

没多久，里奇就说服贝尔签署了员工培训协议，把贝尔引向正规职业培训。培训结束后，里奇又把贝尔放在店内各个岗位进行锻炼。悟性出众的贝尔不负里奇一片苦心，经过几年锻炼，全面掌握了麦当劳的生产、服务、管理等一系列工作。19 岁那年，贝尔被提升为澳大利亚最年轻的麦当劳店面经理。

然而，不断进取的贝尔并不满足于他所取得的成绩。他 27 岁成为麦当劳澳大利亚公司副总裁，29 岁成为麦当劳澳大利亚公司董事会成员。他在任期间，麦当劳在澳大利亚的连锁店从 388 家增加到 683 家。

贝尔后来被调到麦当劳美国总部，并先后担任亚太、中东和非洲地区总裁以及欧洲地区总裁和麦当劳芝加哥总部负责人。2002 年底，他被提升为首席运营官。

这番经历使贝尔成为麦当劳公司所崇尚的从最低层一步步晋升至公司高层的典范。2008 年 2 月，贝尔在北京参加麦当劳续约奥运会全球合作伙伴的新闻发布会时说："我从 15 岁起就在澳大利亚的餐厅兼职打工，19 岁就成为澳大利亚最年轻的餐厅经理。我能做到，你们也能做到，明天的总裁就在今天的这些明星员工中间。"

（和讯网，http://bschool.hexun.com/2008－08－14/108113192.html）

(二)坚决服从企业安排

服从是指受到他人或者规范的压力,个体发生符合他人或规范要求的行为。服从是员工的天职。服从上级安排是员工的第一美德,是工作中的行为准则,是锻炼工作能力的基础。同时,服从也是工作的推进剂,能给人的行动催生无穷的勇气,能激发人的潜力。员工只有具备了这种服从精神,才能提高自己的执行能力。

真正的服从是无条件服从,是没有任何借口的服从,只有这样才能产生惊人的力量。一个企业要发展,就要求员工必须坚决服从企业安排,拖沓、不负责任的员工可能给企业带来巨大损失。作为员工,应该无条件服从公司安排,无论遇到什么困难绝不找任何借口推托或搪塞,这是取得成就的前提和基础。

【案例 1-13】

卡耐基的无条件服从

卡耐基是某公司最年轻的职员之一,工作非常勤奋,但和其他职员相比仍略显稚嫩。由于业务增多,公司准备开拓一个新市场,但新市场的负责人迟迟未能确定下来。

新市场选定在一个非常偏僻的地方,而在这样的地方开辟市场是一件相当困难的事。因此没有一个人愿意接受这个艰巨的任务,生怕徒劳无功。

公司物色了很多人选,但统统被他们以各种理由推托了,无奈之下,公司的负责人只好退而选其次,派默默无闻的卡耐基去执行这项任务。卡耐基接到通知时没有任何怨言,带着公司生产的产品样本就出发了。

经过三个月的努力,卡耐基终于在那个人人都觉得产品很难有销路的地方使公司的产品站稳了脚跟,还预言那里的市场有更大的发展潜力。

当卡耐基把这个令人振奋的消息带回公司时,人们惊奇地问他是如何看到那里的开发潜力的。卡耐基浅浅一笑说:"其实在出发时我也没有信心,而且觉得你们的观点是正确的,但我必须服从公司的安排。到那里后,我知道我必须全力以赴地去执行我的任务,结果我成功了。"

(博思人才网,http://www.bosshr.com/shownews_17717.html)

(三)对个人行为负责

成熟的第一步是勇于承担责任。1894 年,美国总统林肯发表声明:"我要——对所有美国人,对基督,对历史,以至对上帝——负责。"如果不能以同样的精神担起我们本应担负的责任,我们就永远不能说自己已经成熟。

我们经常遇到这种情况,当孩子在椅子上摔倒后,会把椅子踢一脚:"破椅子,都怪你!"小孩子比较任性,明明自己出错却要迁怒于没有生命的东西或是无辜的旁观者,甚至认为这种行为很正常。但是,如果我们把这种行为带入成年,那可就麻烦了。我们都已经脱离跌倒了便迁怒于椅子的孩童阶段,应当直面人生,自己为自己负责。当然,这样做比较困难。怪罪我们的家长、老板、环境、亲人则容易得多,有必要的话,我们还可以怪罪祖先、政府,或者我们还可以有一个最好的借口,责怪幸运之神的不公。不成熟的人总能为他们的缺点和不幸找到理由,且仍然是他们自身之外的理由:他们的童年很悲惨;他们的父母太贫穷或太富有;他们缺少教育;他们体质虚弱;他们埋怨家人不了解他们;认为命运之神跟他们过不去,仿佛整个世界都在与自己为敌……其实他们是在为自己找替罪羊,而不是设法克服困难。

能为自己的思想、工作习惯、目标和生活负责,你会发现你在开创自己的命运,走上成功之途。

【案例 1-14】

为自己建造的房子

彼特做了一辈子的木匠工作,他因敬业和勤奋深得老板信任。随着年老力衰,彼特对老板说,自己想退休回家与妻子儿女共享天伦之乐。老板十分舍不得他,再三挽留,但他去意已决,不为所动。老板只好答应他的请辞,但希望他能再帮助自己盖一座房子。彼特自然无法推辞。

彼特已归心似箭,心思全不在工作上了。用料不那么严格,做出的活也全无往日水准。老板看在眼里,但却什么也没说。等到房子盖好后,老板将钥匙交给了彼特。

"这是你的房子,"老板说,"我送给你的礼物。"

老木匠愣住了,悔恨和羞愧溢于言表。他一生盖了那么多豪宅华亭,最后却为自己建了这样一座粗制滥造的房子。

(中国培训通网,http://www.cnpxt.com/peixunjiangshi/guanlijineng/2011/0620/3150.html)

当你心不在焉地工作时,是否会想到日后也会得到类似彼特的后果——不对你做的事负责,结果也就不会对你负责。正如古谚"种瓜得瓜,种豆得豆"所言,有几分努力便有几分收获。善用我们的心智、技术和才能,必定能在生活中得到报偿。负起我们个人的责任,把天赋、才能发挥到极致,必能获得快乐、成功和财富,这道理对每个人都适用。

(四)遇到问题不推卸

美国总统杜鲁门上任后,在自己的办公桌上摆了个牌子,上面写着"Book of stop here",翻译成中文是"问题到此为止",意思是"让自己负起责任来,不要把问题丢给别人"。杜鲁门认为,负责任是一个人不可缺少的职业精神。

很多情况下,人们会倾向于首先解决那些容易的事情,而把那些有难度的事情尽可能推给别人。其实,工作中遇到问题时,应该勇于面对,让问题在自己这儿得到解决。在老板眼里,没有任何事情能够比一个员工处理和解决问题更能表现出他的责任感、主动性和独当一面的能力。一个经常为老板解决问题的人,当然能够得到老板的青睐。

【案例 1-15】

千钧一发的悲剧

第二次世界战期间，一艘美国驱逐舰停泊在一处僻静的港湾。那天晚上万里无云，明月高照，万籁俱寂。一名士兵按例巡视全舰时突然停步，他看到一个乌黑的东西在不远的水上浮动着。在惊骇中他判断出那是一枚触发水雷，正随着退潮慢慢向舰身漂浮过来。

他迅速通知了值日官，值日官马上快步跑来。他们以最快的速度通知了舰长，并且发出全舰戒备讯号，全舰立时紧急动员。官兵一时间都愕然地注视着那枚渐渐漂近的水雷，大家都清楚，灾难即将来临！

军官立刻想到了各种办法。他们该起锚走吗？不行，没有足够时间。以枪炮引发水雷？也不行，因为那枚水雷实在太接近驱逐舰的弹药库。那么该怎么办呢？放下一支小艇，用一支长杆把水雷携走？这也不行，因为那是一枚触发水雷，同时根本没有时间去拆下水雷的雷管。悲剧似乎已无法避免！

突然。一名水兵大喊道："把消防水管拿来。"大家立刻醒悟过来，他们快速地向舰艇和水雷之间的海上喷水，从而制造一条水流，把水雷导向远方，然后再用舰炮引炸了水雷。

就在这千钧一发之际，水兵果断的决定拯救了他们！让他们在危急关头，化险为夷，远离死神的威胁。

（中国经济网，http://book.ce.cn/read/life/yryd/06/200703/06/t20070306_10601062.shtml）

（五）不为错误找借口

常言道："智者千虑，必有一失。"一个人再聪明、再能干，也总有犯错误的时候。通常，人犯了错误会有两种态度：一种是拒不认错，找借口辩解推脱；另一种是坦诚地承认错误，勇于改正，并找到解决的途径。

在工作中，我们经常听到这样那样的借口，它们听起来挺"合情合理"，例如：上班迟到了，会有"手表停了""闹钟没闹""起得晚了""路上塞车""今天家里事情太多"等借口；业务拓展不开，工作业绩不佳，会有"制度太死""市场竞争太激烈""行业萧条""我已经尽力了""还有比我做得更差的呢"等借口。可以说，寻找借口是世界上最容易办到的事情之一，只要你心存逃避的想法，就总能找出足够多的借口。

每个人都有犯错误的可能，关键在于你认错的态度。其实只要你坦率地承认错误，并尽力想办法补救，你仍然可以立于不败之地。

【案例 1-16】

西点军校"没有任何借口"

"没有任何借口"是美国西点军校奉行的最重要的行为准则。西点军校让学员明白，在残酷的战场上,没有人可以让你重新再打自己打败的仗。只要被打败,你必须付出代价。因此,必须扔掉寻找借口的念头。

西点军校毕业的格兰特将军赢得了美国内战的胜利,开辟了美国历史的新篇章。在格兰特将军做了美国总统后,有一次他到西点军校视察,一名学生毕恭毕敬地向格兰特提问:

“总统先生,请问西点军校授予了您什么,使您能够义无反顾、勇往直前?”

“没有任何借口。”格兰特的回答声音洪亮、掷地有声。

“假如您在战争中打了败仗,您必须为自己的失败找一个借口时,您会怎么做?”

“我唯一的借口就是:没有任何借口。”

出身西点军校的巴顿将军,1916 年还是美国墨西哥远征军总司令潘兴将军的副官,在日记中巴顿写道:“有一天,潘兴将军派我去给豪兹将军送信。但我们所了解的关于豪兹将军的情报只是说他已通过普罗维登西区牧场。天黑前我赶到了牧场,碰到第 7 骑兵团的骡马运输队。我要了两名士兵和三匹马,顺着这个连队的车辙前进。走了不多远,又碰到了第 10 骑兵团的一支侦察巡逻兵。他们告诉我们不要再往前走了,因为前面的树林里到处都是维利斯塔人。我没有听,沿着峡谷继续前进。途中遇到了费切特将军指挥的第 7 骑兵团和一支巡逻兵。他们劝我们不要往前走了,因为峡谷里到处都是维利斯塔人。他们也不知道豪兹将军在哪里。但是我们继续前进,最后终于找到了豪兹将军。”

(中国工会网,http://media.workercn.cn/sites/media/hngrb/2013_09/11/GR0704.htm,略改)

【自我测试】

责任意识自测

对以下 15 个问题回答“是”或“否”。

1. 与人约会,你通常准时赴约吗?
2. 你认为自己可靠吗?
3. 你会因未雨绸缪而储蓄吗?
4. 发现朋友犯法,你会通知警察吗?
5. 出外旅行,找不到垃圾桶时,你会把垃圾带在身上吗?
6. 你经常运动以保持健康吗?
7. 你忌吃垃圾食物、脂肪性过高和其他有害健康的食物吗?
8. 你永远将正事列为优先,再做其他休闲活动吗?
9. 你从来没有放弃过任何选举权利吗?
10. 收到别人的信,你总会在一两天内就回信吗?
11. “既然决定做一件事情,那么就要把它做好。”你相信这句话吗?
12. 向别人借钱时,你会跟人约定还款日期吗?
13. 你曾经犯过法吗?
14. 在求学时代,你经常拖延交作业吗?
15. 小时候,你经常帮忙做家务吗?

说明:上述问题除13和14题答“否”加1分,答“是”不加分外,其余的问题答“是”加1分,答“否”不加分。加一加,看看你的责任心如何。

分数为10~15:你是个非常有责任感的人。你行事谨慎,懂礼貌,为人可靠,并且相当诚实。

分数为3~9:大多数情况下,你都很有责任感,只是偶尔有些率性而为,没有考虑得很周到。

分数为2及以下:你是个完全不负责任的人。

(劳动和社会保障部培训就业司,中国就业培训技术指导中心编:《职业意识训练与指导》,中国劳动和社会保障出版社,2004,26-27页)

第三节　质量意识

一、认识质量意识

质量意识是一个企业从领导决策层到每一个员工对质量和质量工作的认识和理解。质量意识对质量行为起着极其重要的影响和制约作用。在我国现阶段的市场经济条件下,企业竞争的焦点是产品和服务的质量。企业要生存、求发展必须以产品和服务的质量为基石,精益求精、讲究质量也是从业人员恪守职业道德的起码要求。

【案例1-17】

买土豆的故事

爱若和布若差不多同时受雇于一家超级市场,都从最底层干起。一段时间后,爱若受到总经理青睐,一再被提升,从领班直到部门经理。布若却一直在原来的岗位上。

每天看到爱若指挥若定的时候,布若就有一肚子的气。终于有一天,布若忍无可忍,向总经理提出辞呈,并痛斥总经理用人不公。

总经理耐心听着布若的指责,他了解布若:小伙子身体棒,肯吃苦,但缺少了点主心骨。当布若怒气冲冲泄完气之后,总经理有了主意。

“布若先生,”总经理说,“请您马上到集市上去,看看今天有什么卖的。”

布若很快从集市回来说,刚才集市上只有一个农民拉了车土豆在卖。

“一车大约有多少袋,多少斤?”总经理问。布若又跑去,回来说有10袋。“价格多少?”布若再次跑到集市上。

到最后,总经理望着跑得气喘吁吁的布若,请他休息一会儿,说:“你可以看看爱若是怎么做的。”总经理请人把爱若叫来,请他马上到集市上去,看看今天有什么卖的。

爱若很快从集市回来了,汇报说:“到现在为止只有一个农民在卖土豆,有10袋,价格适中,质量很好。”他带回几个让经理看。爱若还报告说:“这个农民过一会儿就弄几筐西红柿上市,价格都还公道。我想西红柿是新上市的,价格适当,饭堂可以进些货,所以不仅带回了几个西红柿作样品，而且还把那个农民也带来了，他现在正在外面等回话呢。”

布若坐在旁边，听得面红耳赤。

（食品人才中心网，http://www.foodmate.net/hrinfo/story/9740.html）

二、增强质量意识

质量是企业发展的根基，是企业的生命和未来。精益求精、讲究质量也是从业人员恪守职业道德的起码要求。任何产品都是由具体的从业人员经过若干道工序生产出来的，任何服务也是由从业人员来完成的，这些从业人员能否精益求精、注重质量，直接关系到企业的产品质量和消费者的切身利益。

（一）提升质量先强意识

质量并不是一个简单的指标，它是一种精神。现代管理学认为，一个经济生命体依靠“三气”生存，即企业要有名气、组织要有士气、员工个人要有志气。这“三气”凝聚成一种精神——质量精神。“名气”是要以质量为保证的；“士气”是要以质量为诱因和结果的；“志气”则是要拿出高质量的工作业绩来谋求发展的。质量形成的过程，不仅仅是一个物质加工生产的过程，更是一个文化、思想、意识凝聚的过程。

高标准的质量意识是产生未来收益的资源基础，而质量意识的不足，必然导致货币利益的丧失。对员工来说，质量意识同时是一个人的价值观、素质、气质的投入和产出过程。市场如水，企业如舟，质量像舵，人是舵手，一个企业要想在市场竞争中乘风破浪，必须首先要有一个好舵，更要有好的舵手进行操控，保证企业之舟能够又快又稳地行驶。

每一个从业人员都应该站在消费者的角度换位思考。买回的酵母做的馒头里吃出一根头发是什么滋味？我们也许会说：十万袋酵母里才有一袋里有一根头发，有什么大惊小怪的！但是对公司来说是十万分之一，对于吃到头发的消费者来说，是100%。试想，如果什么事情只有99.9%的成功率，那么每年有20 000次配错药事件；每年15 000个婴儿出生时会被抱错；每星期有500宗做错手术事件；每小时有2 000封信邮寄错误。看了这些数据，我们肯定都希望全世界所有的人都能在工作中做到100%。因为我们是生产者，同时我们也是消费者。更重要的是，我们会因此而感到每天的忙碌工作是有意义的，而不是庸庸碌碌地只想换一口饭吃。

【案例1-18】

根深叶茂花更香

北京同仁堂是全国中药行业著名的老字号企业，创建于1669年（清康熙八年），自1723年开始供奉御药，历经八代皇帝共188年。在300多年的风雨历程中，历代同仁堂人始终把济世养生、奉献社会作为企业崇高的责任，恪守“炮制虽繁必不敢省人工，品味虽贵必不敢减物力”的古训，树立“修合无人见，存心有天知”的自律意识，产品以“配方独特、选料上乘、工艺精湛、疗效显著”而享誉海内外。目前，同仁堂已经形成了现代制药业、零售商业和医疗服务三大板块，配套形成十大公司（股份、科技和健康药业等）、二大基地（亦庄生产基地)、二个院(研究院和中医医院)、二个中心(信息中心和培训中心)的“1032 工程”,其中拥有境内、境外两家上市公司,连锁门店(店中店)七百余家,海外合资公司(门店)25 家,遍布 14 个国家和地区。

(新华网,http://news. xinhuanet. com/health/2010 - 05/31/c_12152668. htm,略改)

(二)树立三全质量意识

全面质量管理、全员质量管理、全过程质量管理是 20 世纪 80 年代提出的质量管理概念,它是一种全方位的综合活动,已经得到广泛的认同。

(1)全面质量管理。从组织管理角度来看,全面质量管理的含义就是要求企业各个管理层次都有明确的质量管理活动内容。全企业的各个部门都对产品或服务质量负责,都参加质量管理,各部门之间相互协调,共同做好质量管理工作。

(2)全员质量管理。各部门、各个层次的员工都有明确的质量责任、任务和权限,做到各司其职。质量管理的核心是提高人的素质,调动人的积极性,人人做好本职工作,通过抓好工作质量来保证和提高产品质量或服务质量。全员质量意识是一个企业的巨大经营资源,这是一种无形资产,它的珍贵程度超过企业的资金资源。

(3)全过程质量管理。对产品的研究、设计、生产(作业)、服务等全过程各个环节加以管理,形成一个综合性的质量体系,做到以预防为主、防检结合、不断改进,以达到用户满意。

【案例 1-19】

以色列的世界奇迹

以色列是一个土地贫瘠、资源贫乏的小国,1948 年 5 月建国,2007 年人均国民收入却已达 2.45 万美元。以色列的电子、仪表、航空等工业产品在国际上享有很高的声誉,成为发达国家军事工业和许多大公司的长期用户。其农业人口虽仅占全国人口的 5%,人均年产值却为 42 万美元,达到发达国家水平,农产品不仅满足本国需要,还大量出口欧美。达到这样的发展水平,以色列依靠的就是高质量的人才。目前,以色列每 1 000 名居民中有 135 名科学家和工程师,而美、日、德、英却分别只有 70、65、48 和 28 人。这些科学家和工程师发表的论文在 1987 年时就是美国、英国、加拿大的 2 倍,日本的 4 倍。以色列工厂或农庄的劳动者都具有相当于高中毕业的学历,并经过职业培训方可上岗。正是高素质的以色列人振兴了以色列。

(开发频道,http://developer. 51cto. com/art/200601/16162. htm,略改)

(三)防止短视利益行为

2009 年,在四川某铁路系统的电缆设备招投标中,竞标企业为满足客户低价格需求,竞相压价,若拆细生产各个环节的成本,竞标价格难以保本。这种情况无非引发两个结果:一是厂家赔本做;二是厂家赔不下去,只好偷工减料,从成本上“想办法”。报价难以保本,就无法保证企业健康存续发展。

过去，日本企业的传统思想认为，提高质量必然导致成本上升、利润下降，所以在企业经营管理活动中只重视成本而忽视质量。但是，随着质量管理的发展，这种思想发生了变化。日本企业的经营者开始认识到，产品质量提高了，就会减少废品，降低废料、返修、调整、检查的成本，成本会大幅度降低。同时，产品质量提高了，能得到消费者的信赖，有利于扩大产品销路、稳固占领市场。所以，尽管提高质量会在短期内造成成本上升、利润减少，但从长远来看，它会提高企业声誉，给企业带来更多、更大的利润。正因为如此，现代日本企业在贯彻质量第一的经营思想过程中，特别强调克服短期行为，重视企业的长期发展。

【案例 1-20】

27 000 年才会遇上一次的计算错误

1994 年，英特尔公司刚刚推出其划时代产品——奔腾处理器。一个由专业技术人员组成的网上论坛发布了一个消息，说奔腾芯片在浮点运算上存在问题。对此，英特尔公司并不感到惊讶，因为他们早已知道，这个问题是在 90 亿次除法运算中才可能出现 1 次错误。这意味着什么呢？即使那些经常遇到浮点运算的用户，在使用该程序的每 27 000 年中才会遇上一次计算错误。这比芯片出其他问题的概率要小得多。所以，起先英特尔根本没把这个问题当回事儿。没想到，这个纯技术问题被捅到了用户那里，在媒体的推波助澜下，演变成了一场空前的危机。

开始，英特尔试图用科学数据说服用户，但用户根本不予理睬，反而对英特尔极度不满，人人都说英特尔贪得无厌、专横傲慢，连英特尔的普通员工都感受到空前的压力。这时，英特尔终于意识到，自身的生存环境发生了改变，游戏规则发生了改变，试图对抗很可能使英特尔的伟业毁于一旦。最后，英特尔不再做技术上的解释，而是决定为所有要求更换芯片的用户更换芯片，即使他一辈子也不会用计算机运算一次"除法"。为此，英特尔整整花费了 5 亿美元。

（新浪网，http://tech. sina. com. cn/review/media/2000 - 07 - 09/30152. shtml)

（四）缺陷产品等同废品

被誉为"全球质量管理大师""零缺陷之父"和"伟大的管理思想家"的菲利浦 · 克劳斯比(Crosbyism)在 20 世纪 60 年代初提出了"零缺陷"思想。美国在 1964 年开始推行他的思想，并在美国推行零缺陷运动。后来零缺陷的思想传至日本，在日本制造业中得到全面推广，使日本制造业的产品质量得到迅速提高，领先于世界水平，继而进一步扩大到工商业所有领域。

零缺陷管理的思想主张企业发挥人的主观能动性来进行经营管理，生产者、工作者要努力使自己的产品、业务没有缺点，并向着高质量标准目标奋斗。它要求生产工作者从一开始就本着严肃认真的态度把工作做得准确无误，在生产中从产品的质量、成本与消耗、交货期等方面的要求来合理安排，而不是依靠事后的检验来纠正。零缺陷强调预防系统控制和过程控制，第一次把事情做对并符合顾客的要求。

即使是万分之一的次品，对消费者来说也是百分之百的次品。消费者想要也应该得到完美的产品。传统的关于"没有完美"的辩解是不对的。对于许多产品和服务来说,即使是达到99.9%的完善程度也不够好。

【案例1-21】

张瑞敏砸冰箱

1985年,张瑞敏刚到海尔(时称青岛电冰箱总厂)。一位朋友要买一台冰箱,结果挑了很多台都有毛病,最后勉强拉走一台。朋友走后,张瑞敏派人把库房里的400多台冰箱全部检查了一遍,发现共有76台存在各种各样的缺陷。

张瑞敏把职工们叫到车间,问大家怎么办?多数人提出,也不影响使用,便宜点儿处理给职工算了。当时一台冰箱的价格是800多元,相当于一名职工两年的收入。张瑞敏说:"我要是允许把这76台冰箱卖了,就等于允许你们明天再生产760台这样的冰箱。"他宣布,这些冰箱要全部砸掉,谁干的谁来砸,并抡起大锤亲手砸了第一锤!很多职工砸冰箱时流下了眼泪。

在接下来的一个多月里,张瑞敏发动和主持了一个又一个会议,讨论的主题非常集中:"如何从我做起,提高产品质量"。三年以后,海尔人捧回了我国冰箱行业的第一块国家质量金奖。

(新浪财经,http://finance.sina.com.cn/leadership/crz/20070827/16533920357.shtml,略改)

(五)克服四种心理障碍

追求高质量必须调适以下四种不良心理。

(1)雇佣心理。在长官意识严重、民主意识淡薄的企业里,员工容易对管理者产生"错觉定位",形成一种旧式的人身、工作、质量和经济等各方面的依附。员工不能真正认识到工作对自己、企业及社会的价值所在,总有一种"为人做嫁衣"的感觉。

(2)惰性心理。人都是有惰性的,特别是在同一环境工作一段时间后,适应了新的环境,如果环境没有大的改变,人就会变得机械和懒惰。表现为不注重专业技术的学习,质量观念淡薄,对企业和个人发展前途的信心不足。

(3)攀比心理。攀比不是竞争,竞争是以工作绩效来加以对比,攀比却是一种讲形式、重手段、轻绩效的畸形竞争心理。如果有了这种心理,很容易在工作中产生只比劳动报酬,不比工作质量、工作效率的现象。

(4)妒忌心理。人们由于某种欲望没有得到满足或缺乏使之得到满足的现实条件,就会产生妒忌心理,这种心理会导致企业出现内斗现象,员工之间明争暗斗、钩心斗角。把精力放在内耗上,势必影响工作质量。积极的化解方法是,把妒忌化为一种动力,把矛盾变为一种竞争,使工作质量成为竞争的标准。

第四节　创新意识

一、认识创新意识

创新即更新、创造新的东西或改变，是指在他人已经创造成果的基础上，能够做出新的突破，包括有新发现、新见解、开拓新领域、解决新问题、创造新事物或做出创造性的应用等。一个人要想创新，首先必须具备创新意识。创新意识是人们对创新与创新的价值性、重要性的一种认识水平、认识程度以及由此形成的对待创新的态度，并以这种态度来规范和调整自己活动方向的一种稳定的精神态势。创新意识能促成人才素质结构的变化，提升人的本质力量。创新意识能激发人的主体性、能动性、创造性的进一步发挥，从而使人自身的内涵获得极大丰富和扩展。

人类社会发展的历史就是不断创新的历史，人类学会了驾驭马匹取代步行，当觉得马车不够快时，汽车被创造出来了，当人们希望能够像鸟儿一样翱翔蓝天时，飞机便问世了，人类也在不断创新中得到飞速发展。创新意识是决定一个国家、民族创新能力最直接的精神力量。一个民族要对人类作出贡献，跻身世界先进民族行列，必须具有强烈的创新意识、全面的创新能力。这期间，创新意识、创新能力的养成是关键，是核心。

创新是人的本质属性，这体现在三个方面：首先，人脑是创新与创造的本源；其次，人脑蕴藏着无限的创新与创造的潜能；最后，创新与创造是人类与生俱来的能力。大量实践证明，人类生来就具有某种探索、发现、发明和创造的能力，每个人都蕴藏着无限的潜在创新力。但是，我们当中只有少数人能够把握这种能力，将自己的思想、观念、经验和智慧转化为终身有用的资源和信息，这主要依赖于后天的诱导、教育、生活环境，尤其是自身努力的程度和方式。

人人具有创新潜能，只要认真培养与开发自己的创新能力，就能收到意想不到的效果。1938 年，美国通用电气公司在全世界率先开设了“创新工程”课程，用来训练和增强企业职工的创新性。通过该课程培训，职工创新发明的能力普遍提高了 3 倍。日本丰田公司也十分注重开发职工的创新力，成立了各种形式的创新小组，1975 年公司收到 881 488 件发明设想，直接效益高达 160 亿日元。

创新力被扼杀，元凶往往是我们自己，原因就在于很多事情认为不可能，处处以为办不到，从而禁锢了自己的创新力。爱迪生曾说：“任何问题都有解决的办法，无法可想的事是没有的。”“傻瓜照相机”的发明就是典型例证。日本“小西六”照相机公司的经理对开发部所有技术人员下了一道强硬命令：开发一种新型照相机，这种照相机的突出特征是将闪光灯和自动对焦装置装到照相机里，而体积不准增大。技术人员认为这是天方夜谭，企图说服经理放弃打算未果，只得硬着头皮不断探索，终于开发出内装闪光灯、自动对焦的“傻瓜照相机”。

【案例 1-22】

垃圾堆里的百万富翁

坐落在美国纽约港的自由女神铜像，历经百年风雨之后锈迹斑斑、损坏严重。纽约市政府对其进行了翻新重塑，原塑像拆卸下来的建筑废料足有200多吨，如何无害处理这些破铜烂铁成为美国政府手中的"烫手山芋"。

一位叫斯塔克的美国青年自告奋勇，主动要求承包了这项艰巨的清理任务，以极低的成本投入帮政府解了燃眉之急。他雇人将废料进行分类，把废铜皮送铸造厂改铸成微缩自由女神像出卖，各部分按比例同比缩小，最后还打上"来自自由女神衣角的布料"招牌，还打出"限量"字眼，这样比别人同类卖出的塑像要贵出10倍的价格，破碎的水泥则送到石料加工厂刻成有纪念文字的小石碑，甚至连广场装载运输工具的木盾都被黏合之后制成盒子。他把所有这些小玩意做完之后，在自由女神像附近的商店销售。

出人意料的是，原本无人问津、难以处理的建筑垃圾，立刻变成身价百倍的精致纪念品，来自世界各地的游人争相购买，很快销售一空。

将200多吨垃圾"变废为宝"，斯塔克足足赚了300多万美元。

（南都网，http://epaper.oeeee.com/E/html/2008-08/12/content_541493.htm，略改）

二、增强创新意识

（一）保持强烈的好奇心

创新源于好奇心。因为好奇心可以激发人们的求知欲，强烈的好奇心和求知欲能启发人们独立思考、细致观察，并从常见的现象中发现新问题，进而促使人们突破传统观念的束缚，别出心裁、标新立异地进行新的创造。许多专家认为，最好的创新就是无论在你20岁还是40岁的时候都能保持两三岁时的那颗童心、那种好奇心。爱迪生从小就具有极强的好奇心。在他很小的时候，对母鸡孵小鸡十分好奇，于是自己就找来了些鸡蛋，趴在上面学起孵小鸡来了，就是这种强烈的好奇心，引导着爱迪生去研究、探索、创造和发明。

好奇心就是创新的最大动力。对国家或民族来说，应该创造一种环境，使这种创新的原始激情可以产生并维持。2005年圣诞前夕，美国的运输部长就签署了最富想象力的一个文件：美国政府决定，在圣诞夜向圣诞老人开放美国全部领空，这样圣诞老人就可以在全美空中自由穿梭，从烟囱里给孩子们塞礼物。因为每年圣诞节前，美国运输部都会收到全美各地孩子们的信件，他们担心"美国防空系统会不会将圣诞老人打下来"。在孩子们看来，圣诞老人是身体健康、有丰富空中驾驶雪橇经验且有驾照的老人。

就个体而言，首先应将好奇心与求知欲相联系，使好奇心不仅仅停留在肤浅的表层，而是积极探究引起现象的根本原因，进而探索规律性东西。其次，要通过深入观察和成熟思考，大胆探知新颖、新生的事物，探究该事物或现象同原有知识、经验相冲突、相矛盾的原因。中科院院士孙义燧中学时代充分展现了科学家爱动手、爱考究的天性：自己跑到田里抓青蛙做解剖来了解动物心跳；用灯泡玻璃、铁丝和马粪纸自制显微镜观察苍蝇的带菌情况;用马口铁和漆包线捣鼓出能发出火花的小小电动机……正是这种好奇,让孙义燧在天体力学研究上不断深入到过去没有人尝试过的领域,取得了天体力学、轴性理论和非线性力学等方面的重要研究成果。如今,少年虽然已经白首,好奇心却不见少,又开始了外太阳系天体运动和系统成因的探索,并希冀从中寻找地球外文明的蛛丝马迹。

【案例 1-23】

九龄童发明“克隆如意瓜果模”

年仅9岁的广东省雷州市附城中心小学学生陈爱迪一郎发明了“克隆如意瓜果模”并获得国家专利。

雷州市附城中心小学四年级学生陈爱迪一郎曾跟着父亲学种西瓜,他种的西瓜长出来没多大却被老鼠咬了一个个小洞。他琢磨着:怎样才能保证西瓜不被老鼠咬烂?第二天,他找来一些塑料瓶,把小西瓜用瓶子装起来。几天过去了,老鼠虽然咬不到小西瓜了,但西瓜也拿不出来了。又过了些日子,西瓜长满了整个瓶子,并顺着瓶口往外长。

从那时起,陈爱迪一郎对这种意外发现的“果模”产生了浓厚的兴趣。除了西瓜外,他还种了芒果、木瓜、杨桃等水果,待到挂果时就随心所欲地“克隆”各种样式的“如意水果”。

“克隆如意瓜果模”是一种最新发明的农业生产用具,人们根据需要在各种瓜果生长期套上各式各样的果模,可以“克隆”成同这个果模一模一样的果品。瓜果模可多次重复使用,各种瓜果套上果模后不但可防害虫和防碰撞,避免农药的直接污染,而且有利于贮运和延长保鲜期。

(中国网,http://www.china.com.cn/chinese/TEC-c/392346.htm,略改)

(二)培养丰富的想象力

想象就是人脑在过去感知的基础上对所感知过的形象进行加工、改造,创建出新形象的心理过程。

想象是创新的翅膀,这是因为创新活动是从对生活中尚未存在的事物进行想象开始的。爱因斯坦想象人追上光速时的情景而创造狭义相对论,又在想象人在自由下落的情景中创立广义相对论。他对想象力推崇备至:“想象力比知识更重要,因为知识是有限的,而想象力概括着世界上的一切,推动着进步,并且是知识的源泉。严格地说,想象力是科学的实在因素。”哲学家康德说得更加明确:“想象力作为一种创造性的认识能力,是一种强大的创造力量,它从实际自然所提供的材料中,创造出第二自然。”

【自我测试】

你的创新想象力如何

下面共有30道测试题,每一道题都有“A.是”“B.不能确定”“C.否”三个选项,每道题只能选择 A、B、C 中的一个选项。

1. 你常常想象自己将来做什么吗?

2. 你写过诗(不论好坏、发表与否)吗?

3. 你有过与名人交往或相处的幻想吗?

4. 你喜欢给同学或老师画漫画吗?

5. 你想过未来的空调机将是什么样的吗?

6. 看小说时,你想到的内容比小说文字所叙述的要丰富吗?

7. 你写过小说或有写小说的打算吗?

8. 要添辅助线才能解决的几何问题令你心烦吗?

9. 面对空旷的建筑工地,你会想象房子造好后的样子吗?

10. 你常做生动形象的梦吗?

11. 当你去商场挑选一件电器(如电视机)时,你是常常发现商场摆放的电器不具备你所希望有的很多功能,还是发现这些电器有的很多功能是你起先没想到的?

12. 你是否觉得根据小说改编的影视剧总是不如原著好?

13. 允许选择的话,你是愿意写虚构性作文,还是愿意写纪实性作文?

14. 你爱看科学幻想小说吗?

15. 看见鸟儿在天空翱翔,你会产生自己也能飞该多好的想法吗?

16. 你想过其他星球上智慧动物的模样吗?

17. 你觉得自己将来能拥有一艘轮船吗?

18. 你画过反映自己将来理想的图画吗?

19. 你能想象得出电流从电线流过的情景吗?

20. 在第一次到达的城市里,你能根据地图确定自己的方位吗?

21. 想象一下家中所有电器都由电脑控制的样子,你能详尽地用语言描绘出来吗?

22. 对将来的幻想促使你提出和实施某些计划吗?

23. 你常常有一些新的设想吗?

24. 你画过你想有的但现实中不存在的东西吗?

25. 你从商店买回东西后,常常是直接使用,还是研究一下稍作改变后再使用?

26. 你是否常常在设想,自己生活中有一些东西该换新的了?

27. 对于将来,你怀有美好的憧憬吗?

28. 关于如何改变各种家用电器的外形以使其美观些,你有很多好的想法吗?

29. 尽管比使用老方法要费事些,你还是喜欢探索解决问题的一些新方法吗?

30. 幻想常常使你注意到一些新问题吗?

每道题选 A 记 2 分,选 B 记 1 分,选 C 记 0 分。各题得分相加,统计总分。分数越高,说明你的创新想象力越强。

(中国发明网,http://www.cainet.org.cn/CreativityTestShow.asp? NewsID=29,略改)

(三)突破惯常思维障碍

一切创新活动都以创新思维为先导,创新思维是提高创新能力的起点和关键。思维是一种复杂的心理现象,“思”就是思考,“维”就是方向或次序,思维可理解为沿着一定方向,按照一定次序而进行的思考。客观事物纷繁复杂,大脑思维相对简单,一旦长时间沿着一定方向、按照一定次序思考后，就会形成一种思维惯性。和物理学上的惯性相似，思维惯性也是很顽固的。如果对日常生活中经常发生的事物或自己长期从事的事物产生了思维惯性，并多次以这种惯性思维来对待客观事物，就形成了思维定式。思维惯性和思维定式合称“思维障碍”。

【案例 1-24】

“跳蚤”变“爬蚤”

心理学家曾做过一个这样的实验。他们把跳蚤放在桌上，一拍桌子，跳蚤迅速跳起，跳起高度均在其身高的 100 倍以上，堪称世界上跳得最高的动物。然后在跳蚤头上罩一个玻璃罩，再让它跳。这一次跳蚤碰到了玻璃罩后，被重重地弹了回来。连续多次后，跳蚤改变了跳跃高度以适应环境，每次跳跃总保持在罩顶以下高度。接下来逐渐降低玻璃罩的高度，跳蚤都在碰壁后主动改变自己的跳跃高度。最后，玻璃罩接近桌面，这时跳蚤已无法再跳了。心理学家打开玻璃罩，再拍桌子，结果跳蚤变成“爬蚤”了。

跳蚤变成“爬蚤”，并非它已丧失了跳跃能力，而是挫折使它变得麻木、习惯了，最可悲的是“我跳不高”的观念已经罩在了它的潜意识里，罩在了心灵上，跳跃的欲望和潜能被自己扼杀了！这种现象被科学家称为“自我设限”。

（北方网，http://news.enorth.com.cn/system/2010/09/13/005095665.shtml，略改）

思维障碍是创造性思维的桎梏，阻碍我们创造性地解决问题。因此，要创新，首先必须突破思维障碍。思维障碍主要表现在以下五个方面。

1. 单向思维障碍

单向思维的特点是，偏颇地认定事物就是由正反两极组成的，如非左即右、非对即错、非黑即白等，站在此方就必然要反对彼方，拒绝相互学习、交流和借鉴。这种思维方式与复杂多样的现实生活不相符合，不能真实反映客观事物发展的本来面目和内在规律。

2. 封闭思维障碍

封闭思维的特点是，观察和思考外界事物，习惯以自我为中心，用自己的目的、需要、态度、情感、价值观、审美情趣等，作为标准尺度去衡量外来的事物和观念，习惯于以自己为圆心，把周围的人和事按照亲疏远近来画“圈子”。

3. 经验思维障碍

经验思维是以经验为依据决断问题的思维形式。我们生活在一个经验的世界里，经验对人们处理问题是很有帮助的。但如果过分依赖或崇拜经验，将其绝对化、普遍化、永恒化，则会形成僵化封闭的思维模式，削弱创造性思维能力。因为经验都产生于特定时空，并非放之四海而皆准，个人经验即使再丰富，也必定有限，不存在“万事通”，不能总凭老经验处理问题。火车刚刚问世时，人们想当然地认为，火车在铁轨上行驶，容易打滑，因此当时的车轮和铁轨都有齿。但英国发明家斯蒂文森却将铁轨和车轮都制成光滑的，结果列车在铁轨上行驶，不但不打滑，而且减少了摩擦力，列车速度提升了，也大幅度降低了制造机车和铁轨的难度和费用。

4. 从众思维障碍

从众就是随大流，人云亦云，缺少自己的独立思考和见解。从众往往能给人归宿感和安全感，所谓“法不责众”，即使出了错误也不要紧。从众思维一旦成为定式，那些不愿从众的人，就会被认为是“出风头”“不合群”“哗众取宠”“标新立异”，要受到指责和嘲笑。譬如布鲁诺宣扬“日心说”，结果被活活烧死；提倡“社会契约论”的卢梭则东躲西藏，不得安宁。要突破从众思维，必须勇于反潮流、反庸众，甚至敢于承担风险。

5. 权威思维障碍

权威思维的特点是，凡是权威所讲的观点、意见或思想，不论对或错，往往不加思考地予以接受。如果崇尚权威，进而喜欢求同思维，以尽可能使自己的想法与权威一致，故“依葫芦画瓢”，习惯照着或模仿权威去说、去做，不敢逾越权威半步，这将成为创新思维的极大障碍。正如亚里士多德所说：“吾爱吾师，吾更爱真理。”我们的思维方式要善于随着不同时代、不同地域、不同思潮，尤其是社会的不同历程而变化，求异忌同、标新立异，使人类文化在继承、怀疑、批判、挑战与否定中持续推陈出新。

【案例 1-25】

特工妙法沉日轮

第二次世界大战期间，一艘满载军用物资的货轮，秘密从日本某港口出发，计划经上海、福州、广州、马六甲海峡等驶向泰国，最后去缅甸支援那里的日军。

这艘船上装的是从我国东北三省掠夺的大豆。我抗日工作者得知此事后，指示我方特工人员伺机将此船炸沉在大海中。我方特工人员混入日军货轮后，想出了一条既不用炸弹炸药，也无须动用一枪一弹，便让日轮沉入大海的妙计。他们是如何完成使命的呢？原来，他们根据大豆吸水膨胀后体积为干大豆的 3 倍这一特性，偷偷向装满大豆的货舱内大量灌水，使大豆浸泡膨胀，最终造成货舱爆裂，并导致货轮沉没。

（余伟编著：《创新能力培养与应用教程》，航空工业出版社，2009，42 页）

（四）掌握创意思维方法

1. 发散思维法

发散思维又称辐射思维、放射思维、多向思维、扩散思维、求异思维，是指从一个目标出发，沿着各种不同的途径去思考，探求多种答案的思维，与聚合思维相对。不少心理学家认为，发散思维是创造性思维最主要的特点，是测定创造力的主要标志之一。

发散思维的过程是，解决某一问题如有很多答案，即以这个问题为中心，思维的方向像辐射一样向外发散，找出的答案越多越好，然后从诸多答案中找出最佳答案，以便最有效地解决问题。如果用一个形象的图示来说明的话，这种思维就像自行车的轮子一样，许多辐条以车轴为中心向四周辐射。

【自我测试】

发散思维测试

1. 不借助字典等工具，请你写出所能想到的带有“大”结构的字，写得越多越好。

2. 请写出包含“三角形”的各种物品，写得越多越好。

3. 请列出曲别针的用途，越多越好。

4. 请用一方一圆、两个三角形组成有意义的图案，越多越好。

5. 为某种产品考虑新的开发途径。

6. 影响一个商场的社会形象的因素有哪些？

7. 中国的汉字很奇妙，有的字简单，有的字复杂，有时一个字中还会包含其他的字。请问“申”字中藏了多少个字？

2. 聚合思维法

聚合思维也称集中思维、求同思维，是一种有方向、有范围、有条理的收敛性思维方式。其特点是将解决问题的各种可能性都经过预测之后，再寻求答案。它讲求同，力求准确无误，强调对已知信息的理解和运用，借助逻辑思维的方法做出最能反映事物本质属性的判断。聚合思维和发散思维既对立又统一，二者构成有机统一体，都是创造性思维的基础。

3. 逆向思维法

逆向思维是从相反方向思考问题的方法，也称“反向思维”。因为客观世界许多事物之间甲能产生乙，乙也能产生甲。例如，说话声音高低能引起金属片相应振动，反之金属片的振动也能引起声音高低变化，爱迪生在对电话的改进中，发明制造了世界上第一台留声机。

逆向思维是一种比较特殊的思维方式，它的思维取向总是与常人的思维取向相反，比如人舍我取、人进我退、人动我静、人刚我柔等。这个世界上不存在绝对的逆向思维模式，当一种公认的逆向思维模式被大多数人掌握并应用时，它也就变成了正向思维模式。逆向思维并不是主张人们在思考时违逆常规，不受限制地胡思乱想，而是训练一种小概率思维模式，即在思维活动中关注小概率可能性的思维模式。

那么，我们如何进行逆向思维呢？

(1)结构逆向思维。即从已有事物的逆向结构形式中去设想，以寻求解决问题新途径的思维方法。一般可以从事物的结构位置、结构材料以及结构类型进行逆向思维。武汉市的小学生王帆发明“双尖绣花针” 就是一个结构逆向思维的典型实例，他将针孔位置设计到中间，两端加工成针尖，使绣花速度提高近一半，一举夺得第四届中国青少年发明创造比赛一等奖。

(2)功能逆向思维。即从原有事物相反功能方面去设想寻求解决问题的新途径的思维方法。明尼苏达矿务及制造业公司的一个职员无意中发现，原来废弃的纸张经过处理可以成为粘贴纸，因此为公司创造了巨额利润。

(3)状态逆向思维。即人们根据事物某一状态的逆向方面来认识事物，引发创造发明的思维方法。过去木匠用锯和刨来加工木头，都是木头不动、工具动，这样人的体力消耗较大。为了改变这一状况，人们从工具不动、木头动的角度出发，设计发明了电刨，从而大大提高了效率和工艺水平，减轻了劳动量。

(4)因果逆向思维。即从已有的事物的因果关系中，变因为果去发现新的现象和规律，寻找解决问题新途径的思维方法。例如，化学能能产生电能，据此意大利科学家伏特发明了伏打电池；反之，电能也能产生化学能，通过电解，英国化学家戴维发现了钾、钠、钙、镁、锶、钡、硼等七种元素。

4. 横向思维法

横向思维相对于纵向思维而言的一种思维形式。纵向思维是按逻辑推理的方法直上直下的收敛性思维。而横向思维是当纵向思维受挫时，从横向寻找问题答案。正像时间是一维的，空间是多维的一样，纵向思维与横向思维则代表了一维与多维的互补。哥伦布经过 18 年的努力，终于登上了美洲大陆。有人嫉妒他的成功，在一次宴会上故意对他的成就表示不以为然。哥伦布并不争辩，拿起桌上一个鸡蛋，问："女士们、先生们，你们有谁能不用任何其他东西，把这个鸡蛋立起来吗？"这些人拿起鸡蛋试了半天，谁也没有成功，于是嚷道："这是不可能办到的事！"哥伦布拿起鸡蛋，向桌上轻轻一磕，鸡蛋稳稳地立在那儿。他说："这是世界上最简单的事，每个人都能做到——但却是在有人教给他怎么去做之后！"

【案例 1-26】

蝴蝶与隐身衣

在苏联卫国战争时期，德军计划对列宁格勒实施狂轰滥炸，以摧毁其军事设施，形势十分紧张。

一天，苏军的一位将军视察战地，偶然看见花丛中有几只蝴蝶飞来飞去。它们时隐时现，令人眼花缭乱。这位将军灵机一动，计上心来，随即请来了一位名叫施万维奇的研究蝴蝶的专家，让他主持设计一套蝴蝶式防空迷彩伪装方案。施万维奇参照蝴蝶翅膀花纹的色彩和构图，把保护、变形和仿照 3 种伪装方法加以综合，将活动的军事目标涂抹成和地形相当的巨大多色斑点，并且再遮障上染了与背景相类似的彩色图案。就这样，列宁格勒数百个军事目标披上了神奇的"隐身衣"。德国飞机上的驾驶员在飞临该城上空时，个个都傻了眼，无法确定目标的真实位置，找不到原先计划袭击的军事设施。他们只好胡乱丢下几颗炸弹，便匆匆忙忙地返航了。

（中国国防报网，http://www.chinamil.com.cn/gb/defence/2003/06/03/20030603017264_gjjs.html）

5. 辩证思维法

辩证思维是指以变化发展视角认识事物的思维方式，通常被认为是与逻辑思维相对立的一种思维方式。在逻辑思维中，事物一般是"非此即彼""非真即假"。而在辩证思维中，事物可以在同一时间里"亦此亦彼""亦真亦假"，而无碍思维活动的正常进行。

辩证思维模式要求观察问题和分析问题时，以动态发展的眼光来看问题。辩证思维的方法主要有以下三种。

(1)联系。即运用普遍联系的观点来考察思维对象的方法，是从空间上来考察思维对象的横向联系。

(2)发展。即运用辩证思维的发展观来考察思维对象的方法，是从时间上来考察思维对象的过去、现在和将来的纵向发展过程。

(3)全面。即运用全面的观点去考察思维对象的方法，从时空整体上全面地考察思维对象的横向联系和纵向发展过程。换言之，就是对思维对象做多方面、多角度、多侧面、多方位的考察。

【案例 1-27】

找个"冤家"做搭档

海湾战争之后，一种被称为 M1 – A2 型的坦克开始装备美军。这种坦克的防护装甲目前是世界上最坚固的，它可以抵抗时速超过 4 500 公里、单位破坏力超过 13 500 公斤的打击力量。那么，这种品质优异的防护装甲是如何研制出来的呢？

乔治·巴顿中校是美国最优秀的坦克防护专家之一。他接受研制 M1 – A2 型坦克装甲的任务后，立即找来一位"冤家"——著名破坏力专家迈克·舒马茨工程师做搭档。两人各带一个研究小组开始工作，所不同的是，巴顿带的是研制小组，负责研制防护装甲；舒马茨带的则是破坏小组，专门负责摧毁巴顿研制出来的防护装甲。刚开始，舒马茨总是能轻而易举地将巴顿研制的坦克炸个稀烂。但随着时间推移，巴顿一次次地更换材料、修改设计方案，终于有一天，舒马茨使尽浑身解数也未能破坏这种新式装甲。于是，世界上最坚固的坦克在这种近乎疯狂的"破坏""反破坏"试验后诞生了。巴顿与舒马茨也因此同时荣膺紫心勋章。

巴顿中校说："尽可能地找出问题，是为了更好地解决问题。事实上，问题并不是最可怕的，最可怕的是不知道问题出在哪儿。"

（何流编著：《创新能力自我训练》，中国言实出版社，2006，185 – 186 页，略改）

【自我测试】

培养创意思维习惯的 20 个方法

1. 观看一个你不喜欢的电视节目，你或许会发现原来那些节目是不错的，并学到新的事物。

2. 安排一个"反手使用日"。

3. 下班回家时提早一站下车，沿着不熟悉的街道走回家，看能发现什么新鲜事。

4. 随意翻开一本你熟悉的书，阅读其中一页，在当中找出明天能够用得上的新词或点子来。

5. 检查一下你平时的做事方法，问自己："为什么我们总是那样做？有没有更好的方法？"

6. 离开平时熟悉的工作环境，到另外一个地方思考问题，比方说到一家咖啡馆或公园去，不同的环境可能会激发你产生出不同的思考方式。

7. 打开搜索引擎，然后输入"脑筋急转弯"或者"智力测验"等词，浏览一些列有难题和怪题的网站，试着解答那些问题。

8. 把明天定为你的"非生日"，过一个快乐的非生日，让自己想做什么就做什么，一定要把它过得非同寻常。

9. 尝试闭上眼睛做家务和办公，强迫自己使用其他的感官能力。

10. 不要只看事物的表面，试着通过一面小镜子去看世界，用完全不同的角度去看事物。

11. 试着把你正要解决的问题用歌曲唱出来，比方说用一首网络歌曲调子来唱。

12. 如果你习惯坐着思考，那么试着站起来思考。

13. 试着同时丢接好几个网球，提升你的灵巧性。

14. 在大理石或壁纸上找出一些抽象的图案。

15. 记住西藏 5 个城镇的名称，不为别的，只为让你的大脑运转更灵活。

16. 用铅笔画出你的朋友，尽量抓住他(她)的主要特点。

17. 把一些最常用的词语倒过来念念看，试着找出新的意义。

18. 将你的手表拨快 5 小时 10 分钟，想办法让自己还是保持准时。

19. 收听外语广播电台的节目。

20. 学会用 10 种语言或方言说"你好"。

（豆丁网，http://www.docin.com/p－252205386.html）

第五节　服务意识

一、认识服务意识

服务意识是指企业全体员工在与一切企业利益相关的人或企业的交往中所体现的为其提供热情、周到、主动的服务的欲望和意识，即自觉主动做好服务工作的一种观念和愿望，它发自服务人员的内心。服务意识有强烈与淡漠之分，有主动与被动之分。这是认识程度问题，认识深刻就会有强烈的服务意识；有了强烈展现个人才华、体现人生价值的观念，就会有强烈的服务意识；有了以公司为家、热爱集体、无私奉献的风格和精神，就会有强烈的服务意识。

具备良好的服务意识是对从业人员的基本要求。它要求从业人员在职业活动过程中，必须树立高度自觉的服务理念，尊重、关心和帮助自己的服务对象，把被服务者的利益放在自身利益之上，必要时为维护他们的合法利益做出自我牺牲。这里的服务对象，包含广义的商品和服务的顾客、团队内部的客户及非营利性的需要服务的人。

当今社会，各个企业之间的竞争不仅仅是生产技术水平和产品质量的竞争，更是服务质量的竞争。对企业而言，一件产品只是它的几万分之一或几十万分之一，但对用户来说却是他们的百分之百。服务做不好，损失的不仅是客户，还有企业的发展和未来。

【案例 1-28】

胡雪岩视顾客为养命之源

清朝时，“红顶商人”胡雪岩十分重视对顾客的服务，将顾客的满意作为自己经商的根本。他经常挂在嘴边的一句话是“顾客乃是养命之源”，要求员工把顾客当作衣食父母来尊敬，以优质的服务来赢得顾客。

一次，一名来自远方的客人在胡庆余堂买了一盒胡氏辟瘟丹，结果打开一看，发现药有杂味。于是，他前来退货，胡雪岩听说后，上前审视药丹，结果发现是因新换药柜引起药物串味。他随即向顾客致歉，并令店员另换新药。谁知此药已经售完。为免远道而来的客人失望，胡雪岩将客人留宿家中，并承诺三天之内必把药丹亲自奉上。果然，三天后，这名客人拿到了新的药丹，客人在感动之余更是对胡庆余堂的服务赞不绝口。

后来，凭借优质的药品和服务，胡庆余堂的规模越办越大。一百多年过去了，胡庆余堂的名号仍旧享誉大江南北。

二、增强服务意识

美国哈佛商业杂志发表的调研报告指出：“公司若能降低5%的客户流失率，就能增加25%～85%的利润。”在影响客户回头的众多因素中，首先是服务质量的优劣，其次是产品质量的好坏，最后才是价格的高低。

改善服务态度，提供满意服务，并没有增加多少成本，却能提高客户满意度，赢得客户信任。随着人们生活水平的提高以及支付能力的增强，客户越来越心甘情愿地为获得高档优质的服务多掏腰包。依靠价格竞争很多时候难以取胜，而服务优势在竞争中的作用日益增强。

（一）服务意识扎根心中

无数的事实表明，对于每一个顾客来说，每一个和他们接触、为他们提供服务的企业或机构的成员，代表的都是他们的团队。因此，有不少企业的名誉是因为个别员工的服务而被损害的，有一些企业因为忽视员工给顾客带去的影响而败落。

美国管理学家彼得提出的木桶原理又称短板理论，说的是有多块木板构成的木桶，其价值在于其盛水量的多少，但决定木桶盛多少水的关键因素不是其最长的板块，而是其最短的板块。

在一个企业中，成员恰恰如构成木桶的木板，只要有一个人服务水准低，那这个企业就很难在顾客心中树立好的形象。这就是我们常说的一句俗话：一颗老鼠屎，坏了一锅粥。因此，服务意识应该扎根每一个成员心中。只有这样，企业的整体服务力才能得到提高，才能争取到更多满意顾客。

（二）服务就要小题大做

老子说：天下难事，必做于易；天下大事，必做于细。服务无小事，简单不等于容易，只有花大力气，把小事做细，才能把事情做好。很多小事，一个人能做，另外的人也能做，只是做出来的效果不一样，往往一些细节的功夫，决定着完成的质量。

认真做事只是把事情做对，用心做事才能把事情做好。在这一细节制胜的时代，任何一件事都是做出来的而不是喊出来的，特别是在工作岗位上的员工更要把小事做细。一件没有预料的事件可能引起故障，一个长期被忽视的小问题可能导致一次危机，每一个大问题里都有一系列的小问题露面，百分之一的错误导致百分之百的失败。

【案例 1-29】

35 次紧急电话

一位名叫基泰斯的美国记者在日本奥达克百货公司买了 1 台电唱机，准备送给住在东京的婆婆作为见面礼。售货员彬彬有礼、笑容可掬地挑了 1 台尚未启封的机子给她。然而回到住处，她拆开包装试用时，才发现电唱机没装内件，根本无法使用。基泰斯火冒三丈，准备第二天一早即去百货公司交涉，并迅速写了一篇新闻稿《笑脸背后的真面目》。

不料，次日清晨，一辆汽车开到她的住处，从车上下来的是奥达克百货公司的总经理和拎着大皮箱的职员。他俩一走进客厅就俯首鞠躬、连连道歉，基泰斯搞不清楚百货公司是如何找到她的。那位职员打开记事簿，讲述了大致的经过。原来，昨日下午清点商品时，发现将一个空心的货样卖给了一位顾客，此事非同小可，总经理马上召集有关人员商议。当时只有两条线索可循，即顾客的名字和她留下的一张美国快递公司的名片。据此，百货公司展开了一场无异于大海捞针的行动。打了 32 次紧急电话，向东京的各大宾馆查询，没有结果。于是，打电话到美国快递公司的总部，深夜接到回电，得知顾客在美国父母的电话号码，接着打电话到美国，得到顾客在东京的婆婆家的电话号码，终于找到了顾客的落脚地。这期间共打了 35 个紧急电话。职员说完，总经理将 1 台完好的电唱机外加唱片 1 张、蛋糕 1 盒奉上，并再次表示歉意后离去。

（青年文摘网，http://www.qnwz.cn/plus/view.php? aid=58066）

（三）经常提供附加服务

所谓“附加服务”，就是商家为消费者做些自己服务职责以外的事，来赢得消费者的欢心与信赖，从而树立良好的商业形象，达到促销或赚钱的目的。

在理发店，顾客一多，就需长时间等候，店主可摆放一些书报供顾客阅览，让顾客觉得等候的时间短些；在银行的柜台，可准备一副老花镜，为那些忘带镜子的老人填写单据提供方便；在长途汽车上，车主可带些常用药品，让需要的旅客备用；在炎热的夏季，当顾客从副食店买到商品，售货员可以提示“请尽快回家食用，别在路上耽误过多时间，以免变质”。

这些看似不起眼的商业行为，其实就是一种附加服务，及时受益的是消费者，最终受益的是商家，因为顾客的再次光临无疑会带来又一次的利润。

服务及附加服务围绕着核心产品，我们可以称之为“服务之花”。在一个设计良好、管理出色的服务组织中，花瓣和花蕊都非常鲜艳，形状构造得也很好，它们互相辉映；而一个设计不良或运行不完善的服务组织，就好比一朵没有花瓣或花瓣凋零、褪色的花朵，即使核心产品很完美，这朵花给人的整体印象也是没有吸引力的。

【案例 1-30】

海尔的国际星级服务

在中国的家电行业中，海尔无愧地承担了领头人这副重担。海尔推出的“海尔国际星级服务”，在国内市场首先导入全新的服务竞争，以服务质量去塑造 CI 的观念。其星级服务的目标是：用户有多少要求，海尔的服务内容就有多少；市场有多大，海尔的服务范围就有多大。

潮州市市民陈志义，曾给海尔写过一封信，由于当地没有海尔“玛格丽特”洗衣机，他特求购一台，一封普通消费者的来信，引起了海尔领导层的高度重视，集团总裁张瑞敏说：“大家都在说‘用户是上帝’，这封信正是考验我们的真诚、履行我们的诺言的时候。”于是，一台崭新的“玛格丽特”洗衣机从青岛起运，由两名员工护送，辗转 2 000 多公里送到了陈志义家中，技术人员并当即免费为其安装调试，指导使用。陈志义说：“想不到我仅寄去一封信，你们竟千里迢迢送货上门，如此周到的服务，绝无仅有，海尔的企业精神令人敬佩。”

海尔的星级服务有一套规范化的标准：售前、售中提供详尽热情的咨询服务；任何时候，均为顾客送货到家；根据用户指定的时间、空间，给予最方便的安装；上门调试，示范性指导使用，保证一试就会；售后跟踪，上门服务，出现问题 24 小时之内答复，使用户绝无后顾之忧。

（博亚和讯网，http://www.boyar.cn/article/2000/11/22/8831.shtml）

（四）正确对待顾客投诉

在服务过程中，经常会听到顾客的抱怨，顾客的抱怨就是顾客不满意的一种表现。听到顾客的抱怨，要想压住对方的火气，首先应说“对不起”，这是解决顾客不满的第一步。即使不是自己的过错，顾客抱怨了，这说明在你的服务期间让他不愉快，这是事实。假如带着“顾客有错”的观念去接待，不但不能消除顾客的不满，相反会令顾客更加不满。其次，要耐心倾听顾客的抱怨，弄清楚抱怨的原因，安抚他们的情绪。最后，要灵活化解矛盾，满足顾客合理的需求。

据国际权威机构调查：对客户服务不好，造成 94% 的客户离去；因为没有解决客户的问题，造成 89% 的客户离去；每个不满意的客户，平均会向 9 个亲友叙述不愉快的经验；在不满意的用户中有 67% 的用户要投诉；而较好解决用户的投诉，可挽回 75% 的客户；及时、高效且表示出特别重视他，尽最大努力去解决用户的投诉，将有 95% 的客户还会继续接受你的服务；吸引一个新客户要花的费用是保持一个老客户的 6 倍。

为了鼓励顾客抱怨，有的公司甚至在产品的包装上印上这样的标语：“默默忍受质量低劣的产品并非一种美德。”类似的方法其实很重要，因为大多数顾客从不抱怨，他们常常是一声不吭地就选择了其他的产品或服务。

但是，有许多错误的观念妨碍了我们正确地处理顾客的投诉或抱怨，常见的错误观念如下所示。

错误观念	错误分析
顾客就是喜欢抱怨	没有人喜欢做这种事，因为这同样需要花费时间、金钱和精力，而且还可能得不偿失
顾客不抱怨，说明我们的工作非常令人满意	其实，绝大多数顾客是不会向你抱怨的，但是他们通常会向别人抱怨，这种结果比向你抱怨更糟
即使我满足了他们的要求，他们还是会不满，他们早就不想接受我们的服务了	事实是，如果问题得到顺利解决，提出过抱怨和异议的顾客常常比那些不愿提出或从未提出的顾客更为忠诚
如果让他们的抱怨和异议颇费周折，他们就不会再来烦我们了	企业对抱怨和异议应当视为珍宝，提出抱怨和异议的顾客慷慨地给予了企业弥补过失的机会，他们极可能再来购买，成功的企业应当让顾客知道你欢迎他们的抱怨和异议
流失一位顾客无所谓	平均每一位顾客都会将受到的不良服务告知大约九位潜在的顾客，所以你实际上损失了难以计数的潜在顾客，而且流失了老顾客，你必须花更大的代价去吸引新顾客

（五）避免六种服务恶习

顾客一般是从小处着眼看待我们的服务。当客户知道我们确实努力想把事情做好时，他们往往是很通情达理的。但我们却往往对一些小事听之任之，结果使顾客恼怒。归纳起来主要有以下六种服务恶习。

（1）应付客户。这种恶习发生在想摆脱客户的时候，是由于工作人员想干别的事引起的，他想尽快把客户打发掉。

（2）冷淡客户。工作人员像是戴着冷漠的面具，使服务气氛很快冷下来，冰冷的目光让人心寒。垄断企业的服务、医疗服务以及官方服务往往最易如此。而客户会因这种冷遇而迁怒于企业。

（3）以居高临下的态度对待客户。傲慢地与客户交谈，说一些让客户无法理解的行话，大声喊叫，把老人、孩子晾在一边。那些被藐视过，或被屈尊俯就过的客户会记住这些，而且他们会在其他地方进行报复或宣泄。你的满意度就肯定危险了。

（4）像机器人一样工作。当一名工作人员变得如此程序化、常规化，以致做每件事都采用同一种方式，日复一日，机器般地干服务工作，那过错便开始潜入到了每天对待顾客的言谈举止中。

（5）在规章簿上吊死。事情总是这样发生的，当一个企业的制度和规章更多是为它自身的便利，而不是为客户的方便而设立时，那么一些服务工作人员因墨守成规而犯下错误的机会更多。例如，本来属举手之劳，身边手边完全可满足客户需求的事，却要费多倍的麻烦去按部就班。我们应该考虑赋予员工进行通常情况下通常做法的权利。

（6）让客户跑来跑去。这是冷漠待客的另一种表现。客户由于生活、工作节奏的加快，他们将更具有对抗性，当他们成为恶劣服务的受害者时，将更有可能产生对抗或敌意。

【拓展训练】

大学生趣味运动会

一、活动目的

通过11组趣味性的户外活动，有效开发学生潜能，提高竞争意识，挑战合作极限，培养团队精神，增强集体荣誉感和凝聚力。

二、活动对象

在校学生，以班为参赛单位，组织10个班参加比赛（也可以系为参赛单位）。

三、活动场地

体育场。

四、项目安排

项目名称	各班参赛人数	单程比赛距离	时间安排
1. 摸爬滚打	3人（2男1女）	50米	15分钟
2. 背脊夹球	6人（3男3女）	50米	15分钟
3. 海底传月	10人（5男5女）		15分钟
4. 链接加速	8人（6男2女）	50米	15分钟
5. 凌波微步	4人（3男1女）	50米	15分钟
6. 齐编花篮	6人（3男3女）	50米	15分钟
7. 袋鼠接力	4人（2男2女）	50米	15分钟
8. 环环相扣	10人（5男5女）		15分钟
9. 多人多足	10人（5男5女）	50米	15分钟
10. 接滚雪球	10人（6男4女）	50米	15分钟
11. 快乐拾取（表演项目）	12人（男女不限）	50米	15分钟
合计	83人次		约3小时

五、评分标准

以计时的方式计算成绩，每项活动第一名10分，第二名9分，第三名8分，第四名7分，第五名6分，第六名5分，第七名4分，第八名3分，第九名2分，第十名1分。前10项活动结束后，总得分最高的班为冠军，第二名为亚军，第三名为季军。

六、竞赛说明及竞赛规则

（一）摸爬滚打

竞赛说明

1. 各班各派出一个队，每队3人（2男1女），第一名、第三名队员站在起点线，第二名队员站在终点线，任意排列顺序。

2. 当比赛开始时，每个小组第一名选手以立定跳远的方式向前跳 50 米至终点线，与第二名选手击掌后，第二名选手立即原地转 3 圈，然后往回跑 50 米，返回起点线与第三名选手击掌后，第三名选手立即做 3 个蹲起后（蹲的过程中要求手触地），往回单腿蹦 50 米（途中可以双腿原地休息之后继续单腿蹦，但不允许换腿），全力冲向终点。

竞赛规则

1. 各选手必须按照指定要求完成各自的任务，如不按要求进行，则该组被淘汰出局，不计比赛成绩。

2. 比赛分两轮进行，抽签决定 5 个班为一组，以计时的方式计算成绩。

（二）背脊夹球

道具：10 个气球

竞赛说明

1. 各班派出 1 个运动队，每队 6 名运动员（3 男 3 女）参赛。

2. 每队分为 3 组（其中第一组和第三组站在起点，第二组站在终点），每组 1 名男生和 1 名女生。

3. 男生和女生背靠背夹住一个气球横向前进，当第一组到达终点（即第二组的位置）时，把气球转移给第二组，由第二组同学继续进行接力，当第二组回到起点时，把气球交给第三组，第三组继续冲向终点，比赛结束。

竞赛规则

1. 行进中气球不能落地，落地之后比赛人员可以重新夹住，继续比赛。

2. 途中手和胳膊不能碰球，凡碰球，则该队被淘汰出局，不计比赛成绩。

3. 起点和终点相距 50 米，完成所有比赛用时短者获胜。

4. 比赛分两轮进行，抽签决定 5 个班为一组，以计时的方式计算成绩。

（三）海底传月

道具：篮球

竞赛说明

1. 各班派出一个运动队，每个队 10 名队员（5 男 5 女，男女顺序任意），面向终点，纵向依次排开站成一列，间距 1.5 米左右。发令员站在终点。

2. 比赛预备时，第一名队员举起篮球位于胸前，其余队员弯下腰，双脚分开。

3. 当比赛开始时，第一名队员将球从胯下传给第二名队员（球不许落地），依次类推，当第十名队员接到球后，持球从右侧跑到第一名队员前，将球交给第一名队员（第十名队员面向第一名队员站好），第一名队员继续依次传球，当第九名队员接到球后，持球跑到第十名队员身后，第十名队员从自己的胯下接过第九名队员传过来的球，再把球交给第一名队员，照此依次轮换传球。

4. 比赛过程中，第一名队员原地不动。当第一名队员站在最后一位并双手持球后视为比赛结束。

竞赛规则

1. 在传球过程中，球如果没有按照顺序传出，如出现漏传等状况，须由漏传队员捡球后重新传球。例如，当 A 给 B 传球，B 没接到球，则由 A 捡起球后重新传给 B。

2. 比赛分两轮进行，5 个队一组，抽签决定比赛顺序。

3. 以计时的方式计算成绩,耗时最短的队为第一名。

(四)链接加速

竞赛说明

1. 各班派出1个运动队,每队8个队员(6男2女),男女任意排列顺序。

2. 比赛预备时,8人左脚向后抬起,后面同伴用左手扶住,右手搭在前方同伴肩上,排成一排,最后一名队员左脚也要抬起,保持队列整齐。

3. 裁判员口哨一响,都由起点向终点跳,当最后一名队员跳过50米终点线时,比赛结束。

竞赛规则

1. 起点至终点距离为50米。

2. 行进过程中如果出现掉队情况,比赛人员要重新整理队形,继续比赛。

3. 如出现部分队员跳回终点,则比赛成绩作废。

4. 比赛分两轮进行,每5个队为一组。

5. 以计时的方式计算成绩,耗时最短的队为第一名。

(五)凌波微步

道具:5张纸板

竞赛说明

1. 各班派出一个运动队,每队4人(3男1女,任意排列顺序),以50米路程为桥,用纸板作过桥的“板”,4位队员分排成一列站在起点,各垫一块纸板在脚下,第四名队员手持第五张纸板。

2. 比赛开始之后,从第四名队员开始,4位队员将第五张纸板依次传递给第一名队员。第一名队员接到纸板后,将纸板放在自己前方,并踩到上面,之后后面的队员都依次踩到自己前面的纸板上,最后一名队员捡起身后的纸板,以同样的方式交给前面的队员,不断前进,直到最后一名队员手持纸板穿过终点,视为比赛结束。

竞赛规则

1. 比赛过程中,要求纸板不能漏传,必须依次传到最前面队员手中,且纸板和纸板间要保持适当距离,以保证队员在前进过程中脚不能着地,如果出现脚着地现象,裁判员则要求该队从起点重新开始。

2. 比赛分两轮进行,抽签决定5个队为一组,以计时的方式计算成绩。

(六)齐编花篮

竞赛说明

1. 各班派出一队,每队6人(3男3女)。

2. 一人把脚搭在另一人的腿腕上,如此交替,围成一个圈,当比赛开始后,单腿蹦跳向前走,行程50米,成员都穿过终点视为比赛结束。

比赛规则

1. 在行进过程中若“花篮”有损坏,则在裁判指定的位置重新开始。

2. 比赛分两轮进行,抽签决定5个队为一组,以计时的方式计算成绩。

(七)袋鼠接力

道具:5个米袋

竞赛说明

1. 各班派出一个队，每队 4 人(2 男 2 女)，每队只用一个袋子，轮换使用。

2. 各组 1 号、3 号队员站在起点，2 号、4 号队员站在终点。1 号选手站入袋子中，双手将袋子提至腰际。

3. 裁判员宣布比赛开始时，1 号队员双脚跳跃前进 50 米，到达 2 号选手身旁，脱下袋子，2 号选手套入袋子往回跳，继续比赛，3 号、4 号选手依次进行比赛。

4. 每队 4 名队员接力完成 4×50 米距离，用时最少的队伍胜出。

竞赛规则

1. 比赛过程中，要求袋子不能脱落，而且选手必须双脚并拢，像袋鼠一样蹦跳前进。

2. 比赛分两轮进行，抽签决定 5 个队为一组，以计时的方式计算成绩。

(八)环环相扣

道具:5 个呼啦圈

竞赛说明

1. 各班派出一个运动队，每队 10 名队员(5 男 5 女，任意排列顺序)，面向终点，纵向依次站成一列，间距 1.5 米左右。

2. 第一名队员双手端平呼啦圈做准备状态，当听到发令员发令后，把呼啦圈从头套入、从脚下抽出，然后用左手传给后面一位队员，依次类推。

3. 当第十名队员把呼啦圈从头套入、从脚抽出之后，用右手再交给第九名队员，依次类推，继续按照从头套入、从脚抽出的方式，直到第一名队员把呼啦圈从头套入、从脚抽出后，双手端平，比赛结束。

竞赛规则

1. 传递呼啦圈的过程中注意顺序，从前往后传的时候是从左面穿过去，从后面返回的时候是用右手传。如果出现错误，则从出错队员重新开始。

2. 比赛分两轮进行，抽签决定 5 个队为一组，以计时的方式计算成绩。

(九)多人多足

道具:9 根布条(或者绳子)

竞赛说明

1. 各班派出一个运动队，每队 10 人(5 男 5 女)，站在起点线上。

2. 10 个人站成一列，每两个人相邻的两条腿用布条绑在一起，大家齐心协力走向 50 米处的终点线。

3. 队员全部穿过终点，视为比赛结束，用时短者胜出。

竞赛规则

1. 比赛过程中，要求队列不能松散，出现布条脱落时，要立即原地绑好布条继续比赛，否则被淘汰出局，不计比赛成绩。

2. 比赛分 10 组进行，抽签决定比赛顺序。

3. 以计时的方式计算成绩。

(十)接滚雪球

竞赛说明

1. 各班派出一个代表队，每队 10 人(6 男 4 女)，纵向排成一列站在起点。

2. 发令后，各队第一名队员迅速向终点跑去，绕过终点标志物跑回起点，与第二名队员击掌，第二名队员再迅速跑向终点，折转后返回起点，第二名队员再与第三名队员击掌，第三名队员向前跑……依次类推，直到最后一个人跑回起点后，再与其他九位队员手拉手跑过终点，视为比赛结束。

竞赛规则

1. 为了区别顺序，要求每队第一个人头戴一顶帽子。

2. 起点、终点相距50米，在起点、终点分别放上标志物作为折转标志。

3. 在最后大家一起冲向终点时不限制队伍的排列顺序，但必须是手拉手，不得脱手，脱手则被淘汰出局，不计成绩。

4. 以计时的方式计算成绩，最后一名队员后脚跟过终点线时计时终止。

5. 比赛分10组进行，抽签决定比赛顺序。

（十一）快乐拾取（表演项目，不计成绩）

道具：12张卡片，分别写着“学会感恩学会竞争学会合作”十二个字，即每张卡片上各写一个字。

表演说明

1. 每班各派1名队员，加上1名裁判员和1名发令员共12人组成表演队。

2. 12张卡片散落在终点线上，第一名队员从起点以袋鼠蹦（单腿蹦，可以不套米袋）的形式，从起点蹦向终点，捡起一张卡片。

3. 第二名队员紧接着以相同的方式从起点蹦向终点，12名队员依次蹦到终点，各捡起一张卡片，背对终点线站好，按照卡片上的字的顺序，寻找到自己的排列位置。

4. 所有队员找到自己的位置后，一齐转身面向起点，双手举起手中的卡片，展示给所有参赛队员、工作人员和现场观众，活动到此结束。

七、活动要求

1. 本次活动交由3名学生全盘组织，锻炼学生的组织协调能力，由1名教师负责总协调。

2. 5名裁判和2名发令员（起点、终点各站一位）可以由各班辅导员担任。

3. 各班指派一名专职教师负责指导，各指导教师要尽职尽责。

4. 各班指定1名学生负责整个赛场流程，在每个活动项目中选出一名小组长，组织本项活动的开展。

5. 各班每名成员都要轮流参赛，不能当旁观者。

6. 对冠、亚、季军三个队予以奖励。

7. 遵循安全第一、比赛第二的原则。

模块二　信息素养

【情境导入】

想想上周末你做了什么？

信息无处不在，而我们的日常生活、工作、学习和娱乐中也无时无刻不需要用到信息。现在，闭上眼睛，请你想一想，上个周末的任意一天，你做了哪些或大或小的决定呢？想一想其中的一些决定，你需要什么信息呢？有时候需要的信息会立刻从你已获得的知识中得到利用。比如说，如果你早上的第一个决定是为自己做一顿美味早餐，你应该已经了解了关于你厨房用具和冰箱库存的信息。然而，另一些时候你也许不得不去别的地方搜索信息。你又是通过什么样的资源来寻找这些你还没有的信息呢？

这是我列的上周六的表格。

问题/需求是什么？	解决问题/完成任务所需的信息	从哪里获得这些信息
看电影或 NBA 精英赛	电影/电视排期	网站、报纸、电话
与朋友约会	朋友的联系信息、约会地址	通信录、公交路线、GPS 导航
学做一份 pizza	原料、制作方法	烹饪书、生活杂志、网络甚至 youtube 上的视频等
完成导师布置的论文综述	关于该主题的所有文献资料	词典、手册、图书、期刊、数据库等，通常从图书馆获得

通过前面的思考，我们发现，即使是在星期六，我们也不得不接收大量的信息——通过大众媒介（报纸、网络、电视等）、个人的信息系统（日历、地址簿、通信录），或者其他的信息源——交通工具运行时间表、电话信息服务——所有能使我做出最合适决定的信息。

这还只是其中一部分——我们不只是需要帮助我们做决定的信息。在这个周末我还做了以下的事情：

给母亲和弟弟打电话（问候她母亲节快乐以及弟弟的学习工作情况）；

查看我的 QQ 空间看看我的朋友都在计划做什么；

阅读星期天的报纸，主要是《参考消息》（获知世界最新的发展动态）；

去图书馆还书并获知下周图书馆将举行科技周互动活动；

在线阅读文章（我的开放大学课程）。

这些是关于如何利用信息去回答对我们很重要的或者满足我们正式或非正式学习的例子。

还有，很多很多信息与我们息息相关。

第一节　信息素养概述

20 世纪 50 年代末以来，以电子信息业的突破与迅猛发展为标志的新科技革命，推动人类社会从工业时代进入了信息时代。信息量、信息传播的速度、信息处理的速度以及应用信息的程度等都以几何级数的方式在增长。“信息爆炸”“信息海洋”“信息高速公路”早已是耳熟能详的热门话题。信息对整个社会的影响逐步提高到一种绝对重要的地位，信息化浪潮正在从根本上改变我们的社会经济生活。人类已经生活在一个被各种信息终端所包围的社会。“无论何事、无论何时、无论何地”人们都可以获得文字、声音、图像信息。信息技术正在改变人类的学习方式、工作方式和娱乐方式，数字化生存成为我们必然的选择。

面对不断发展的世界和不断变化的环境，你是否准备好了你的信息素养能力？

一、信息素养的内涵

1974 年，美国信息产业协会主席保罗·泽考斯基首次使用“信息素养”一词。他认为，信息素养是个人应用信息工具与信息源解决问题的一种能力。信息素养概念一经提出，便得到广泛传播和使用。

1989 年，美国图书馆协会下属的“信息素养主席委员会”将信息素养界定为“要成为一个有信息素养的人，他必须能够确定何时需要信息，并已具有检索、评价和有效使用所需信息的能力”。这个定义后来逐渐被普遍认可。

1992 年，在《信息素养全美论坛的终结报告》中，对信息素养的概念有了更详尽的表述：“一个有信息素养的人，他能够认识到精确和完整的信息是做出合理决策的基础；能够确定信息需求，形成基于信息需求的问题，确定潜在的信息源，制定成功的检索方案，基于计算机和其他的信息源获取信息、评价信息、组织信息用于实际的应用，将新信息与原有的知识体系进行融合以及在批判思考和问题解决的过程中使用信息。”

2003 年，联合国教科文组织和美国图书情报学委员会在布拉格联合召开了一次信息素养专家会议。会议发表的《布拉格宣言：走向具有信息素养的社会》中将信息素养定义为“一种能够确定、查找、评估、组织和有效地生产、使用和交流信息，以解决面临问题的能力”。布拉格宣言指出，信息素养是人们有效参与信息社会的一个先决条件，是终身学习的一种基本人权。

2005 年，联合国教科文组织、国际图书馆协会联合会和美国全国信息素质论坛在埃及亚历山大城联合召开了国际高级信息素养和终身学习研讨会。会议发表了《信息社会在行动：关于信息素养和终身学习的亚历山大宣言》。《亚历山大宣言》指出：“信息素养是终身学习的核心。它能使人们在整个一生中有效地寻求、评价、利用和创造信息，以便达到其个人的、社会的、职业的和教育的目标。它是数字社会的一种基本人权，能促进所有国家的社会内涵。”

从上述定义可以看出，信息素养含义广泛，不仅包括获取、处理、创造信息的能力，更重要的是将它们用于解决实际问题和进行创新的综合能力。它具有一定的体系结构，包括信息意识与情感、信息伦理与道德、信息知识和信息能力。

二、信息素养与日常生活

信息素养与我们的生活密切相关。在日常生活中，当人们随时可以了解发生了什么事情，存在什么机会，解决当前的问题可以找到多种方法时，生活就变得更加丰富有趣。年轻人需要了解哪些学校适合自己继续深造，哪儿有就业机会；出去租房想要知道与房东的权限纠纷可以依据什么法律来保护自己；一个家庭面对较大的支出，如金融投资、购房等问题时，需要了解有哪些选择，如何选择。有用的知识和信息日新月异，这些问题依靠个人原有的知识可能无法做出或及时做出解决问题的决策。但是当你具备了良好的信息素养能力，你就可以及时获取现时的信息，及时找到机会，做出正确决策。同时，具有信息素养还可以丰富个人生活，提高生活质量。

"非典"时期让人们深刻体会到信息素养带来的便捷。2003 年春"非典"期间，人们更多地选择足不出户，开始网上生活。有人尝试通过网上书店选购图书和光碟，以充实个人精神生活。不用出门，书店会派人直接将选购的图书送上门，非常方便。网上购书虽然无法触摸到实际图书，但可以看到封面图片和图书介绍。稍有些信息素养能力的人，可以查找到图书述评信息，还可以在网上咨询或与人交流图书信息，避免买下自己不喜欢的书。习惯于看电子图书的人，可以在超星数字图书馆买张阅读卡，在网上注册和下载图书阅读器，就可直接阅读电子图书了，若掌握了图书阅读器的使用功能，可以在阅读时方便地做标记、注释和摘录等。这一时期，那些经历过严冬时期的网络书店也因祸得福，销售出奇火爆。

人们开始喜欢信息社会带来的新的商业模式，网上购物的数量和人数也越来越多。据中国电子商务协会统计显示，2013 年电子商务交易额超过 10 万亿元；截至 2013 年 12 月底，我国网络购物用户规模达到 3.02 亿。但是了解网上交易规则、鉴别信息真伪、避免交易风险和不健康交易需要一定的信息素养能力。

经历了"非典"以后，人们对具有非接触性特征的远程教育的认可和推崇是显而易见的，上海电视大学 2003 年在校生人数一举突破 10 万，就是一个有力的证明。网上教育为人们提供了新的教育模式，人们可以不受时间和空间的限制，自由选择自己喜欢学习和进修的内容。但是参加网上教育，为完成学习任务，需要掌握查找相关学习资源和参考文献的检索技能，需要具备保存和管理个人信息资源的能力，与教师和同学参与讨论需要具备必要的网络交流能力。

此外，电子政务的推行，也为人们网上活动提供了各类信息和服务。具有基本信息素养能力的公民可方便地与政府打交道，了解各种信息，提高办事效率。网络还为我们提供了医疗、保险、交通、旅游、娱乐休闲等各类生活信息。出行前可查询天气情况、交通路线，可在网上订购机票、旅馆、演出门票等。因此，掌握快速获取信息能力的人，可享受方便、便捷和更丰富的生活。

在生活中是否经常遇到一些问题，依靠个人原有知识无法做出或及时做出解决问题的决策。举例说明经常是哪方面的问题，你是如何解决的？对自己的解决过程和效率满意吗？

三、信息素养与终身学习

国外研究表明，在农业经济时代，一个人学习8年可满足终身需求；在工业经济时代，一个人学习17年大体能满足终身需求。而在知识经济时代，知识与信息总量迅猛增长，知识日新月异。据统计，一个人在学校里学到的知识，仅占其一生所需要知识的10%，而其余90%左右的知识是在以后的工作和生活中不断学习和获取的。很显然，在这个时代，更新知识已经成为人们的终身需要。

要不断学习和更新知识，除了参加学校教育外，更重要的是要学会如何自我学习。信息素养是自我学习、终身学习的必备能力，也是创建学习型社会的重要条件。信息素养能力具有自我定向的特性，具有信息素养的人通常能按照特定的需求，寻求知识，寻找事实，评价和分析问题，产生自己的意见和建议，在经历成功寻求知识的激动和喜悦中，也为自己准备和积累终身学习的能力和经验。同时，具备信息素养能力的人，在寻求知识的过程中经常与他人交流自己的思想，可加深对知识的理解，激发创造，并能在一个更大的空间和社会团体中重新定位自己，找到人生新的价值。

访问武汉终身学习网（www. whlln. com），看终身学习有哪些需要学习的？如何进行终身学习？

四、信息素养与就业创业

（一）信息素养与就业

一次“大学生就业职业指导现状”调研显示，毕业生就业存在显著的“三不了解”现象：其一是不了解自己想要进入的行业发展前景；其二是不了解公司的发展前景、人力资源管理制度、企业文化等；其三是对自己的职业目标和规划概念模糊，甚至根本没有目标。以如此“三不了解”状态进入就业市场，大学毕业生很有可能遭受失业或从事与学历不相匹配的职业，而后者的工资收入往往比预期低。因此，就学生自身而言，信息素养特别是就业信息素养的高低已是影响他们就业成功与否的一个重要因素。

当前大学毕业生在就业过程中，信息素养不高主要体现在以下几个方面：①就业信息意识不强，信息知识缺乏，容易“错失良机”；②就业信息辨别、处理能力不强，容易遭遇各种“就业陷阱”；③缺乏就业信息道德规范和自我约束，如提供虚假简历、随意违约等，某种程度上降低了用人单位招聘大学毕业生的积极性，恶化了毕业生的就业环境。如果说大学生信息素养是增强自主学习、终身学习能力的重要因素，那么就业信息素养则是通向实现知识价值、避免“知识失业”的一个重要渠道。如果大学生具备较高的就业信息素养，他们在毕业时就能有效获取就业信息，选择合适的目标岗位，从而顺利就业。

（二）信息素养与创业

近年来，大学毕业生的就业竞争日趋激烈，虽然大学生的就业途径多样，就业环境趋好，但是总体而言就业难度加大。为支持大学生创业，国家各级政府出台了许多优惠政策，涉及融资、开业、税收、创业培训、创业指导等诸多方面。而在诸多影响大学生创业顺利与否的个人因素中，信息素养显然是大学生不可忽视的一种能力。

创业者首先必须具备创业意识，创业意识的形成要依赖信息，也就是说创业者必须具有信息意识。信息意识是获取信息的前提,信息意识的强弱决定了获取、判断和利用信息能力的自觉程度。一个对于信息的重要作用具有深刻认识的人,必定对信息需求非常敏锐,敏锐的信息需求必定产生强烈的信息检索行为,对通过检索所获得信息也必定会加以认真吸收和充分利用。另外,创业者掌握了信息检索技能,具备了获取知识信息的能力,就能对世界上最新的科学知识、最新的先进技术、最新的科技动态和最先进的管理经验,随时进行跟踪和检索,并及时获取和利用,为创业提供信息基础。

创业者必须具备创新能力,才能提高创业的成功率。创新的核心就是创造性思维,而信息需求是创造性行为产生的必要条件,信息意识可以激发创造性思维,信息技能可以拓展人才创新的途径。因此,我们说信息素养是关系到创业顺利与否、成功与否的关键能力。

五、信息素养与公民角色

信息素养作为信息时代公民必备的素质,是公民发挥个人作用的能力基础。在数字化信息网络环境中,每个公民作为行为主体既是信息需求者、接收者,也是信息提供者和传播者。公民对信息、知识的利用享有平等的权利,但公民要更好地接收和传递信息,享受信息化所带来的高速化、快节奏的生活,也应该承担信息社会的义务,履行社会责任。

20 世纪 90 年代,美国开始把现有政府信息公之于众,确保巨大的政府信息库能让公众很容易、平等地利用,以适应美国国家信息基础建设。1999 年初,我国"政府上网工程"全面启动,随着"政府上网工程"的不断发展,我国的电子政务建设也取得了突破性进展。电子政务在推动现有的行政程序改革,充分运用信息手段,重视建立政府与公民的互动,致力于提供更加快捷、方便的公共服务,提高办事效率和透明度等方面有着巨大的推动作用。2007 年国务院发布了《中华人民共和国政府信息公开条例》,标志着我国全面实施政府信息公开制度。

信息时代,公民有义务了解和关心重大的社会问题、参加选举、遵纪守法,并通过纳税、服兵役、提供社区服务等不同方式回报社会。同时,也应积极提供反馈信息,积极交流信息,遵守信息交流中的道德法则,合理合法地使用信息,避免违法违纪行为等。培养较高信息素养人的现代教育实践活动,曾经为美国等发达国家的教育带来新的发展契机,也将为我国教育发展和构建学习型社会、创新型国家的尝试提供有益的借鉴。

【自我测试】

武汉软件工程职业学院学生信息素养现状调查

请在合适的地方打"√"或填写答案。

1. 请在此填写你的个人信息。

你的年级:

你的专业:

2. 你认为信息素养对你个人而言重要吗?(单选)

(1)非常重要

(2)重要

(3)一般

(4)不重要

3. 你认为信息素养包括哪些方面的内容?[多选题]

(1)信息意识

(2)信息搜索能力

(3)计算机应用能力

(4)信息表达能力

(5)信息知识

(6)信息评价

(7)信息道德

(8)其他

4. 生活在21世纪的你,对以下涉及ICT(信息通信技术)的有关知识,请勾选你较为熟悉和了解的内容。[多选题]

(1)计算机原理

(2)多媒体知识

(3)计算机病毒及网络安全

(4)系统维护知识

(5)网络及联网相关知识

(6)计算机伦理及法律知识

(7)其他

5. 当然,仅有知识还是不够的,你还需要拥有一定的技能,以下ICT必备武器中请勾选你较熟练应用的技能。[多选题]

(1)文本处理(从简单的打字到博客的书写,只会一样即可)

(2)图像处理(Windows 画笔到PS或flash,其中的一种你会了吗?)

(3)音频信息(从简单的录音笔使用到高级的专业音频的制作,只会一种即可)

(4)视频处理(从拍摄一段简单的DV到专业的视频剪辑,当然你可以山寨一把)

(5)演示文稿(制作一个简单或精良的PPT)

6. 通常而言,面对一个问题或一项任务,你会通过以下的哪几种途径获取信息?[多选题]

(1)与同学老师交流

(2)使用搜索引擎

(3)直接去图书馆或访问图书馆网站

(4)专业网站(如论坛、博客圈、专业协会网站等)

(5)专业数据库(如期刊网等)

(6)询问图书馆员

(7)其他

7. 在你主动查找专业相关的问题时,通常你是如何开始你的第一步查找的?(单选)

(1)直接把想到的句子或词输入到搜索引擎框

(2)使用专业数据库,输入想到的检索词,必要时候进行组配

(3)查阅相关工具书,确定检索词,得到相应术语后再进行检索

(4)我比较喜欢先问问周围人,没人知道的情况下才会考虑检索

8. 你是如何分析评价你所搜集到的信息的?[多选题]

(1)简单浏览摘要信息,做出基本判断

(2)我通常会阅读搜索到的内容,从而做出判断

(3)我会查看来源出处,从发布者权威性角度来决定取舍

(4)和他人探讨信息是否合适

9. 通常情况下,你通过信息检索得到的结果在多大程度上满足了你的需求?(单选)

(1)我大部分时候(90%以上)都是很满意的,似乎搜索引擎了解我的想法

(2)基本上70% ~80%我感到满意,我会熟练地信息检索,但是有时候还是得不到我要的信息

(3)我能找到50% ~60%能符合我需求的东西,这已经不错了

(4)基本上我不太满意,30% ~40%,信息搜索确实是件恼人的工作

(5)满意?经常情况下信息搜索只能满足我10% ~20%的需求,也许我得去参加一些培训

10. 在这个最好又最坏的时代,有很多方法和工具让你与其他人交流和沟通,请选三种对于你来说最重要的与人交流观点或问题的工具。[请选择3项]

(1)面对面交流或辩论

(2)发表文章

(3)参加专业技能竞赛

(4)电子邮箱

(5)论坛、BBS等

(6)视频、电话会议

(7)即时通信工具,如QQ、MSN等

(8)博客等社会性软件

11. 通常情况下,你对以下涉及信息道德及伦理的问题是否了解或遵守?[多选题]

(1)我了解信息技术相关伦理及法律

(2)我能保守群体信息秘密、尊重个人隐私

(3)我能够正确书写参考文献及作者

(4)我能合法使用电子资源,杜绝恶意下载

(5)我能自动抵制不健康的信息

(6)我了解知识产权保护及相应制度

12. 请你综合评价一下你个人的信息素养如何?(单选)

(1)很好,我很满意自己的信息素养

(2)一般,大部分时候能满足自己的需求

(3)较差,老实讲,我常常找不到自己想要的信息

(4)说不清,而且,信息素养是什么?

13. 如果你对自己的信息素养不够满意,你认为你的信息素养在哪些方面存在欠缺呢?

[多选题]

(1)事实上,我对我的信息素养非常满意

(2)信息意识不够强,常常错失良机

(3)信息能力不强,检索不到想要的东西或面对复杂一点的软件不会操作

(4)信息评价,常常对检索结果不知如何评价

(5)我常常觉得我不会表达,这真是让我头痛

(6)似乎每样我都不行,怎么办?

14.事实上,武汉软件工程职业学院已经在开展一些信息素养的教育,以下教育活动你参与过其中哪几种呢?还有哪些你参与过而我们不知道的呢?请告诉我们。[多选题]

(1)计算机基础课(大一即开设的通用基础课)

(2)图书馆线下培训

(3)图书馆网站上的内容(新生教育、用户培训等)

(4)职业基本素养课

(5)其他

15.感谢你参与我们的调查,如果你对学校的信息素质教育有其他建议,请不要吝惜你的笔墨,在此告诉我们。谢谢!

第二节 有效获取信息

【案例2-1】

我到哪儿找房子?

这是一个充满了机会的城市。

大学毕业应聘到某软件公司工作的小李,提着行李兴冲冲来到公司报到。人事经理告诉他:公司不安排住宿,请自己找房子解决。小李傻眼了:我到哪儿找房子?

现实生活中,你是否遇到过类似小李的茫然无措?事实上,我们将随时碰到这样的问题:用什么方法获取自己所需要的信息?从哪里能够搜集到自己所需要的信息?

了解信息内容,确定搜索范围,这是获取信息的关键要点。认识并掌握这些要点,就为快速高效获取信息奠定了基础。

一、定义信息任务

获取信息的关键要点之一,就是在接受某项搜索任务时,能够了解并确定所需要搜集的信息内容,即这项任务我要查什么?需要哪些方面的信息?哪些信息能帮助我解决必须解决的问题?这些问题的答案就是信息内容,能够确定所需要的信息内容,就为进一步搜索并获取这些信息奠定了基础。

（一）表达信息需求

信息内容如何设定，必须与信息搜集的目的相联系，即你想知道什么？你搜集信息的目的是为了满足什么需要？要解决什么问题？是“需要”驱动你去搜集信息的。而“需要”形式多样，在学习、工作和生活中随处存在。如领导或上司安排你搜集某些业务进展情况的资料，或日常生活中你计划实施某些活动而需要了解相关信息等，都离不开一个中心点，即搜集什么信息。而搜集哪些信息是以满足人们的某种“需要”为目的的。因此，在进行信息搜集时必须明确信息搜集的目的是什么，有什么要求，以此来设定要搜集的信息内容。明确表达所要收集的信息内容，是保质保量完成信息搜集任务的前提条件。

例如，当你想租房，要着手搜集房屋租赁信息时，你会发现必须先要确定自己需要了解的问题：①房子的面积，多层还是高层，朝向；②哪个区域、什么路，地段以及周边环境如何；③出租房内设施及家电配置情况；④租金和物业管理费多少，自己能接受的租金价位。以上这些问题都是根据你“租房”这个目的来设定的，你从自己的实际需要出发，根据自己的现实条件，事先把需要了解的问题尽可能考虑得仔细和详尽。这样，根据这些事先设定好的内容进行搜索，你所搜集到的租赁信息就会较全面，就能满足你的选择。

（二）分解复杂任务

当信息收集涉及多内容、多环节和多种技术的时候，或者任务本身复杂不清时，这就是复杂的信息收集任务。这时候，要清楚的知道：我们的任务是什么？需要什么信息？

【案例 2-2】

我需要收集什么信息？

武汉××软件公司总裁办公室决定给公司每个员工定做一套高级工作服。会议决定：总裁办负责落实服装置办工作，要求服装式样能使大家满意，选择厂家，量身定做。

会后，总裁办主任安排小王负责公司服装添置方案制订的相关信息收集。小王接到这个任务后，想了想，他至少需要收集下列相关信息。

1. 公司大多数员工喜欢什么样的高级工作服（品牌、式样、面料）？
2. 公司员工（男 160 人、女 55 人）的服装规格有哪些？
3. 现在市场比较流行的男女高级工作服的品牌有哪些？
4. 有哪些服装生产企业可以邀请参与竞标？

这就是比较复杂的信息收集任务。他需要收集多个维度的信息，包括“本公司员工的需求”“目前市场流行的高级工作服信息”“生产厂家的信息”等；也需要采用多种搜集信息的手段和方法，如电子手段、问卷调查、现场观察、访谈了解等；同时，有的信息收集还涉及多个环节，如员工中大多数人对式样、品牌的选择意向信息，需要先了解市场，推荐品牌，再问卷收集大多数员工的意向信息等。

当然，所谓“复杂的信息收集任务”，对每个人来说并不一样。对甲是复杂的问题，对乙可能就是简单的问题。因此，并没有统一的标准。如果你不能很直观明了地知道需要什么信息,或是你对事情不清楚的时候,都可以称之为复杂任务。如何分解复杂的信息收集任务?每个行业和专业对本行业和本专业的问题有很多分析工具,他们能够帮助和指导你分析问题,做出有效判断。一般方法有以下几种。

1. 关键词法

把信息收集任务的关键点、关键环节和目标用简短的词语标示。突出了关键,信息收集的任务也就一目了然了。

2. 图示法

把任务的收集信息点、技术路线和流程用图示的方法表示。图示法可以帮助你分解任务、抓住关键,如图 2-1 所示。

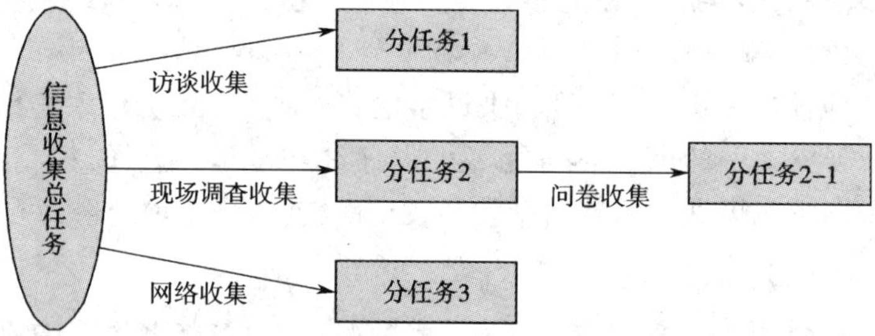

图 2-1　信息收集任务分解

【实训 2-1】

金马鞍项目 1——信息收集任务分解

如果我们把案例 2-2 中小王要完成的信息收集任务叫做“金马鞍”任务。好马鞍不仅骑马者感到好,马也满意,这就是双赢。小王的信息收集既要做到让公司员工对高级工作服满意,且生产厂家愿意让利承做,领导也要满意。

现在你就是小王,请你在接到主任交代的任务后行动,完成“金马鞍”的信息收集任务。

方法 1:

我们可以用关键词法定义这个复杂的信息收集任务:服装品牌;服装展示;员工选择档次意向;厂家招标;量身定做。

方法 2:

我们也可以把主任下达的任务用图示法进行分解,如图 2-2 所示。

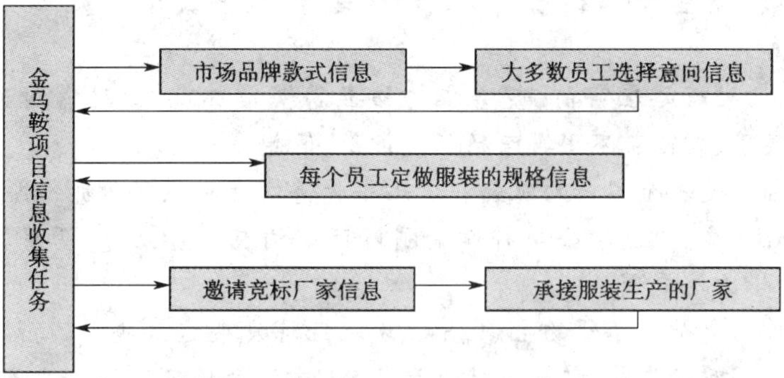

图 2-2 “金马鞍”信息收集任务分解

【自我测试】

是否会分解复杂的任务了？

1. 结合你自己的生活实际，列举一个你定义复杂信息任务的实例。要求有实用性、综合性、复杂性，涉及信息收集的各个环节和行动，提交你所选项目的任务分解表，在课堂介绍你的项目。

2. 阅读下面一则案例。如果你是杨经理，你会怎样选择？你需要知道哪些信息来帮助你进行选择？你还有其他的办法分解复杂任务吗？

3. 本节对你的启发是什么？在以后的工作生活中会怎样改进？

【案例 2-3】

经理的选择

杨经理年轻有为，二十多岁就已经成为一家大公司的部门经理，虽然工作很辛苦，压力也很大，但杨经理却干得很出色。然而，近一二年公司所在行业普遍不景气，许多公司陆陆续续开始裁员，如果市场不复苏的话，杨经理所在的公司也无可避免地要进行裁员。最近已经有传言公司要裁员了。

上午的会议证实了这个传言。公司决定裁掉一些部门，无可避免地就要裁掉一些员工。对于被裁掉的员工，公司会给予较高的补偿，尤其是管理岗位的员工，将获得大笔补偿金。而杨经理的部门就在被裁之列。

下班前，张副总来到杨经理办公室，告诉他，因为公司认为杨经理是个难得的人才，公司想要留他，但希望他能跟公司共渡难关，薪酬要有较大幅度的下调。张副总描绘了行业和公司的未来发展，认为当前的困难只是暂时的，公司和整个行业一定会在不远的将来重新辉煌起来,希望杨经理有信心,留下来。杨经理说,他会认真考虑,明天会给公司一个答复。

张副总走后,杨经理站在窗前,望着华灯初上的繁华都市,心里感到了一阵轻松和茫然。传言终于证实了,大家都不用再瞎猜了。但是,他想——

离开公司?可能是一个不错的机会。这几年干得实在太累了,杨经理一直想再去国外进修管理,拿个MBA文凭,这次公司补偿金刚好可以用在学费上,一两年的生活也不成问题,以后再回来竞争力就更强了。

去找其他工作?也是个不错的主意,毕竟现在经济发展这么快,以杨经理的条件,再找一份工作也不是件困难的事情,机会也就这么几年,要是读书回来,可能就错过了。

留下来与公司共渡难关?毕竟工作多年,在公司一直工作得不错,与公司共患难渡难关也是应该的。

一下子,杨经理面前摆了三条路,"我该选择哪条呢?"杨经理陷入了沉思。

提示:杨经理选择利弊具体如图2-3所示。

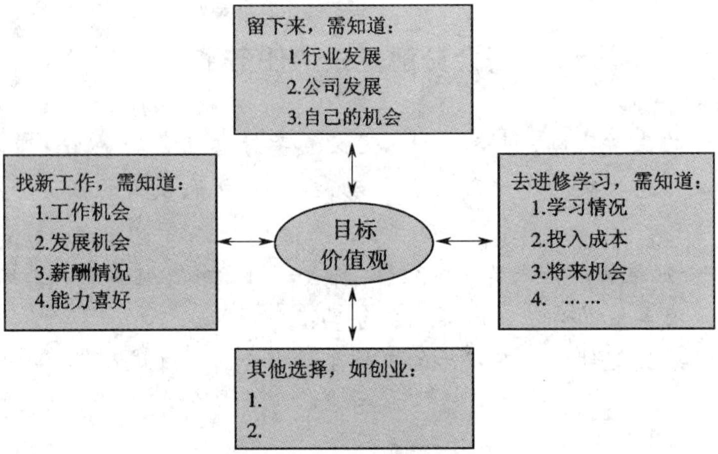

图2-3 杨经理选择图

二、确定搜寻策略

获取信息的关键要点之二,就是在明确所要搜集的信息内容后,能够确定信息可能的来源范围,即确定获取信息的渠道和各种获取信息的资源。知道搜索方向,在所确定的范围内进行搜寻,这是快捷高效获取所需信息的必要条件。

信息无处不在,如图2-4所示范围都可以获取信息,你知道吗?

(一)了解搜索渠道

从图2-4所示可见,信息来源范围广,你可以从中搜索并获取所需信息。

(1)互联网。互联网是一个你可以基本寻找到所有信息的地方。各种信息,包括文章、照片、录像、表格、数字、音乐等,都可以迅速地呈现在你的眼前,你可以很方便地通过搜索引擎检索到需要的信息。这是确定信息搜索的首选范围。

(2)传统信息媒介。包括报纸、杂志、书籍、宣传印刷品、广播、电视等大众传播工具,作

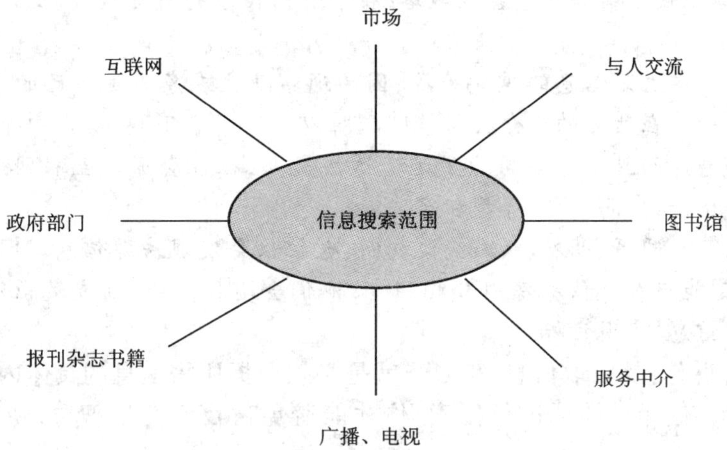

图 2-4　信息搜索范围

为信息载体,具有承载信息量大、内容广泛、分类编辑、覆盖面广等特点。许多时效性强和重要的信息,都是通过这些信息媒介向社会传播的。通过这些信息媒介,你可以从中查寻和选择所需要的信息。

(3)知情人、朋友、客户的意见。这往往是获取信息的重要途径,他们的意见可以使你节省搜索时间。

(4)实物、现场派发的宣传资料、广告等。这些都是可能获取信息的来源。

(5)社会服务中介。服务中介面向社会,服务内容专业是其特点,你要获取某一方面的信息,通过中介寻找是一个不错的选择。

(6)政府部门、社会公共机构。如图书馆、展览中心、各种报告会、学术会议、展览会等,都是信息的来源之地,你可以通过这些部门和机构提供的各种资料,从中了解并获知最新、最权威的信息。

(7)市场。没有人怀疑市场聚集了生产、流通、消费等方方面面的信息,任何人都可以通过市场调查,从中发现自己感兴趣和有价值的信息。

【案例 2-4】

你知道从哪里能够获取租赁信息?

当你确定好所需查寻的出租屋信息时,进一步需要考虑的是:我要到哪里寻找?从哪里能够查寻到这些信息?你必须设想有可能发布租赁信息的来源之处,把这些可能的来源列出来。

1. 互联网。在新浪、搜狐、网易、腾讯等门户网站的房产频道里,有可能有大量的租赁信息,同时在搜房网、安家网等专门的房产网站里也会有很多租赁咨讯。

2. 报刊。当地报纸的房地产分类栏目也是你寻找租赁信息的来源之处。从经过编辑精心选择的信息中你有可能发现不少你所感兴趣的出租屋线索。同时,当地的城区地图必不可少，仔细阅读以便了解和熟悉各区域路线，了解出租屋的所处地段、交通情况以及与自己单位的距离。

3. 房产中介。这也是信息的重要来源，因为通常业主在急着把自己的房子租出去时，大多会在自己物业所在地方的中介公司挂牌。所以一般情况下，从房产中介处能够找到你想知道的租房信息。而且中介公司为了迅速达成交易，往往会通过互联网或报纸，把自己手上的房源刊登出来，广而告之，寻找租客。

4. 交谈询问。与同事、朋友、亲戚交谈询问，也往往会发现房源信息。因为有人要出租房，还有些人希望能与人合伙租房以分担租金，他们会委托同事、朋友放出消息，通过大家的关系获取有效信息，实现目标。

上述例子告诉你：要获取信息，第二步就是必须根据所需信息的具体内容确定搜索范围。只有有目标、有针对性地进行搜索，你才能避免盲目泛泛地搜寻，快速查寻到所需信息。

（二）熟悉搜索资源

要想准确、快速地搜集所需信息，必须借助一切可能的手段和条件。拥有较丰富的资源，具备一定的物质条件，这是搜集信息的保证。所以，在着手搜集信息时，你要尽可能掌握各种资源，并能够利用这些资源进行搜索。

一般而言，搜索信息所需要的资源包括：计算机、视听和摄像设备、图书馆、书籍报刊杂志、政府部门、社会服务中介、人际关系等，你只有熟悉这些资源，能够充分利用，才能够快速搜集到自己所需的信息。

【案例2-5】

老张在哪里能获取祖屋产权登记资料？

老张居住的房子是他爷爷遗留下的祖产，因该地段被征用开发，祖屋要拆迁。开发商与他协商拆迁补偿事宜，需要他提供房产证。但因年代已久，祖屋的房产证早已不知去向，老张必须查寻有关祖屋产权登记情况。但应到哪里查找呢？他首先是到房产部门查找，因为那是办理房产登记的机关，从那里应该能查寻到祖屋登记的资料。但他去房产部门查寻时被告知，凡是新中国成立前建的房子，其登记资料都属于历史资料，不存档在房管部门，应到档案馆查寻。于是老张去档案馆，查到了祖屋在土改时登记的资料，资料记载了祖屋的位置、面积、产权人姓名。他复印了资料，终于得到了原始凭证。老张知道了，要查找史料，就要到档案馆。

资源意味着你可以利用的条件和手段，在确定了信息内容和搜索方向后，下一步就是必须利用现有的资源进行搜索。但关键在于，你是否熟悉这些资源？在准备搜索信息时能否确定需要利用哪些资源？如图书馆、档案馆、互联网、政府部门、社会服务中介、朋友客户等都是你可以利用的资源，你需要考虑的是利用哪些资源搜索信息最快捷、最节省。

（三）排列优先次序

在信息爆炸的年代，有太多的信息和信息来源渠道，人们不自觉地处在各种信息的冲击之下。然而，不是所有的信息都有用，不是所有的信息来源都有效。而且，我们获取信息总是在一定的前提和限制条件下进行的，比如常常会受到时间、财力、人力、物力的限制。另外，获取信息的目的和要求重点也会有所不同，有的要求准确，有的要求及时，有的要求全面。因此，在获取信息时，必须确定搜索范围，并对各种资源和渠道排出一个优先次序，才能在限制条件下完成获取所需信息的目的，从而为决策和行动提供有用的信息支持。

在不同条件下，每一种媒体都有自身的特点和优势。搜集信息时，针对不同的要求，了解和熟悉每种信息来源渠道的优缺点，对于合理选择信息获取渠道非常重要。

分析信息资源和收集渠道的优劣时，可采用列表分析法。列表分析法是一种非常有效、直观的方法，能够把你所要研究分析的对象，按不同标准列成表格，分列比较，一目了然地发现它们彼此间的不同特点，如表 2-1 所示。

表 2-1　各种信息来源的特点

信息来源	考虑因素(优势和限制条件)
公司内部资源， 包括公司图书馆、内部统计资料、财务部门、同事和研究人员	在多数据情况下，这是一个非常好的起点； 从大量无用的材料中发掘有用的信息非常费时，要依靠同事的合作
个人资源， 包括朋友、与外界交往、竞争对手、讲座、新闻媒体和出版物	有用的信息可能来自不同领域、不同层次的人； 许多非正式的、个人的信息资源是难以全部开采的
专家， 包括管理者、咨询人员、市场和经济学研究人员、学者	专家的意见应该重视并采纳； 要花时间请教专家，获得相关信息； 虽然他们的意见也要认真分析检查，但是他们提供的咨询和服务质量是较高的
电子媒介物， 包括互联网和内部网络、电脑、其他计算机网络和所有在线信息服务	互联网和其他类似的服务提供了大量有用的信息，有时甚至太多了； 网络速度有时无法保障； 信息未必总能查全或查准； 很多信息可靠性和权威性差

【实训 2-2】

金马鞍项目 2——信息搜寻策略

在定义“金马鞍”项目后，针对各项任务需要搜集的信息，我们需要考虑：从哪里获取信息？哪些渠道最佳？先从哪里开始？按照难易和方便程度，我们开始行动。

1. 确定信息收集范围，如图 2-5 所示。

2. 确定“金马鞍”项目信息收集的方式，并排列出先后次序。

第一步：市场实地观察和访谈，了解高级职业装(男女装品牌)。

第二步：向员工展示样板服式样，对员工做问卷调查，收集员工选择的意向信息。

第三步：网上收集竞标生产厂家的信息，筛选 3～5 家。

领导与员工要求信息	→	在公司内部获取
款式、品牌等信息	→	熟人、专家、现场了解、广告等
服装生产企业等信息	→	大众传媒、广告宣传、实地考察等

图 2-5　信息收集范围

第四步：实地考察，了解生产厂家实力信息。

第五步：竞标，收集竞标厂家信息，供领导决策。

第六步：中标厂家给每个员工量身，确定所有工作服规格信息等。

【自我测试】

你会选优了吗？

完成下列任务，评估一下自己确定搜寻范围、列出资源优先次序的能力。

1. 你平常获取信息的主要渠道有哪些？请根据自己的实际，列表对这些渠道的优势和限制条件做一般评价。

2. 对面临求职择业的毕业生来说，最关心的莫过于能及时得到更多的就业信息，就业信息搜集的渠道一般有：①直接与用人单位联系就业信息；②利用社会实践、毕业实习或业余兼职获取信息；③通过各种社会关系获取信息；④有关新闻媒介；⑤各级各类“双向选择”“供需见面”招聘会；⑥学校的毕业生就业办公室（或指导中心），等等。请将上述不同渠道按你认为的信息收集的优先次序重新排列，并说说你这样排序的理由。

3. 本训练对你的启发是什么？在以后的工作和生活中，你在获取信息时将会有怎样的改进？

三、活用搜寻手段

确定了所需信息及搜索范围后，要能够运用一定的技术手段搜索信息。在信息搜索过程中，人们常用哪些手段进行搜集？下面就介绍几种常用的方法。

（一）阅读法

【案例 2-6】

“尿布大王”得益于报刊信息

日本多川博成为举世闻名的“尿布大王”，其生产的尼西奇尿布称霸全球。而其成功完全得益于他从报纸上得到的信息。一天，他在报纸上看到一篇报道，日本每年有多达250万婴儿出生。这条信息使多川博意识到：如果每个婴儿的母亲买两条尿布，全国一年就是500万条。这是一个规模多么可观的市场！经过市场调查，他决定生产尿布。果然，他一举成功。

“尿布大王”的成功说明了什么呢？你是否从中意识到：信息是无处不在的，它在报刊杂志书籍的字里行间，在图片影像之中……阅读会使你发现它，抓住它。

侦探般的眼睛和求知的渴望使你能够从阅读中发现或挖掘出有价值的信息。

在信息处理的工作和生活中，阅读法是最基本的信息获取方法之一，十分常见，十分重要。通常指通过阅读书籍、笔记、报刊杂志、宣传印刷品、地图等文本资料以及图表、照片、影像等各种图片资料，从中发现信息和收集自己所需要的信息。由于人们收集信息是以满足某种“需要”为目的的，故阅读的内容，在选择读物方面往往有针对性、有目标。文本类资料历史源远流长、浩如烟海，由于其承载的文化深厚，是人们收集信息和获取信息不可或缺的重要方法。

一般而言，在搜索信息需要的资源已具备的情况下，如何利用这些资源，迅速确定寻查对象，即必须能够清楚：我要阅读什么？我所需要的信息，应该在哪类书刊文献中会找到？如翻翻自己的书柜，在藏书中寻找；或到图书馆、档案馆寻找、借阅；或到购书中心查购；或向亲朋好友借阅。总而言之，如果在你阅读之前能把与所需信息有关联的文献、资料、报刊杂志、书籍等准备好，你的搜索就会缩小范围，直接进入主题。

（二）观察法

【案例2-7】

昂得希尔的“跟踪”

昂得希尔的手下偷偷在商店里穿行，假装清查存货。他们跟踪目标，不管顾客停留多久，多少次回到同一件商品前面，他们总是紧紧跟进，一边用照相机拍摄，一边用红笔在本上画出每个顾客的购物路线。纽约全国零售业联合会定期要求昂得希尔向联合会的许多成员展示他拍摄的照片，他们给很多商店提出了许多实际的改进措施。例如，他们用一卷胶片拍摄一家主要是青少年光顾的音像店，发现这家商店把磁带放在孩子们拿不到的很高的货架上。昂得希尔指出应把商品放低18英寸，结果销售量大增。

这种获取信息的方法叫观察法。观察法是一种收集社会基础信息或原始资料的方法。它通过直接感知和记录的方式，获得与研究目的和对象有关的社会现象和行为的资料。它主要依赖视觉获取信息，运用听觉、触觉等作为辅助。同时还通过书面记录、录音、照相、摄像等手段获取信息。

(三) 询访法

【案例 2-8】

我要当调酒师

朋友告诉小高,在西餐厅做调酒师待遇不错,收入高,工作环境好。小高听了萌发想法:我能够当一名调酒师就好了。可是:什么是调酒师?什么酒可以调配?调酒的器皿有哪些?调酒师是否要考证?哪里有培训班?培训需要多少钱?培训时间多长?调酒师市场需求量大吗?哪里需要调酒师?

你能够帮助小高收集上述信息吗?请想想:

1. 小高需要阅读什么书刊;
2. 小高应向谁咨询培训考证事宜;
3. 小高应向谁询问是否需要调酒师?

询访法是信息收集中最为常用的方法之一,是信息收集者通过提问的方式,请对方作答来获取信息的方法。该方法形式多样,包括电话询访、面谈、电子邮件交流等。一般来说,收集简单的、时间性强的信息,以电话询访为好;收集涉及面广、深度要求高的信息,以面谈为佳。由于询问的内容已事先设定,询问过程能紧扣自己设定好的问题进行,故能引导访谈对象回答自己需要了解、关注的问题,因而通过该种方法往往能够发现真实情况,了解细节详情。这种方法在市场调查中常常被采用,是人们通过市场获取第一手信息所津津乐道的方法之一。

在进行询问之前,要先确定:我要询问谁、哪个部门、询问什么内容,拟定好询问提纲,圈定好询问对象,并对询问对象的背景(如工作单位、职业、职务、联系方式、家庭背景等)尽可能有所了解和掌握。如果询问对象是单位,也要了解该单位的性质、所从事的业务、联系方式等,这些工作必不可少。只有了解了你的询问对象,才能找到打开话匣子的方法和交谈的共同点,也才能够在询问中获取所需信息。

询访法收集资料的主要形式是"倾听"。"倾听"可以在不同的层面上进行:在态度上,访谈者应该是"积极关注的听",而不应该是"表面的或消极的听";在情感层面上,访谈者要"有感情的听"和"动情的听",避免"无感情的听";在认知层面上,要随时将受访者所说的话或信息迅速地纳入自己的认知结构中加以理解和同化,必要时还要与对方进行对话,与对方进行平等的交流,共同建构新的认识和意义。另外,"倾听"还需要特别遵循两个原则:不要轻易地打断对方和容忍沉默。应当注意的是,访谈者不只是提问和倾听,还需要将自己的态度、意向和想法及时地传递给对方。回应的方式多种多样,可以是诸如"对""是吗""很好"等言语行为,也可以是点头、微笑等非言语行为,还可以是重复、重组和总结。

(四)问卷法

以问卷作为信息搜集工具的调查方法,简称问卷法。它是研究者把要研究的主题化为详细的纲目,拟成简明易答的一系列问题,编制成标准化问卷,然后根据收回的答案,进行统计处理,得出结论的方法。问卷法是工作中常用的一种方法,尤其是在经济工作和社会工作中,应用范围最为广泛。

问卷法虽然不如观察法了解行为反应那样具体细致,也不如实验法控制条件那么严密,然而它却可以获得多因素资料,取样大,代表性强。问卷法在计算机广泛应用的今天,能将大量资料进行统计处理,更显示出它的长处。

1. 开放式问卷与封闭式问卷

开放式问卷是只提出问题,不列出答案,让被问卷者自由回答,充分发挥被问卷者的主动性和创造性。它适用于研究者说不清或难以预测回答结果的研究,常用于预备性研究。例如,研究幼儿需要倾向性发展问题,我们首先到幼儿园,直接向幼儿提出你需要什么、你怕什么等问题,也向幼儿教师提出类似问题,然后将幼儿和教师回答的问题进行归类,为制定封闭式问卷打下基础。另外,开放式问卷还常用于收集定性资料。

封闭式问卷不仅要提出问题,还要提供可供选择的答案,只允许在问卷所限制的范围内进行挑选。这种问卷的题型一般有三种:①是否型,把问题可能答案列出两种极端情况,然后让被问卷者选择"是"或"否"、"对"或"错";②选择型,从多种答案中挑选一种或多种答案;③评判型,每个问题列有多个答案,要求被问卷者自己确定次序。封闭式问卷具有标准化、简单易行、心理干扰小、回答真实、样本大、能解决多因素复杂问题等优点,但却缺乏灵活性、指导性、深入性,容易受社会因素的影响。例如,调查大学生对信息素养的了解程度,提出"请问您对信息素养了解多少",列出五个答案:A. 非常了解;B. 了解;C. 有一点了解;D. 不了解;E. 没听说过。让学生从中选出一个答案。

2. 问卷的编制

问卷的结构一般包括标题、前言、指导语问题、选择答案、结束语。一个完整的问题是由提问、答案和回答方式三部分组成的。

3. 设计问卷的四个步骤

(1)问题阐述。欲做出何种决策?决策需要哪些信息?

(2)打算在访谈中收集什么信息。问什么样的问题可以使受访者提供这些信息?这些问题应如何措辞?我们如何与受访者接触?

(3) 抽样。我们该访问哪些人?我们该访问多少人?

(4) 数据分析。对数据如何制表?如何汇总?如何进行推理?

4. 问卷法的优点与局限性

问卷法能比较方便地获取有关事实性问题和态度性问题的资料,适用面相当广。

问卷法的优点包括:抽样范围广,采用问卷法收集资料,不受人数限制,可以跨越地理范围进行大规模的资料收集;时间和经费节省,能在短时间内收集大量的数据;调查者填写问卷时可以有一定的时间考虑;所拟问题可尽量求其科学性,在访谈中不便直问,或问而不易得到确切回答的事项,可在问卷上得到答案。

问卷法的局限性包括:如果问题含糊不清,就难以得到确实的回答;所选样本如果不能代表样本的总体,其结果将缺乏概括性和普遍性;如果问卷的回收率较低,样本的代表性将难以保证;问题太多,会令调查者生厌,回答会散漫零乱,不易整理,且难以应用统计方法分析和对结果进行科学解释;当调查者不合作、言不由衷时,所得结果会不可靠;有些问题牵涉到太多复杂的因素，问卷的简单回答难以表明。

（五）文献检索法

所谓文献，最早是指历史典籍，后来又泛指社会中记载信息的一切书面文字材料。在现代信息技术飞速发展的今天，文献被赋予了更广泛的含义和内容，人们把利用各类物质载体所记录并用以交流传播的一切文字、图表、数字、符号、音频、视频等知识信息资料统称为文献。在搜集文献的实际过程中，首先应当知道在哪里才能找到所需的文献，或者说如何才能发现这些文献的具体存在位置，否则所谓搜集文献就只是一句空话。而要做到这一点，就必须掌握检索文献的方法。

1. 人工文献检索

迄今为止，人工文献检索仍然是查找公开发表的文献的主要方法。这种方法主要借助两类工具，即有关机构编制出版的文献检索工具和图书馆编制的目录。有关机构编制出版的文献检索工具，按其著录形式可分为目录、索引、文摘和全文等几种形式。图书情报机构（主要是图书馆）编制的目录是更为常用的检索工具。各级各类图书馆都有自己的馆藏目录。目录的种类很多，我国图书馆主要有分类目录、书名目录、著者目录和主题目录四种。

2. 计算机文献检索

目前，计算机文献检索更重要的是指利用互联网的文献检索。在互联网上查找文献，主要有两种方式。

（1）登录专门网站检索。目前，国内外绝大多数图书情报机构、政府部门、学校、科研机构、大众传媒机构、企事业单位都有自己的网站，其中建有各种数据库。只要按照其网址上网登录，即可从容查找有关信息。即使不知道其网址，但只要按其中文或外文名称登录，一般也可以达到目的。

（2）利用大型门户网站的搜索引擎查找。例如著名的“google”和“百度” 网站，人们就常用其搜索引擎检索文献，具体操作办法主要是主题概念（文献名称或主题词）检索。

3. 参考文献查找法

在上述主要文献检索方法之外，还有一种简便的参考文献查找法，也称追溯查找法，即根据作者在文章、专著中所列出的参考文献目录，或在文章、专著中所引用的文献名目，追踪查找有关文献资料的方法。用参考文献查找法查找的文献比较集中，省时省力，而且往往能及时捕捉到一些最新的研究成果。因为相对于一次文献而言，任何检索工具总具有一定的滞后性。因此，这种方法虽然不如用检索工具查找法所得的文献那样全面和广泛，但仍很有效。

4. 综合查找法

另外，在实际工作中，往往将几种方法交叉采用，叫做综合查找法，也叫循环查找法或分段查找法，即将检索工具查找法、计算机查找法和参考文献查找法结合起来，循环查找。总而言之，我们查找文献要尽可能以检索工具查找法为主，参考文献查找法和综合查找法较适合于在缺乏检索工具或图书情报机构较少的部门或地区使用。

（六）量表法

量表法是指运用测量表来收集信息的一种方法，适用于较精确地调查人们的主观态度和潜在特征，可用于间接测量人们对某些问题的看法。量表由一组精心设计的问题构成。

获取信息的方法有很多，每种方法都有其特点，在获取信息时，我们既要注意运用多种渠道来获取信息，也要有侧重、有选择、灵活地运用适当的方法高效地获取信息。无论采用哪种信息收集方法均需与自身的客观条件相联系，包括上网条件、文献资料的存储条件、中介服务及公共服务资源的完善条件、政府部门的政务公开条件以及自身对所要搜集信息的了解程度等，以最便于自己搜集为首要考虑。

【自我测试】

你掌握了这些信息获取的方法吗？

1. 用观察法对本节课的讲授效果做出评价。

2. 搜集武汉楼市涨与降的信息。

3. 如果你是武汉居民，你想买一套房用于自己住，但又不知道现在时机是否合适，请你运用所掌握的方法搜集相关信息。

四、培养信息敏感

【案例 2-9】

飞机上的对话

一大清早，天然奶制品厂的黄总就乘早班机去北京出差。在飞机上黄总正看着报纸，突然听到邻座的两个人在谈牛奶的事情。黄总就一边看报纸，一边留心听两个人对话。

"李经理，听说园丁幼儿园要给学生订奶做课间餐，是吗？"

"是啊，我昨天晚上听到这个消息，明天安排小王去跟他们谈这笔业务，这是个很大的幼儿园，这次采购的量不少。"

下飞机后，黄总立刻在机场给公司销售部张经理去电："张经理吗？你马上安排人与园丁幼儿园联系，他们要给学生订奶，对，要快，有消息给我电话。"

两天后，黄总在机场乘飞机回去，突然手机响了，是张经理。

"黄总吗？是的，园丁幼儿园的业务已经谈下来了，采购量是……"

挂上电话，黄总会心地笑了。

上面这个案例说明了什么？

在当今信息社会，起决定作用的不一定是资本，而往往是信息。信息无处不在、无时不在，因此要有心、要在意，才能及时发现、获得各种有价值的信息，让信息发挥应有的作用。

信息敏感的核心是自己的信息意识强，特别是信息意识中的信息感受、观察能力强。对信息的关注成为一种习惯性倾向而不受时间和空间的限制。

信息意识是指对有关信息具有高度的敏感性和洞察力，并且及时对其进行分析、联想、综合、推理等，从而判断该信息是否能为自己或某一团体所用，是否能解决现实生活或实践中某一特定问题等一系列思维过程。信息意识主要包括对信息功能的认同意识,对信息来源的选择意识,对信息的检索、利用和开发意识等多个方面。由于现代社会日益激烈的竞争,刺激了人们对信息的渴望和对信息的敏感性,从而使得人们的信息意识不断强化。

(一)如何培养职业信息敏感

1. 丰富的知识和经验是提高信息素质的主要基础和前提

知识来源于信息,但它已经形成又会对信息素质起导航作用。如果没有必需的基础知识、专业知识,人们就会对所感知的信息不认知、不理解,而无法利用这些信息。

2. 明确的目标是提高信息素质的基本动因

为了解决学习和工作中存在的问题、提高工作效率,树立明确的目标,才能主动地去为解决存在的问题搜集和处理信息。

3. 处处留心是提高信息敏感的一般途径

有目的、有针对性地留心观察周围的人物、事物,留心转瞬即逝的事物或奇特的事物,都会获得许多重要的有价值的信息。

(二)从记者的职业敏感中学经验

记者是对信息敏感要求非常高的职业,他们的一些做法可以给我们提供很好的借鉴和学习机会,同样可以用在我们自己的工作中。

敏感,好比一道一闪即逝的火花。悟性之柴只有遇到敏感的火花,才能燃起智慧之火。新闻记者的头脑,应该是永远处在兴奋工作状态下的一张雷达网,它无时无刻不在搜索、接收来自四面八方的新闻信息。新闻敏感是记者的基本素质。那么,记者的新闻敏感来自何处?

1. 深入生活,勤于思考,积累经验

熟悉实际工作中点和面的情况,也就是要吃透两头。学会分析、比较的方法,不分八小时内外,无论是乘车走路、逛商场、聊天、吃饭,还是参加会议、读报纸、听广播、看电视、与人交往,捕捉信息的雷达网时刻开着。在言者无心、听者有意中,在人们习以为常、司空见惯的事物中去发现、捕捉新闻。

在长期的新闻实践中,几乎每位多思的记者都有过类似的经验,它说明一个道理:新闻敏感是突发的,但它又来自于记者长期工作的经验和知识的积累。

2. 不断追求,自我加压,肩负责任

借用拿破仑说过的"不想当将军的士兵不是一个好士兵",我们可以说:"不想出精品的记者不是一个好记者。"一个有事业心和责任感的不甘平庸的记者,心中永远有努力追求的目标,有了强烈的责任感,眼观六路,耳听八方,具有新闻价值的信息就会随时触发敏感的神经。

【自我测试】

你是一个职业信息敏感的人吗?

1. 你是一个职业信息敏感的人吗？请举一事例说明。
2. 提高信息敏感有哪些方法?
3. 你有曾经因信息不敏感而错失良机的事吗？回顾一下,考虑如何吸取教训。

第三节　高效处理信息

我们常常用“大浪淘沙”“披沙拣金”来形容人们的选择行为。信息处理也需要这种选择,在信息收集和整理过程中,需要对大量信息进行辨识、归类、去粗取精,找到真正有价值的信息。

一、筛选有效信息

【案例 2-10】

“物色”摄影公司

小李平常比较爱好摄影,也了解一些摄影公司。他的邻居张女士是一所中学的年级组长,该年级临近毕业,要找一家摄影公司给全体同学照毕业照,张女士请小李帮忙“物色”摄影公司,他该怎么去“百里挑一”呢?

这个任务并不难,主要是想让你学会如何去思考问题,小中见大,触类旁通。无疑,摆在小李面前的摄影公司很多,他必须做出正确的选择。

我们为完成一个目标或任务也会收集到很多信息,同样也会遇到跟小李一样的取舍问题,如张玲女士要为小明找一个优秀且收费不高的小提琴指导老师,这方面的信息如何整理?

事实上,我们每天都在选择信息。面对纷繁复杂的信息资料,我们必须知道如何选择。

(一) 选择信息的程序

任何活动或任务在执行时,都像解一道数学题,总有一定的思维演进路径。我们要选择信息也是一样,有一定的程序。这点很重要,抓住了头绪就能事半功倍。一般选择信息的程序如图 2-6 所示。

(二) 筛选信息的方法

信息不是越多越好,而是越有用越好,能解决问题的信息才是有效信息。我们需要能

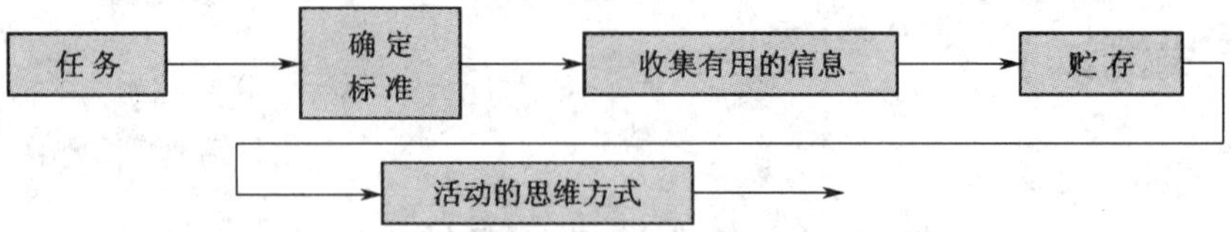

图 2-6　选择信息的程序

够对信息资料进行有目的的探究和发掘，筛选出有效信息。如前述“金马鞍”项目中，小王通过看、听、问和其他各种渠道，应用各种方法获取了很多关于制作工作服的信息，但是并非所有的信息都有助于小王工作任务的完成，有些信息可能是多余的。小王必须从中筛选出真正有用的信息，用于决策参考。那么，确定什么样的标准筛选信息？如何筛选信息呢？这是小王当下面临的任务。

面对大量的信息，我们必须掌握筛选的常用方法。笔记法是查阅文献资料、记录资料、筛选信息常用的方法。使用笔记法形式多种多样，如何筛选信息，首先取决于收集的目的和用途，有时也取决于资料的类型、性质以及个人习惯等。笔记法的形式主要有以下几种。

1. 写批语或做记号

所谓批语，就是在所读著作的空白处写上自己的见解，或者评语，或者解释，或者质疑。而记号，是读者对重点、难点、精彩之处或自己感兴趣的内容画上的各种标记，如直线、双线、曲线、红线、圆圈、箭头、记号、着重号、问号、感叹号等。这些记号代表什么意思可自己规定。注意：使用此法，仅限于在自己的书籍上进行。

2. 做摘录

做摘录，即记下原文重要处、精彩处的内容，以作为今后写作时论证、引证之用。摘录时应注意不要断章取义，不要改动原文的字句和标点。此外，还要注明出处，包括书名或论文题目、作者姓名、出版单位、版本、出版时间（期刊年号、期号，报纸年、月、日）等，而且要查对无误。

3. 做提要

所谓提要，就是把原文的基本内容、主题思想、观点、独到之处或其他数据，用自己的话加以概括（或引用原文也可以）。做提要时必须注意，概括一定要忠于原文作者的观点。

4. 做札记

做札记，就是在笔记本上随时记下自己读书时的心得体会和各种想法。这也是古人治学特别注重的一种方法。

5. 做文献综述

文献综述，即综合多份文献的信息，简要叙述。

管理信息的工作其实是一件有准备的工作，定量筛选信息是在一定范畴内进行的，信息管理工作人员必须根据工作特点常备一些信息资料或与一定的信息源保持较密切的联系，使阅读、筛选变得快捷。

【实训 2-3】

金马鞍项目3——定量筛选有效信息

第一步：确立筛选的标准。我们收集到的各类资料在录入整理的时候，必须先立标准，依据标准进行定量选择。标准的确立，取决于我们对项目的熟悉和专业程度。在“金马鞍”项目中，我们需要筛选市场调查的品牌（如数量、价位、式样、用料等）的信息，需要筛选邀请竞标的厂家的信息。筛选这些信息的标准是什么？如果经常完成同样的任务，对目标要求比较熟悉、比较专业，标准就比较容易确定，但如果是第一次筛选，标准的把握就需要斟酌。

你必须明白，你如果不是最后的决策者，这就决定了第一次筛选是一次初步的处理，你可以制作一个“筛子”。领导和员工意向一致的部分将是进行选择的重要决策依据。譬如选择邀请竞标的生产厂商，就需要重点考虑价格、制作工艺、制作周期、售后服务等因素的信息。

第二步：根据恰当的标准，去掉多余的信息资料，选留有用信息。

【自我测试】

你会披沙拣金吗？

1. 秘书小刘要写年终总结，他应该如何筛选一年内的主要工作和重要业绩？办公室有哪些信息可以直接利用？

2. 请阅读本地区的某一种报纸，对你目前的学习或工作而言，最有价值的信息主要集中在哪些版面？

3. 通过上网查找或去商店实地调查，列举四五件大学生适用的多媒体新产品的信息，完成表 2-2 的填写。

表 2-2　多媒体产品信息表

产品名称	主要功能	市场价格

二、辨别信息真伪

【案例 2-11】

虚假恐怖信息

“大楼里竟然发现了‘非典’？太可怕了！”这是汉威大厦里许多员工看到那一幕后说的第一句话。“那我们还能在里面工作吗？‘非典’可是飞沫传播呀！”人们众说纷纭。“原先我们只是听到电视或广播里说‘非典’病人现增加了多少，死亡了多少，并没有在身边发现过呀，急救车都开进了，而且还有那多大夫同时出现，并且采取了那么严格的防护措施，我们自然很容易就想到肯定是‘非典’了。”汉威大厦物业公司一位工作人员在接受记者采访时仍然心有余悸。

这时，大楼物业的电话开始响作一团，有大楼内部的职工打进来的，也有外面人员打的，甚至有许多大楼员工的家属也开始打进电话询问这件事情。消息灵通的人们竟然打听到，就是百事可乐公司内部的某位员工患上了“非典”，甚至有人已经知道了他的姓名。整个大楼陷入了一片恐慌之中，并陆续有员工开始准备离开大楼。

消息以空前的速度向外传播，没过多久，整个汉威大厦附近便开始“人迹罕至”。大厦物业部门经过多方面了解核实情况后，证实根本没有人患“非典”，而人们传说的肖志刚也并没有患这种病。

尽管消息已经被证实，但是许多公司为了员工的安全起见，仍然在两天后提前放假。这些公司中有世界著名的爱立信中国有限公司、百威啤酒公司、日本三菱公司等。

案例中这样的极端和典型事情不一定人人都会遇到，但是类似的情况在现实中常常会发生。信息是决策的基础，决策是否正确，很大程度上取决于所掌握的信息是否准确。在法制不够健全，诚信不尽如人意的社会，防止信息失真，注意识假防骗，似乎是人生的重要功课。在职业生涯中，掌握判断信息真伪的方法，具备甄别真假信息的能力十分重要。

（一）信息真实的含义

信息的真实是指所收集的信息要准确地反映客观事物，符合事实的本真面目。信息的真实主要表现在以下几方面。

（1）所收集的信息必须完全准备无误，包括时间、地点、人物、事件起因和结果以及背景材料、情节、细节、数字、语言等。

（2）整理信息时，要从整体上进行把握，不能以偏概全。

（3）对信息进行加工之前，必须对其进行辩证的分析。

（二）信息真伪的辨别方法

1. 调查法

【案例 2-12】

北极探险奇闻

1909 年，有一个名叫库克的人自称发现了北极，西欧各大报竞相报道库克的“北极探险”奇闻。英国伦敦《纪实报》派了 32 岁的记者吉布斯去采写这一重大新闻。吉布斯发现这一新闻早被其他报纸抢了先，他不甘罢休，通过库克博士的老朋友对其做了当面采访，发现库克对他的追问有些支支吾吾，吉布斯请求看他的探险日记和其他文件，库克拿不出来。吉布斯又连续进行了一个多小时的直率提问，库克的回答自相矛盾、漏洞百出。这使吉布斯确信“北极探险”是个骗局，为此他受到了报界的围攻。但真正到了北极的皮里尔来信，证明吉布斯的揭露是唯一正确的报道，于是吉布斯一举成名。

调查法主要是对信息的来源、信息关键点和与之有关的人进行直接或间接的调查访问，以辨别信息的真假。

2. 核对法

【案例 2-13】

2003 头猪

曾经有这样一个笑话：某报记者通过电话采访警察局，了解到郊区某农场失火，烧死了 2 003 头猪。这似乎不符合逻辑，于是这位记者对这一数字信息进行了核实，才搞清楚烧死了二头母猪和三头（其他）猪。在英文中，“二头母猪和三头（其他）猪”这些单词，念快了就很容易听成“2 003 头猪”。

核对法主要是对信息中出现的重大数据、前因后果等进行比照式核对，诸如史证、考证、实证、询证等方法。

3. 逻辑法

【案例 2-14】

70 码事件

2009 年 5 月 7 日晚 8 时许，杭州青年男子胡某驾驶浙 A608Z0 号三菱牌 EVO 跑车，在文二西路由东向西行驶至南都德迦西区门口时，撞飞横过马路的男青年谭某，致谭某当场死亡。

杭州警方在案发后的事故通报时称，案发时肇事车辆速度为“每小时70码左右”。这一说法与目击者“受害者被撞飞5米高、20多米远”的描述反差较大，引起了许多网民的质疑。在天涯论坛上，有网友经过演算称，时速70码的汽车要将人撞出20米远、5米高，除非谭某是以每秒40公里的速度与三菱跑车面对面碰撞。显然，这连博尔特也做不到。

5月15日，杭州警方就飙车案70码说法向社会致歉，认为向媒体通报“当时肇事车辆的车速为70码”的这一说法不妥当、不严谨。

逻辑法主要是看信息是否符合一般公理、科学原理、普遍常识，以此判断信息真假。

信息如果仅仅是凭耳朵听来的，或者是文件上抄来的第二、三手材料，可能由于这些材料是间接的，事实几经转手，难免离谱离调、偏离事实。因此，对信息的来源需要进行溯源式核查，有时还要亲自到现场采访，才能避免使收集到的假信息影响正确的决策。

【自我测试】

你是否能够识假防伪?

1.《狼来了》的故事大家都很熟悉，请你试用前面介绍过的方法来揭穿谎言。

2.请你回忆是否有过被假信息蒙骗的经历，并用所学知识分析如何避免被蒙骗的方法。

3.在当今信息爆炸的时代，被喻为“顺风耳”“千里眼”的信息好比是一座座金矿。一则小小的信息往往造就多个商业巨头、百万富翁。信息不灵就意味着贫困、落后，这已成共识。但是各种信息鱼目混珠，怎样避免遭受“坑人广告”的蒙骗，在信息堆里找到黄金呢?请你在众多致富信息中寻找辨别真假信息的方法和标准。

三、归类整理信息

在我们日常生活中，报纸和电视是信息传播的重要工具。报纸分出不同的版面，在报头上标明“新闻”“经济”“生活” “文化”“地产”“汽车”等类别；电视分出不同的频道和栏目，如“新闻”“体育”“少儿”“国际”等等，都是对信息进行分类，以便接收者按图索骥，方便阅读、收看。

当你收集到信息后，分类处理信息十分重要，它是对信息进行抽象思考，实施筛选的第一步，是提高信息利用价值的重要步骤。比如，一次商务型的会议结束之后，总会有很多有价值的信息需要综合整理：会议形成的资料汇编、会议的照片、音像资料、会议简报、与会情况数据资料，这些信息资料的整理过程包含很多技能要素，辨类归并是第一道功夫，我们的工作和生活需要掌握这些技能。

(一)信息归类的类型

收集信息，编辑资料，从内容上形成归并的类型有以下几种。

(1)资料汇编：同一性质或用途的信息资料集。

(2)资料摘录：对有价值的资料进行有目的的主动记录。

(3)资料评述：传播信息事实的同时发表评论。

(4)剪报:以剪贴的方式编辑有价值的信息资料。

把信息资料以文本的方式呈现出来,可根据不同的文本特点和资料用途,有目的、有选择地编辑信息。有些信息虽然是文本信息,但往往包括表格、图片等。

由于参考资料往往有比较固定的格式,有些属于公文范畴,所以你还需要了解与公文有关的一些知识。

(二)整合信息的形式

下面几种检索的工具是整合信息的基本形式。

(1)目录,是指按一定的规则记录图书文献的基本特征,并将这些记录按容易查检的方法编排组织成体系的检索工具。

(2)索引,是将文献所含的具体内容(如篇名、主题、人名等)分析、摘录出来,注明出处,按一定的规则著录,并组织编排的检索工具。

(3)文献,是对文献基本事实与结论的简要叙述,不加说明或评注。它不仅记录文献的基本书目信息,而且提供文献的内容梗概,是系统报道、积累和检索文献的重要工具。

【实训 2-4】

金马鞍项目 4——整合信息形成检索

根据搜寻获取的信息,我们已经掌握了不少,筛选出来的信息也仍然很多,并有各种形式,不便于领导和同事审阅、参考、决策,也不方便我们自己查找运用,因此需要求选择不同的方式进行整合分类,形成索引。这些需要整合的信息包括服装图文册、员工量身数据库、厂家招标信息等。

我们先做服装品牌信息整合,按品牌影响力收集的信息进行分类,列表归类,列入表头的信息类别一定要符合信息收集目的,具有使用的价值,如表 2-3 所示。

表 2-3　部分具有影响力的服装品牌(企业)

分类	品牌	型号	价格
男装	雅戈尔		
	罗蒙		
	七匹狼		
	杉杉		
	报喜鸟		
女装	哥弟		
	斯尔丽		
	太和		
	歌莉娅		
	凯撒		

你还可以将方案需要的信息分类整理，形成一个目录，以便供领导决策使用。

【案例 2-15】

东京的地铁

日本最大的城市东京有两千多万人口，加上白天的流动人口，密度很大。能让这个大城市的交通畅通，最大的功臣就是地铁。东京的地铁总共有 10 条线，分别用 10 种颜色来代表，车身的颜色和地图支线的颜色吻合，车票也采用同样的方式，以颜色来区别价格和路线，使人一目了然。复杂的交通线路、管理、服务信息加上不同颜色的门牌号，区分起来就简单多了。

信息资料经过系统处理之后，就像有了门牌号，一目了然。但是要做到这一点，必须根据实际需要，采取一些灵活有效的方式。这里教你一招：学会用颜色管理文件。

文件的管理是办公室人员经常性的工作。怎样才能将文件进行整合，并能够用非常方便实用和有效的方式进行收藏、查阅、使用？用颜色进行检索，是管理文件的方案之一。

其具体操作是：利用不同颜色的文件夹，分开不同类型的文件。例如，公司外销部门客户管理中，东北亚的用红色卷宗、东南亚的用蓝色卷宗、欧洲的用绿色卷宗、北美的用紫色卷宗等，并以斜线贴纸标示每份文件的时间顺序及特性（如红贴纸代表信用状、金色代表往返书信、蓝色代表订单……），如此一来，便可快速地找到所需文件，并可清楚地看到有没有文件被取出。另外，“批阅”卷宗里，红色代表机密件、黄色代表急件、白色代表一般件，高级主管在有限的时间内，可对批阅的顺序做出取舍。

这个方案对于文件夹的管理是相当实用的，尤其是不大的公司。也就是说，信息的整理并不一定要按照文献或档案的方式进行组织编排，只要方便实用，什么方法都是可行的。

检索的分类方式有很多，颜色是很形象、直观、方便的一种。

【自我测试】

你会给信息加个门牌号吗？

1. 编一份个人藏书目录。

2. 做一份重大事件的新闻摘编。

3. 查找至少 3 个网络数据库，对上述三个网络数据库进行评价，并将结果记录到表 2-4 中（建议用优、良、中、差进行评价）。

表 2-4　网络数据库比较

评价项目	网络数据库 1 名称：	网络数据库 2 名称：	网络数据库 3 名称：
内容准确无误			
范围广深适度			
来源权威可信			
更新及时有规律			
检索方便高效			
系统稳定可靠			
结　论			

四、综合分析信息

【案例 2-16】

只要数一数比萨饼

1991 年海湾战争期间，路透社记者奎琳·弗兰克在 1 月 16 日空袭开始前一天，发现并记下了多米诺饼屋在晚上 10 点至凌晨 2 点之间给白宫送了 55 个比萨饼的信息。她知道，平时这个时段内平均数量是 5 个。而这时，五角大楼也订购了 100 多个，国务院订购了 75 个。通过这些微不足道的信息，她推断出战争已箭在弦上，一触即发，并发表了《美国的战争策划者有多紧张？只要数一数比萨饼》的文章。

这个例子告诉我们，对信息进行综合分析和整理，往往能获得很多有价值的东西。

信息分析是联结信息收集与事务活动的纽带，世界上一切信息收集，不管多么高效，都不过是分析家用于酿制美酒的材料。如果没有分析，任何收集都是一堆杂乱无章的文字、数据，没有内在联系，不能彰显实质。

(一)信息分析的方法

通过对信息分析，可促进信息深化，扩大信息，使信息增值，并发掘出信息潜在的作用。分析信息的主要方法有逻辑思维法、专家调查法、时间序列法、层次分析法、引文分析法、内容分析法、聚类分析法以及经济信息、竞争情报、专利信息、科技信息、工程项目信息等专门领域的分析方法及应用。

【实训 2-5】

金马鞍项目 5——综合信息

小王完成对制作高级工作服信息的整合并形成检索后，他还需要把相关的资料和信息综合到一起，按类别集中，并做出初步的判断和建议，以便供领导和员工选择参考，如表 2-5 所示。

表 2-5 服装信息分类表

方案	男装	女装	特 点	价格(套)
A 上海某时装	图示(略)	图示(略)	注重工作的舒适性，适合手臂的工作活动角度，长时间穿没有压肩感；女装裙衩部位采用特殊工艺制作，牢固坚韧	2 000 元左右
B 广州某服装	图示(略)	图示(略)	通过了广州制服企业生产加工质量保证“AAA”资格证书和阿里巴巴“诚信通”第三方华夏认证	1 800 元左右
C				

(二)信息加工的形式

1. 综合加工

围绕某一问题，将与之相关的同类、近似或相反的原始信息汇集在一起，并作为一个整体加以研究的深加工过程。

2. 提炼加工

从各种信息中摄取所需要的信息进行深加工的过程，如主题、观点、材料的提炼等，有共性提炼、特性提炼和典型提炼。

3. 推导加工

根据已知的信息，运用逻辑推理而得出新结论的信息加工过程，常用的有判断推导和预测推导。

【案例 2-17】

如何对问卷进行综合分析

对某企业进行开放式问卷调查后，有 3 个整理好的问卷数据表如表 2-6 至表 2-8 所示，请对它们进行综合分析。

表 2-6　吸引员工进入的原因

原因	百分比/%
企业规模	21.49
企业形象	15.38
上班地点	13.12

表 2-7　最令员工满意的三件事

原因	百分比/%
工作环境	21.30
福利	14.58
同事间相处	14.58

表 2-8　最令员工不满意的三件事

原因	百分比/%
薪金	16.07
休假	10.07
组织氛围	8.87

步骤一:分析各表数据特点,提炼倾向性观点。

步骤二:综合后形成建设性意见反馈。

步骤三:参考结果。

1. 参与问卷调查的员工多数认为吸引同仁进入企业的原因是企业规模及企业形象。

2. 最令员工满意的前三项是工作环境、福利与同事间的相处。

3. 薪金最令员工不满意。

4. 建设性意见:工作环境、主管领导、组织沟通与福利制度是该企业应该继续发扬和总结的主题,但薪金制度在该企业将是值得注意的重点。

(三) 几种常用文书写作的基本要求

1. 简讯

标题概括简讯的主要内容。导语是简讯开头的一段话,要求用极简明的话概括简讯的最基本内容。主体是简讯的主要部分,要求具体清楚、内容翔实、层次分明。结尾是对简讯内容的小结,有些简讯可无结尾。

2. 综述

综述是对某一方面的专题搜集大量资料后经综合分析而写成的一种学术论文。一般包括题名、作者、摘要、关键词、正文、参考文献几部分。其中正文部分又由前言、主体和结语组成。前言,要用简明扼要的文字说明写作目的、必要性、有关概念的定义、综述的范围,阐述有关问题的现状和动态以及目前对主要问题争论的焦点等。主体,是综述的重点,根据内容的多少可分为若干个小标题分别论述。结语,是结合综述主体部分做扼要的总结。

3. **述评**

顾名思义,是一种以事实为基础的评论。它不只报道事实,还需要对事实进行必要的分析、解释,或者对某种形势、某个带有普遍性的问题发表意见和看法。写述评必须在掌握大量事实的基础上,纵览全局,抓住事由,以有述有评、评述结合的方式,及时剖析事件,揭示事物或形势的特点、本质和趋向,用以指导实际工作,达到启发读者、引导读者的目的。如《“五喜四忧”——当前房地产市场调控形势述评》。

4. **调查报告**

调查报告是对某项工作、某个事件、某个问题,经过深入细致的调查后,将调查中收集到的材料加以系统整理、分析研究,以书面形式向组织和领导汇报调查情况的一种文书。一般由标题、前言、主体、结语四个部分组成。标题,既要揭示文章中心,又要有调查报告的特色,常用的有公文式标题和新闻式标题两种形式。前言着重介绍基本情况,提出问题。主体,是正文的主要部分,调查到的基本事实或主要情况、归纳出来的成绩或问题、分析得来的经验或教训、抽象出来的规律,都写进这一部分。结语,一般应写得简短自然、干净利落、收束有力。特别要注意调查报告的写作只是调查研究的必然结果,“巧妇难为无米之炊”,没有认真的调查研究,写作能力再强也不可能闭门造车地写出有价值的调查报告。因此,一定要经历深入调查占有材料、精心研究认真分析、抓住关键提炼主旨、围绕中心合理布局这样一个过程,才可能诉诸成文,写出有质量的调查报告来。决不能浅尝辄止、浮光掠影,“关起门来想点子,跑马观花找例子”,搞那些形式主义的“调查”,写些不得要领的花架子文章。

5. **商业计划书**

商业计划书是对项目论证的重要文书,是信息收集和整理的结晶。在大量收集项目的信息后,针对项目的商业目的,分析综合有效信息,做出重要结论,是项目开发和运行的重要依据。商业计划书包括了大量的信息和资料,主要有公司基本情况、产品、市场分析、营销策略、风险分析、财务分析等。商业计划书的撰写难度比较大,除了掌握大量的信息资料外,还需要商业的运作经验、宏观的决策能力,其中还涉及一些专业的知识,如财务分析等。一份商业计划书往往需要集体合作,要集中团队的智慧。

【自我测试】

你的分析和综合信息的能力如何?

1. 阅读一份经济类的报纸,研究一篇数据分析类的文章,找出数据与结论之间的关系。

2. 统计 5~10 个电视台黄金时段(晚 8 点左右)的节目性质,分析其共同点和不同点,并提出一些合理化建议。

3. 撰写车市调查分类报告。随着国民经济的发展和人民生活水平的提高,家庭轿车越来越普及,但对于不同的家庭,对车的选择和偏好是不同的,如果你是汽车杂志的编辑,你要做一个家庭轿车的专题,将搜集到的信息分类展现目前家庭轿车市场的供应和需求情况,能否完成这项工作?

第四节　长效应用信息

小王完成对“金马鞍”项目工作信息的分析整理后，需要向领导和同事展示，推介说明。他必须向领导进行汇报，也可能需要通过演说，向同事们传递工作情况的信息，以便获得反馈，推动工作往下进行。

一、传递交流信息

人与人之间的交往和合作离不开相互传递信息。不同时期人们传递信息的手段各不相同，这与一定的科技水平有关。古人传递信息主要是放大人的感官功能，如顺风而呼、登高而招；后来借助外物，如烽火、信鸽等传递信息。随着技术水平的不断提高，人们传递信息的手段方式不断变化、不断丰富，传递信息的速度、水平和质量也不断提高。

（一）口语方式传递信息

古人说：“出言陈辞，身之得失，国之安危也”“一人之辩，重于九鼎之宝；三寸之舌，强于百万之师”。随着社会的发展和进步，人们越来越重视口才的作用。

有人做过统计，一个人每天至少有十六分之一的时间靠说话来传情达意，人类交际活动的85%需要借助说和听来进行。在当今通信技术高度发达的信息时代，人们广泛使用电话、电视传递信息，用口语“直接说”的方式传情达意。电子通信手段的发达，当面说或通过电子手段“如面说”的机会越来越多，以口语方式交流传递信息的地位和作用也越来越重要。

当众用口语方式发布信息，要做好并不容易。本书“人际关系”模块、“沟通能力”模块也有相关训练。本模块只介绍几种常用的技能。

1. 会议如何发言

会议是一种集体处理问题或事务的交流沟通形式。在现实工作中，任何一个人都会出席会议，在会议上讲话，发表意见。在会议上镇定自若、清晰简约地阐述思想，是一种能力，尤其是领导者或管理者应具备。

在你进行会议发言之前，请首先弄清楚以下问题。

（1）会议讲话的特点。内容严谨、务实，或侧重于指导（指示），或侧重于汇报，或侧重于表态，或侧重于研讨，都以工作实践的事例作为讲话的依据；语言朴实明了，不应浮华藻饰，用口头语体中的独白体，兼具书面语体的某些特征。

（2）会议讲话的要求。会议讲话，综合反映一个人的思想理论水平、知识水平和语言文字水平。必须做到以下几点：主旨明确，条理清楚；内容切实，言之有据；语言朴实，简洁周密；要用适当的手段强调自己的重要观点；要注意控制时间，在有限的时间内表达完整自己需要阐述的内容。

2. 如何口头汇报工作

汇报是下级向上级，或者上级向群众报告工作的一种信息传达形式。口头汇报工作，传达整理的信息，是工作中常常需要运用的技能。专题性的口头汇报一般分为工作汇报和调研情况汇报两种。口头汇报时需注意以下几点。

(1)目的明确,拟定提纲。汇报前,汇报者和听取汇报的双方一般会确定主题和时间、地点,主题非常明显,汇报的目的非常明确。因此,汇报时只能围绕主题做准备,起草好提纲,准备相关的资料。

(2)切合主题,突出重点。口头汇报时,只能围绕主题展开,不能跑题偏题。汇报的时间一般有限,要突出重点,要言不烦,留给听者深刻的印象。工作请求汇报时,要抓住要害,突出重点。

(3)内容恰当,语言得体。汇报的内容要注意恰当,总结工作时要实事求是,既总结成绩,也提出问题和分析困难;分析问题时,要注意辩证,观点要鲜明,事实要清楚,切忌说大话、空话和讲假话。汇报时要不卑不亢,语言得体。口头汇报是当面进行的信息交流,汇报时要使用口语体交流,切忌照稿宣读。

(4)控制时间,获取反馈。汇报者使用的时间一般要控制在约定时间总量的一半左右,要留出一定的时间给听取汇报的上级点评,做指示,获得指引。工作汇报一般要解决一定的问题,更需要获得上级听取汇报后的信息反馈,以便于进一步做好下一步的工作。

3. 如何致辞

在现实生活中,有许许多多的社交礼仪活动。人们的生老寿诞、婚丧嫁娶,亲朋好友间的迎来送往,同窗同事间的毕业晋升,节假日的聚会志庆以及祝捷庆功、工厂奠基、大厦落成、公司开业等庆典,一般都有一定的礼仪活动形式。在这些仪式上,为了表示祝贺、慰问、哀悼而进行的讲话,就是致辞。随着社交活动日益广泛和频繁,礼仪致辞在社会生活中越来越成为交际的重要内容。通过致辞,人们传达情感信息,加深相互了解,密切相互关系。同时,通过致辞,也能展示个人的社交能力、文化修养和气质风度。

(1)致辞的内容。社交礼仪致辞,从交际目的来说,或是对已取得的成就(成绩)表示祝贺,或是对即将做的事情表示祝愿,或对人们给予的恩典表示感谢,或对别人的不幸表示慰问等。除了为交际目的所决定,受氛围所制约外,还要切合自己的身份并注意与应邀者的关系等,关系不同,身份不同,内容措辞也不同。

(2)致辞的要求。热诚恳切,言由衷发;包德扬善,协调氛围;简短精练,风趣典雅。

【自我测试】

你能侃侃而谈吗?

1. 请以传达某次开会信息为内容,两人一组做打电话的训练。
2. 以“网络多奇妙”为题,谈谈网络的出现、发展给我们生活带来的变化。
3. 以自己亲身经历的一件事为例,说说用口语准确传递信息在学习生活中的重要性。

(二)书面方式传递信息

在现实生活工作中,口语传输信息生动、快捷,但书面传输准确、清晰、持久。书面传输是人类不可或缺的信息传输的重要手段之一。从古人的刻石记事、鸿雁传书,到今天的人们在职业工作领域运用多种书面形式传递信息,书面传输方式不可或缺,且十分重要。尽管现代通信越来越发达、越来越便捷,但书面的信息传递永远不会消失,永远是人类交际往来的重要传输方式。

将信息转换成文字、符号、图像传递给信息接收者,这种方式可以避免信息失真变形,实现远距离多次传递,便于利用和存储。日常生活中,文字传递信息的主要表现形式是文本、表格、图表等。人们可以利用这几种形式编发各种信息简报、报告、统计报表及市场快报等传递信息。

1. 文本

文本是大多数信息的传递形式。为了增强文本的影响力和清晰度,可以运用一些文字处理,如:对标题和重点内容的字体加粗或画重点线;对各要点加上序号或符号;使用艺术字;使用文本框,突出部分文本;使用不同字体和字号显示信息等。

2. 表格

表格是用于对特定的、标准的信息进行展示的。在表格中系统地排列信息,更简洁直观,信息容量大。运用表格传递信息要做到:有完整的标题;体现一定的目的;项目信息简明;项目排列要按逻辑顺序布局。

3. 图表

统计信息以图表的形式传递,更易表达和理解。基本的图表有柱状图、饼状图、折线图、框图等。使用何种图表取决于信息的类型。图表的制作可以借助 Excel 完成,在网络上键入"柱状图""饼状图""折线图"等关键词,你可以获得制作的辅导。这里只介绍几种图表的特点。

(1)柱状图。柱状图中的信息用坚实的柱子标示,多用于统计数字的比较,容易理解。如每季度的产品销量、每月的电话费、一年来的销售量比较等,如图 2-7 所示。

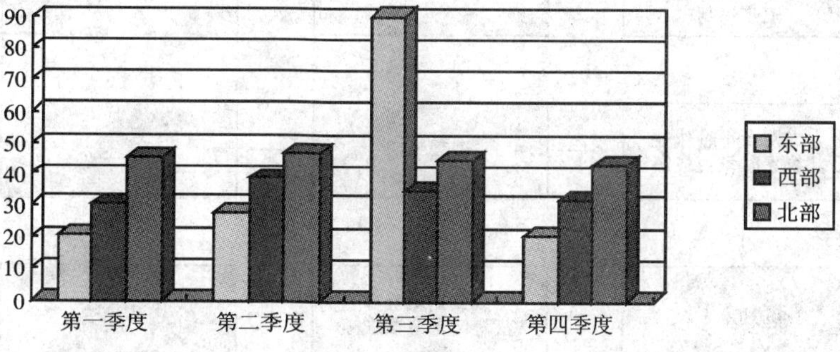

图 2-7 东、西、北部汽车销售数量

(2)饼状图。饼状图是用环形的形式来展示信息,其中的圆环被分成几个区域,每个区域信息在整体中占一定的百分比。饼状图传递信息应做到:标题完整;每一区域用不同的颜色或阴影表示;按比例划分每一区域;注明信息来源。饼状图多用于表示整体内各部门之间的比较,如表示季度的销售量分别在整体中所占的比例,如图 2-8 所示。

(3)折线图。折线图是用于表示趋势及比较性信息的图表。如一定时期内产品销售量、产品价格等,如图 2-9 所示。

(4)框图。框图是用图解的形式来表示信息,一般分为流程图和组织图两种。流程图

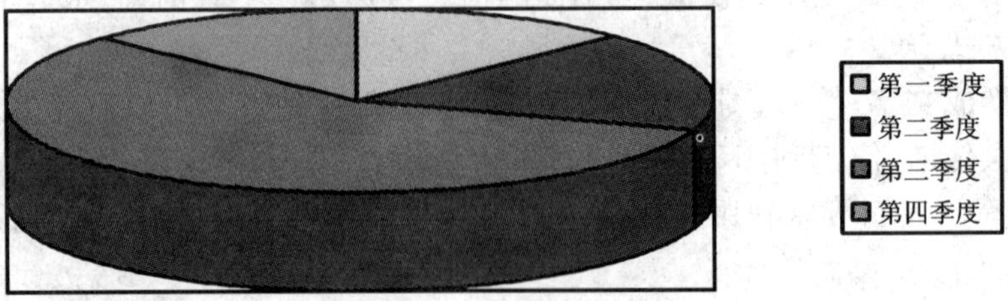

图 2-8　某公司商品房销售情况

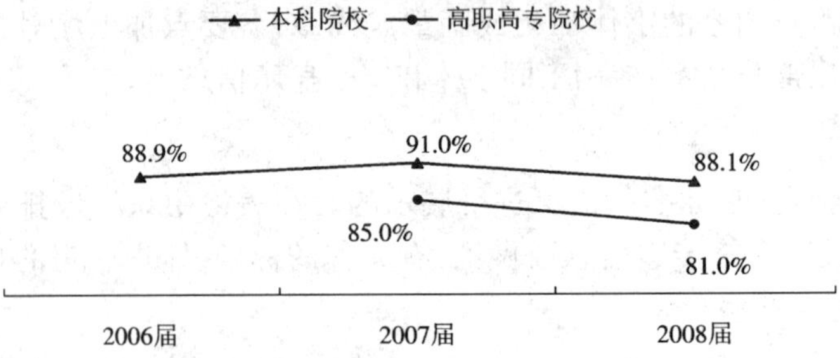

图 2-9　湖北省 2006、2007 和 2008 届大学毕业生就业率的趋势图

来源于麦可思公司《2009 年湖北省大学毕业生就业报告》

以简单直观的图解表示做某种工作的程序，用于分析任务的逻辑进程。任务常常用方框表示，用箭头连接，箭头表示信息或任务的流向，如图 2-10 所示。组织图则显示一种线性、隶属及层级关系，如图 2-11 所示。

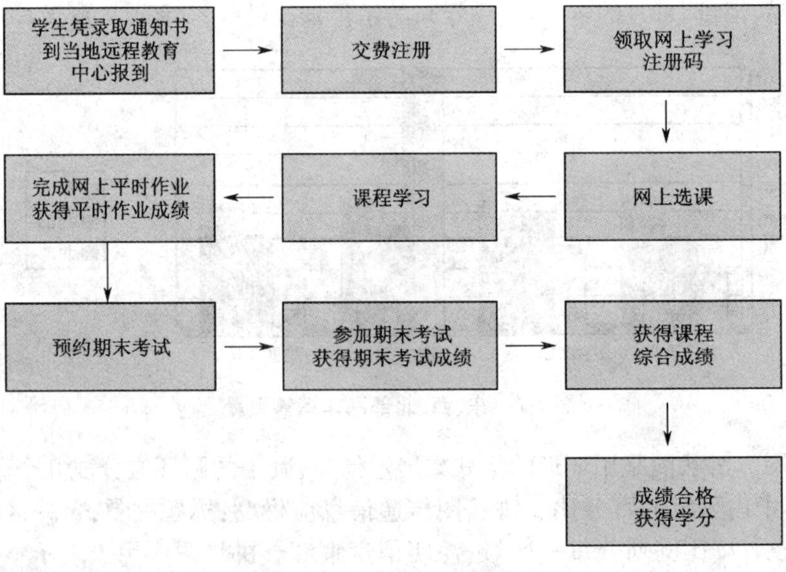

图 2-10　网上学习流程图

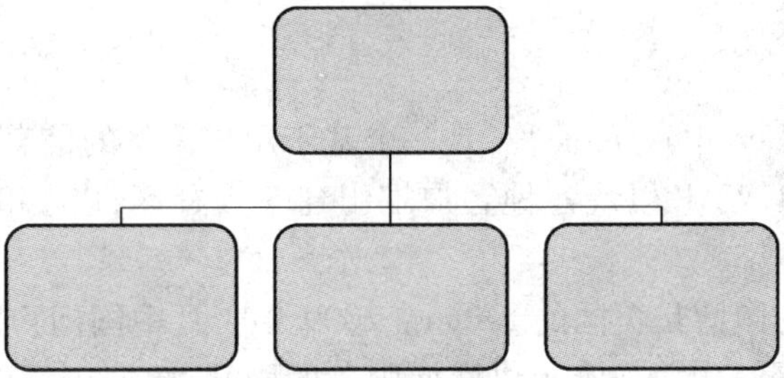

图 2-11　组织图

【自我测试】

你会制作图表吗?

1. 请你用同一地点、不同时间的两张图片，配以简洁的文字，表达某种信息(或者是同一人、不同年龄的生活照片)。

2. 公司决定“十一黄金周”组织员工旅游，公司决定让你做一个大家都能接受的出游方案，请你用图和表把收集到的出游信息展示出来，征求公司员工的意见。提示:表格包括旅游方案、路线介绍、交通工具、住宿条件(宾馆星级)、用餐、费用等信息。

(三)利用网络新技术传递信息

利用 QQ、博客、微信等联络并传播信息，不仅是时尚，而且确实是有着许多方便、快捷传达丰富信息的功能。网络新技术的利用已经成为当代人十分喜爱、不少人学习使用并逐渐成为常用的一种传达信息方式和表情达意的现代手段。

1. QQ

腾讯 QQ 是腾讯计算机系统有限公司开发的一款基于 Internet 的即时通信软件。QQ 支持在线聊天、视频电话、点对点断点续传文件、共享文件、网络硬盘、自定义面板、QQ 邮箱等多种功能，并可与移动通信终端等多种通信方式相连。你可以使用 QQ，方便、实用、高效地和朋友联系，而这一切都是免费的。若要使用语音视频聊天功能，只需配置声卡、音箱、话筒、摄像头等多媒体设备。

2. 博客

Blog 是继 E-mail、BBS、ICQ 之后出现的第四种网络交流方式。博客最初的名称是 Weblog，由 web 和 log 两个单词组成，按字面意思理解为网络日记，后来喜欢新名词的人把这个词的发音故意改了一下，读成 we blog，由此 blog 这个词被创造出来。不过，国内往往也将 Blog 本身和 blogger(即博客作者)均音译为“博客”。具体来说，博客可以解释为使用特定的软件，在网络上出版、发表和张贴个人文章的人。由于博客的沟通方式比电子邮件、讨论群组更简单和容易，博客已成为家庭、公司、部门和团队之间越来越盛行的沟通工具。

申请成为博客很容易，在新浪、搜狐等网站上都可以办理，按网上相关的指引能很快建立一个博客网页。

3. 微博

微博，即微博客（MicroBlog）的简称，是一个基于用户关系的信息分享、传播以及获取平台，用户可以通过WEB、WAP以及各种客户端组建个人社区，以140字左右的文字更新信息，并实现即时分享。

最早也是最著名的微博是美国的twitter。2009年8月中国门户网站新浪推出“新浪微博”内测版，成为门户网站中第一家提供微博服务的网站，微博正式进入中文上网主流人群视野。2010年国内微博迎来春天，微博像雨后春笋般崛起。据中国互联网络信息中心（CNNIC）报告显示，截至2013年12月底，我国微博用户数达到2.8亿。

微博网站现在的即时通信功能非常强大，信息共享便捷迅速。可以通过各种连接网络的平台，在任何时间、任何地点即时发布信息，其信息发布速度超过传统纸媒及网络媒体。

4. 维客

维客是一种在网络上开放，可供多人协同创作的超文本系统。维客的原名为wiki（也译为维基）。据说WikiWiki一词来源于夏威夷语的“wee kee wee kee”，原意为“快点快点”。它其实是一种新技术，一种超文本系统。这种超文本系统支持面向社群的协作式写作，同时也包括一组支持这种写作的辅助工具。也就是说，这是多人协作的写作工具。而参与创作的人，也被称为维客。

在维客页面上，每个人都可浏览、创建、更改文本，系统可以对不同版本内容进行有效控制管理，所有的修改记录都被保存下来，不但可事后查验，也能追踪、回复至本来面目。这也就意味着每个人都可以方便地对共同的主题进行写作、修改、扩展或者探讨。同一维客网站的写作者自然构成了一个社群，维客系统为这个社群提供简单的交流工具。

目前，维客技术主要的应用方式包括：基于同一主题的共享协作式创作（例如新浪网等组织的“网同百家姓维客计划”），资源共建、学术课题的协作研究，传统会议拓展等。从一般意义上来看，维客技术打破了网络上某些人垄断信息发布、更新与维护工作的局面，进一步体现了信息自由共享的思想。同时，它为个人的信息与知识更新提供了一种方便的途径。与博客相比，维客更强调多人协作。而对于新闻传播来说，维客未来将产生的冲击可能不亚于博客。

要成为维客也比较简单，可进入百度百科网站（baike. baidu. com）或者其他维客网站，选择并进入相关条目，输入、编辑你的内容，当然也可以进行相应的设置，保存并发布即可。

5. 微信

微信（WeChat）是腾讯公司于2011年初推出的一款快速发送文字和照片、支持多人语音对讲的手机聊天软件。用户可以通过手机或平板快速发送语音、视频、图片和文字。微信提供公众平台、朋友圈、消息推送等功能，用户可以通过“摇一摇”“搜索号码”“附近的人”、扫二维码方式添加好友和关注公众平台，同时微信将内容分享给好友以及将用户看到的精彩内容分享到微信朋友圈。

【自我测试】

你能在网上“秀”吗？

1. 找一首你最喜欢的音乐，用 QQ 在线播放给你的好友听。
2. 登录一个博客网站，阅读相关文章，体验博客的魅力，写下自己的感受。

二、开发创新信息

古人说：“凡事预则立，不预则废”。能够准确把握事物发展趋势是事业成功的必要条件之一。因此，在信息处理中，利用收集的信息预测趋势，进行创新是信息处理的重要目的。

【案例 2-18】

如何确定今年招生人数

张晓荷是广东省某高校留学生部招生办公室的秘书，上级让他根据去年招生的情况，确定今年的招生人数。以下是他的做法。

1. 了解去年学校招收留学生的情况。招生人数 400 人左右，其中韩国人约占 70%、日本人约占 10%、华侨约占 15%、欧美等其他国家约占 5%。

2. 了解留学生部师资情况。教师共 20 人，其中正式教师 12 人，临时教师 8 人，在这 8 人中，有 4 人正在办调入手续。

3. 了解留学生对留学生部教学状况的满意程度。制作调查问卷，提出 10 个与教学状况相关的问题，让在校留学生作答。收集并分析问卷，发现 80% 的留学生对教学状况是满意的，20% 的留学生认为有以下方面需要改进：①教室的位置（有的靠近厕所）；②教师对学生生活的关心程度（有些教师只上课，不关心学生的生活情况）；③教师组织教学的能力（有些教师满堂灌，学生练习的时间太少）。

4. 了解该校在主要生源地的知名度。留学生部自 2000 年成立以来，已经和韩国济州大学、大田大学、外国语大学建立了良好的合作关系，每年派招生团到韩国这些大学及其周边地区进行为期一周的招生宣传。此外，还通过往届毕业的留学生携带招生宣传资料回国的方式，扩大学校的影响。

5. 了解国际上汉语的地位。21 世纪以来，由于中国经济的飞速发展，中国的国际地位不断提高，越来越多的国家希望和中国建立长期稳定的合作关系，因此对精通汉语的人才的需求大幅攀升，形成了一个外国人学汉语的热潮。

根据以上情况的分析，制定今年的招生计划。从生源构成、学校知名度、汉语的国际地位来看，今年的留学生人数应该呈上升趋势；从教师构成、教学状况来看，留学生部完全能承受这个上升的趋势。因此,招生人数可定在450~500人。

从上面的案例来看,收集信息,预测趋势,创新信息,一般要按照以下步骤进行。

(1)根据要预测的目标,确定搜集信息的范围并搜集信息。如案例中,小张要确定今年的招生人数,就必须就去年的招生情况、留学生部的招生能力、国际汉语教学形势等3个方面搜集信息。

(2)搜集信息以后,着手分析信息。如案例中,小张发现留学生主要来自韩国,留学生部的师资充足,师生比1:20;教师队伍稳定,大部分(16个)都是或即将成为正式教师;教学状况良好,有待改进的是小问题;学校在主要生源地的知名度高,招生宣传到位;国际上汉语地位提高,学汉语的人越来越多。

(3)在分析信息的基础上,准确预测事物的发展趋势,并做出决策、采取行动。

如案例中,小张在分析了5方面的信息之后,预测今年应该扩大招生,但由于还有6位老师未完全调入,教学状况还有待改进,因此扩招的幅度不宜太大,所以将今年的招生人数定在450~500人。

【自我测试】

是否提高了利用信息预测发展趋势的能力?

1. 讲述你曾经有过的一次准确利用信息进行预测的实例,谈谈体会,归纳一下基本的经验。

2. 小华想在A城(你所在或熟悉的任何一个城市)开一个网吧,但是他不知道现在开网吧是否合适,请你帮他预测一下本市网吧业的发展趋势,给他一个正确的建议。

提示

(1)查找本市网吧。

(2)搜集本市网吧的相关情况。情况包括:各网吧开业时间、分布区域、营业规模、经营状况等。

(3)分析本市网吧的现状。分析项目包括:开业时间是否集中、布局是否合理、经营规模是否适中、治安秩序是否良好、是否有一些不可避免的弊端。

(4)预测本市网吧的发展趋势。预测内容包括:目前A城网吧的发展是否均衡,如是否存在某区域过于集中,而有些区域分布不足或很少的情况;目前A城网吧的经营状况是否良好,如是盈利的多还是亏损的多;目前A城网吧的开业量是否饱和,如某一区域不适合再开,而某些区域可以开,或者整个城市网吧业已进入低谷,等等。

(5)根据你对A城网吧业发展趋势的预测,结合小华的经济实力和盈利目标,提出合理化建议。建议包括:开还是不开;如果开,什么时间开,开在哪里合适,开多大规模,以哪种方式经营,独资或与人合开,等等。

三、评估应用效果

信息在应用之后效果如何?反馈非常重要。它能使我们对信息处理的整个工作进行一个有效的评估,以便对信息处理工作中的经验和不足及时进行总结,从而做出修正和改进,使信息处理工作不断完善。

【案例 2-19】

淘宝被围攻商铺日损 50 万元　腾讯当当等趁乱抢客

为抗议淘宝商城提高收费,从 2011 年 10 月 11 日晚间开始,上万名淘宝商城小卖家通过自发组织的方式对淘宝的网店大卖家进行围攻,一天之内对同一家大型网店进行上万次的购货和退款以及差评行为。被他们攻击的大多数店铺只得将商品下架。

昨日,抗议的卖家决定停止攻击一天,等待淘宝商城方面的说法,否则将要组织新的“活动”。名为“中国网商维权协会”的 YY 群管理层发布公告称:“截至 15 日晚上 24:00,如果淘宝还没有给予回应,我们将会继续为大家推出活动!而且还会出台新的活动!届时我们将会让广大中小卖家感受到前所未有的畅快淋漓感觉。”

(新华网,http://news.xinhuanet.com/fortune/2011－10/15/c_122161136.htm,有删改)

假设你是淘宝商城的公关经理,出现这种情况,公司高层与你紧急商讨处理办法,采取措施处理,并向外发布相关处理办法和信息。现在你需要了解,通过采取一系列紧急措施和新闻发布会之后,各方对处理措施和相关信息的反应如何,以便采取下一步行动。你将面临两项主要任务:收集信息反馈,并对信息发布的效果进行评估。请思考如何做?

(一)收集信息反馈

信息发布和应用之后,必然会产生相应的结果和反应,把这些结果和反应收集回来就是收集信息反馈。收集信息反馈本质上与信息收集的工作是一样的,因此所有信息收集的方法和渠道同样适用于收集信息反馈,只是收集信息反馈的目标更明确、信息更有针对性。

信息反馈的工作广泛应用于企业、政府、医疗卫生、教育、图书档案管理等各个领域。相应于这些特定的领域,信息反馈的渠道和方法有其独特的地方。

以企业为例,从顾客那里得到有价值的反馈信息,可以学到许多有利于业务发展的东西。企业可以做出相应的调整,例如改进产品或服务、广告以及营销策略等。获取顾客反馈信息的方法包括:

(1)定期的反馈意见调查表;

(2)网站上创建客户在线社区;

(3)向特定的客户发送产品,及时收集反馈信息;

(4)建立客户服务中心;

(5)定期主动回访,包括电话以及人员回访等;

(6)采取商业公司所做的市场调查,譬如央视春晚后,马上由专业公司进行收视率调查;

(7)邀请客户参加公司举办的活动等。

获得反馈信息的方法和渠道很多,应当尽量开设多种渠道,并充分利用现代科技和网络技术,同时做到有针对性。这一工作也是一个持续不断交流的过程。

（二）评估效果

评估是反馈的后续重要工作。它使得我们对以前的经验和教训进行反思、总结，从而不断提高。评估主要包括以下三个工作步骤：

（1）将反馈结果与期望的结果进行比较；

（2）分析它们之间出现的差异；

（3）制定出有助于改进的方针和政策；

对于评估来说，有几个要点要注意：

（1）合理设定评估标准；

（2）选择有效的评估工具；

（3）选择合适的评估人员，减少人为因素影响。

【自我测试】

你会自我评估吗？

1. 你是一个重视信息反馈的人吗？如果是，谈谈你曾经有过的一次信息反馈后的改进工作。如果不是，本次课对你可有启发？

2. 阅读下面一则案例，分析英国在对待伊拉克的情报处理上为什么会发生严重失误？对于一个企业而言，如何做类似的评估？

【案例 2-20】

英国公布的伊拉克情报失误调查报告

国际在线报道：7 月 14 日，由英国前内阁大臣巴特勒布罗克韦尔领导的独立调查委员会公布了舆论期待已久的有关伊拉克情报问题的调查报告。该报告如下指出：英国关于伊拉克的情报评估存在严重问题。有些情报来源“有严重问题”或者“不可靠”。

报告说，布莱尔政府的联合情报委员会在无意中受到政府某些“政治任务”的影响，因而在匆忙拼凑的 2002 年伊拉克武器情报档案中缺乏对情报来源与精确性的合理界定。

报告还说，是布莱尔政府内部一套不规范的程序导致了集体的对伊拉克威胁的判断失误。

巴特勒的报告与上周美国参议院的调查报告如出一辙。该报告严厉谴责美国情报夸大了伊拉克威胁。

四、合法利用信息

（一）尊重知识产权

知识产权是一种无形产权，是指自然人或法人，对自然人通过智力劳动所创造的智力成果,依法确认并享有的权利。

我国承认并以法律形式加以保护的主要知识产权与相关法律包括:

(1)著作权——《中华人民共和国著作权法》;

(2)专利权——《中华人民共和国专利法》;

(3)商标权——《中华人民共和国商标法》;

(4)商业秘密——《中华人民共和国反不正当竞争法》;

(5)其他知识产权——《世界版权公约》《伯尔尼公约》。

具有信息素养的人,应了解知识产权的基本知识,合理合法使用信息。对于具有专利权的技术及具有商标权的商品名称的应用,必须特别注意,防止侵权的行为。对于具有著作权的信息的使用,要特别分清适当引用、引用不当、剽窃(抄袭)这三者之间的界限。

(二)尊重隐私权

隐私权作为一种基本人权,是指公民享有的私人生活安宁与私人信息依法受到保护,不被他人非法骚扰、知悉、利用和公开的一种人格权。一般认为,隐私权的主体只能是自然人。网络隐私权主要是公民在网络中享有的私人生活安宁与私人信息依法受到保护,不被他人非法侵犯、知悉、搜集、复制、公开和利用的一种人格权;也指禁止在网上泄漏某些与个人有关的敏感信息。网络隐私权包含的主要内容为个人数据、私人信息、个人领域。网络隐私权大致有如下内容。

(1)知情权。用户有权知道网站收集了关于自己的哪些信息,这些信息将用于什么目的以及该信息会与何人分享。

(2)选择权。消费者对个人资料的使用用途拥有选择权。

(3)合理的访问权限。消费者能够通过合理的途径访问个人资料并修改错误的信息或删改数据,以保证个人信息资料的准确与完整。

(4)足够的安全性。网络公司应该保证用户信息的安全性,阻止未被授权的非法访问。用户有权请求网站采取必要而合理的措施,保护用户的个人信息资料的安全。

(5)信息控制权。用户有权决定是否允许他人收集或使用自己的信息。

(6)请求司法救济权。用户针对任何机构或个人侵犯自己信息隐私权的行为,有权提起民事诉讼。

个人隐私泄漏、游戏账号被盗、网络交易欺诈等,都属于网络隐私权受到侵害。

我们在网络上不经意的行为,都会留下蛛丝马迹。如浏览网页时的 cookies、登录论坛时的注册信息、论坛发表的言论、电子邮件的收发等。

(三)言论自由的限度

随着互联网的发展,网络成为公众传播信息、表达意见的重要手段,网络自由也成为言论自由的重要组成部分。但是,众所周知,言论自由也不是无限制的和绝对的。为了推动互联网的健康发展,规范网络言论自由的范围,根据互联网的特点,世界各国普遍建立了网络管理制度,过滤和审查有害信息,建立网络言论自由规范。

中国对互联网的管理,主要依据是《中华人民共和国宪法》《中华人民共和国未成年人保护法》《全国人大常委会关于维护互联网安全的决定》《中华人民共和国电信条例》和《互联网信息服务管理办法》等法律法规。

这些法规明确规定了网络自由的范围，列举了禁止在互联网上制作、复制、发布、传播的9类信息，主要有：反对宪法所确定的基本原则的信息；危害国家安全，泄露国家秘密，颠覆国家政权，破坏国家统一的信息；损害国家荣誉和利益的信息；煽动民族仇恨、民族歧视，破坏民族团结的信息；破坏国家宗教政策，宣扬邪教和封建迷信的信息；散布谣言，扰乱社会秩序，破坏社会稳定的信息；散布淫秽、色情、赌博、暴力、凶杀、恐怖或者教唆犯罪的信息；侮辱或者诽谤他人，侵害他人合法权益的信息；其他违反法律规定的信息。这些法规规定的限制十分明确具体。

【自我测试】

你会合理合法利用信息吗？

阅读下面一则案例，思考下列问题。

1. 网络媒体有如此大的力量你意识到了吗？
2. 作为网民，在网络上发表言论时应注意什么？
3. 作为网络媒体中的传播者，看到其他人的言论你会怎么做？
4. 如果发现自己在网络上言论有误，你应该怎么做？
5. 就你平时上网的体验，在网络中，是否会考虑自己的言行触犯法律？
6. 对于类似事件，讨论今后如何做。

【案例2-21】

郭美美事件

2011年6月21日，新浪微博上一个名叫“郭美美Baby”的网友颇受关注，这个自称“住大别墅，开玛莎拉蒂”的20岁女孩，其认证身份居然是“中国红十字会商业总经理”。正是这一点，引发了公众的强烈质疑：一个年仅二十岁的女孩就当上了总经理，并拥有名包豪车，财产来源是否和“红十字会”有关？一时之间，网友们展开“人肉搜索”，各种与郭美美、红十字会有关的说法在网络上流传，真假难辨，真相不明。

网友

网友们对“郭美美Baby”的身份众说纷纭，做出不同猜测，开始质疑“红十字会”的运作机制。

新浪微博

2011年6月22日上午，“郭美美Baby”的实名认证被取消，新浪微博对实名认证有误一事而致歉。

红十字会

先后两次发表声明：6月22日称“中国红十字会没有‘红十字商会’的机构，也未设有

‘商业总经理’的职位，更没有‘郭美美’其人”。7 月 1 日就公众关注的中国商业系统红十字会运作方式问题发表声明：“邀请审计机构对中国商业系统红十字会成立以来的财务收支进行审计，并商请中国商业联合会成立调查组，调查媒体所反映的中国商业系统红十字会运作方式问题，并将及时向社会公布审计和调查结果。在此之前，暂停中国商业系统红十字会的一切活动。”

中红博爱董事长辞职

7 月 3 日，商业红会的关联公司中红博爱资产管理有限公司法人代表、首席执行官翁涛在接受新京报采访时表示，郭美美男友是中红博爱公司前董事王军。炫富事件发生后，王军已辞去董事职务。

郭美美微博致歉

“本人杜撰这个身份是完全没有恶意的，请各位网友原谅！但本人万万没有想到这个愚昧行为会导致网友对中国红十字会产生误解，本人在此向中国红十字会鞠躬道歉，并向关心此事的网友深深致歉！”

《纽约时报》

2011 年 7 月 3 日，《纽约时报》刊登题为《网络丑闻损害中国人对政府慈善事业信任度》的文章，表达了对这一事件的看法，比较的负面。

公安机关

2011 年 6 月 28 日，中国红十字会总会以郭美美虚构事实、扰乱公共秩序为由向公安机关报案。公安机关已经立案，并依法开展相关工作。

律师

北京市天如律师事务所律师丁海洋就此事发表看法时称，若红十字会以扰乱公共秩序为由报案，郭美美的行为是否构成犯罪，取决于她是否主观上有组织、策划、指挥或积极参与扰乱公共秩序的故意；客观上是否实施上述行为并达到情节严重的程度。

丁海洋认为，郭美美的行为不符合扰乱公共秩序罪的构成要件，若红十字会认为其虚构事实的行为侵害该组织的名誉权，可按民法通则的规定对其提起诉讼。

【拓展训练】

一、搜集本市商品房出售所需缴纳的税费资料

2008 年底本市商品房出现大范围降价销售，某人士以 40 万的价格购买了市区 50 平方米商品房一套。2010 年商品房价格上升，该房的市场价为 50 万。该业主很高兴地说：如果现在把房子卖掉，可以净赚 10 万。可是朋友却对他说：别笑这么美，你卖房子不用交税吗？

请想想：

1. 该业主缴纳税费需要获取哪些方面的信息；

2. 确定上述任务需要搜集的信息内容有哪些；

3. 搜集这些信息内容的目的是什么，满足什么“需要”？

提示一：

1. 信息收集的内容须以客户或自身的需求为基础，以满足需要为目的；

2. 信息搜索范围由所要搜集的信息内容所决定，以快速高效准确搜索为目标；

3. 资源准备和利用应以最快捷、最节省搜索信息为原则。

提示二：

查找本市商品房出售税费资料的可能范围，如图 2-12 所示。

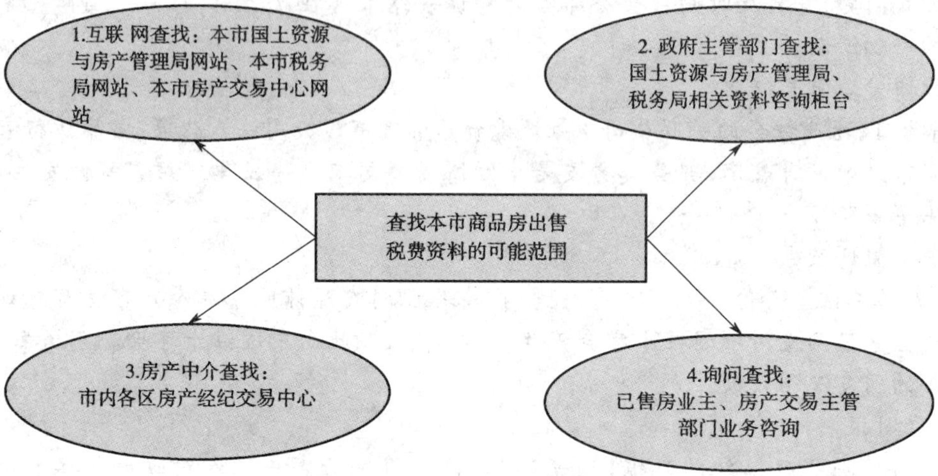

图 2-12　商品房出售税费搜索范围

二、阅读下面一则案例，完成其后问题

美国西北航空公司的快速反应

1997 年的一天，一位乘美国西北航空公司的中国乘客要求加餐，空姐不仅拒绝了这一正当要求，还讽刺说："你们中国人总是吃不饱。"中国多家报纸迅速对此做出反应，并严厉批评了空姐歧视中国人，把中国人看成吃不饱的"东亚病夫"。当西北航空公司的信息系统获得此消息后，很快将它反馈到美国西北航空公司总部。总部非常重视这个件事，因为对美国西北航空公司来说，中国客运市场是潜力巨大，要占领这个市场并不断扩大市场份额，公司形象非常重要。公司总部马上采取措施，紧急免费空运一个患重病的中国小孩到美国做手术，以挽回影响。公司的这一行动果然收到中国报界的广泛报道，公司形象得到了维护。

1. 美国西北航空公司为什么要立即采取挽回影响的措施？该公司的敏锐反应来自于他们的什么意识？

2. 分小组讨论，分享你对以下问题的体会与经验：政治家、企业家、经商者的信息敏感表现在什么地方？

3. 说出你曾经有过的一次具有信息敏感的事例与体会。

三、阅读下面一则案例，并按文后要求完成相关任务

给阿 Q 介绍一份工作

阿 Q 找不到活儿干，肚子饿得委实有点扛不住了。他留心打听，才知道未庄人有事都

去找小 D。这小 D 是个穷小子,又瘦又乏,在阿 Q 的眼里,他的位置是在王胡之下的,谁料这小子竟夺去了他的饭碗。一气之下,便找小 D 算账。要在平时,小 D 也不是阿 Q 的对手,可是阿 Q 近来挨了饿,使又瘦又乏的小 D 与他势均力敌,他们表演了一场精彩的"龙虎斗"。这以后,仍然没有人来叫阿 Q 做短工。

文化名人阿 Q 已经失业了,请你给他找一份工作。这可不是一件简单的事情,你首先得帮他设计并填写一份简历。

步骤一:阿 Q 写简历。

分组讨论阿 Q 的简历应该怎么写,并且这份简历是要"向"着他的。阅读鲁迅的《阿 Q 正传》原著或观看电影,找出他身上的闪光点(除了头上的疤)。

步骤二:简历写好后,应该往哪里投?请收集相关的招聘信息,整理后帮他选择。

步骤三:小结。

四、阅读下面一则案例,请从肯德基店面的地理位置角度分析其独特的经营战略,试写一篇分析报告

国外餐饮巨头肯德基的商圈策略

商圈研究与分析是餐饮连锁企业扩展前必然的准备工作。肯德基科学的选址策略与商圈分析,是肯德基在中国市场成功的第一步。它的成功离不开科学的商圈分析以及以此为基础的选址策略。

肯德基在进入某个城市之前,要做的第一件事就是通过有关部门或专业调查公司收集这个地区的资料。然后,根据这些资料开始划分商圈。商圈规划采取的是计分的方法,例如这个地区有一个大型商场,商场营业额 1 000 万元算 1 分,5 000 万元算 5 分,有一条公交线路加多少分,有一个地铁线路加多少分。

通过打分,把商圈划分成好几大类。以北京为例,有市级商业型(西单、王府井等)、区级商业型、定点消费型,还有社区型、社区商务两用型、旅游型等。在商圈的选择上,既要考虑餐馆自身的市场定位,也要考虑商圈的稳定度和成熟度。肯德基的原则是,一定要等到商圈成熟稳定后才进入,以规避风险。确定商圈之后,还要考察这个商圈内最主要的聚客点在哪里。如北京的西单是个成熟的商圈,但不可能西单任何位置都是聚客点,肯德基的目标是:力争在最聚客的地方开店。在这个区域内,人的流动是怎么样的,人从地铁出来后往哪个方向走等,都要派人去掐表测量,然后将采集来的数据输入专用的计算机软件,就可以测算出来,能否在此地开店,投资额最多不能超过多少。据称肯德基把北京市场分为 100 个商圈,也号称要在北京开 100 家连锁店。事实上,商圈分析的结论是肯德基选择是否进入的主要依据。这非常值得餐饮连锁企业借鉴。

五、通过互联网、社会调查等方式考察武汉市与你所学专业相关的某行业的发展情况,印证你对某类专业人才的预测是否准确

模块三　学习能力

【情境导入】

“乒乓女皇”成剑桥博士

1988 年，邓亚萍正式入选国家乒乓球队。此后，她便接连斩获世锦赛、奥运会的女子单双打冠军，共获得十八个世界冠军，开启了辉煌的“邓亚萍时代”。二十年后，被球迷亲切誉为乒坛“小个子巨人”的她，除运动员外，履历表上又赫然多出了清华大学学士、诺丁汉大学硕士、剑桥大学博士的经历，成为乒坛“全能王”。

1997 年，退役后的邓亚萍走进了清华大学外语系课堂。初进清华时，老师为了解她的英语程度，让她写出 26 个英文字母，但她大写小写字母拼在一起也没能将其写全。但凭借不服输的性格，邓亚萍从零开始，顶住压力一点一点地将知识补充完善。有段时间，她早晨起来就会发现枕头上有大把大把头发，但硬是咬牙坚持了下来。老师们都称赞她是一个非常勤奋的好学生，乒乓球管理中心副主任姚振绪说她学英语像打球一样有股狠劲儿。毕业时，邓亚萍的英语水平已经有了飞跃性的提高，并以题为《中国乒乓球的历史及发展》的论文顺利通过答辩，成绩相当出色，获得了英语专业学士学位。

之后，她又远赴英国求学，先后获得诺丁汉大学中国当代研究专业的硕士学位、剑桥大学经济学博士学位，并成为剑桥大学近八百年历史中唯一一位获得博士学位的世界顶尖运动员。

喜悦的背后是她艰苦卓绝的付出，她在清华大学的英语老师吕中舌回忆道“邓亚萍为了完成博士生论文《全球竞争中的奥运品牌》的一部分，关在家里整整写了 20 多天，没有下楼一步，整天靠速冻饺子解决‘吃饭问题’。长时间固定姿势写作诱发了邓亚萍的颈椎病，头不能移动，她就以一种固定的姿势坚持查阅资料和写作。”

在巅峰时期退出乒坛，邓亚萍一路从清华念到剑桥，从 26 个字母学起，终将剑桥大学经济学博士学位揽入怀中，展现出惊人的毅力，“中国制造”成为名副其实的“中国骄傲”。

（体坛网，http://sports.titan24.com/pingpang/08－12－01/143891.html，略改）

第一节　学习能力概述

宋朝文学家苏轼曾著这样一句诗：“粗缯大布裹生涯，腹有诗书气自华”。意思是说，一个人尽管衣着不够华丽，可依然仪表堂堂、英气逼人，那都是他饱读诗书的结果。

我国古代就流传着“家无读书郎，官从何处来”的谚语。现代社会，人们对学习的认识早已超越了“书中自有黄金屋，书中自有颜如玉，书中自有千钟粟”的认识，认为学习是个人在社会上安身立命的根本。

在知识经济时代,学习是生存与发展的必要条件,是我们每个人乃至整个社会开启繁荣富裕、文明幸福的金钥匙。信息化的今天,学习不是机械式知识与方法的获得和累积,更重要的是思维能力、创新能力、学习能力等综合素质的提升。学习能力贯穿于我们每个人每天工作学习生活的始终,面对着新的工作学习任务,把新知识融入自身已有的知识结构,分析问题,解决问题。

变革的时代,不变的是学习能力。你准备好了吗?

一、学习能力的内涵

学习能力是一个结构复杂、多维度、多层次的心理现象。虽然学习能力一直是心理学和教育学研究的一个重要课题,但是在学习能力的结构及实质上,却仍存在着纷争。1921年,美国《教育心理学》杂志社邀请17位知名心理学家讨论智力问题,有高达29%的人认为学习能力等同于智力。1986年,美国《智力》杂志社又召集24位著名专家,由美国现代最负盛名的智力理论专家斯登伯格(R. J. Sternberg)教授和底特曼(D. K. Detterman)教授主持了第二次关于智力问题的讨论,在这次讨论中仍然有高达17%的人把智力与学习能力等同起来。支持这种观点的学者认为学习能力等同于智力。

我们认为,学习能力不等同于智力。学习能力实际上是学习者个体的综合素质在学习过程中表现出来的、正确驾驭学习活动的实际本领、能量和熟练水平,是通过各种渠道培养和完善起来的适应学习需求、完成学习任务所需要的有效方式,是影响个体发展和学习效果的一种积极的力量。

现代社会的学习能力主要是指不断获取新知识、掌握新技能、接受新观念,不断完善自我、适应新要求的终身学习能力。终身学习能力是个体为了适应社会变化,在各种具体情境中所体现出来的知识、技能和态度的整合,它们是可迁移的并且发挥着多样化的功能。

学习能力由智力因素和非智力因素构成,这两个因素又包括多个方面,它们有着各自的作用,且相互联系、相互制约、不可分割。

(一)智力因素

智力因素主要包括以下四个方面。

1. 观察能力

学习能力中最重要的是观察能力,它是各种智能活动的基础,思维、记忆、运动等,都是以观察力为前提进行工作的。

2. 记忆能力

记忆是整个心理活动的基本条件,是一切智慧的源泉。没有记忆,我们的大脑就像是一张白纸,空空如也。没有知识的储备,没有建构在知识基础之上的创造、创新,我们的人类社会文明演进、科技发展就无从谈起。

3. 想象能力

爱因斯坦曾说:“想象力比知识更重要,因为知识是有限的,而想象力概括着世界上的一切,推动着进步,并且是知识进化的源泉。严格地说,想象力是科学研究中的实在因素。”学习离不开想象,学习能力的提升过程就是不断运用和发展想象力的过程。

4. 思维能力

思维能力是人的核心能力,一个人分析问题、解决问题能力的水平,直观地反映在思维能力的强弱上。恩格斯把思维能力誉为“地球上最美丽的花朵”,人的一切创造性活动都与思维能力有关。人类的进步从根本上来说,就是认知思维能力不断进步发展的过程。

(二)非智力因素

非智力因素由学习动机、学习兴趣、学习习惯和学习方法构成。

1. 学习动机

学习动机是推动学生进行学习活动的内在原因,是激励、指引学生学习的强大动力。学习动机是产生持续学习动力的关键,学习能力提升的过程是持久的,持续稳定的动力只有在学习动机与成就动机的驱使下才能获得。变被动接受学习为激发主动学习探知的欲望,或在学习过程中体验到成功的快乐,动机就形成了。

2. 学习兴趣

兴趣是一个人倾向于认识、研究获得某种知识的心理特征,是可以推动人们求知的一种内在力量。兴趣是最好的老师,学生对某一学科有兴趣,就会持续地专心致志地钻研它,从而提高学习效果。要逐步把学习兴趣的发现与学习动机的培养相结合,这样才能形成稳定的学习习惯。

3. 学习习惯

学习习惯是在学习过程中经过反复练习形成并发展,成为一种个体需要的自动化学习行为方式。习惯的力量是巨大的。良好的学习习惯有利于激发学习者学习的积极性和主动性,形成学习策略,提高学习效率,培养自主学习能力、创新精神和创造能力,使学习者终身受益。良好学习习惯主要表现在善于自学、按计划学习、专时专用、讲求效益、合理把握学习过程、独立钻研、善于思考等。

4. 学习方法

学习方法有广义和狭义之分,广义学习方法是指在学习过程中,一切为达到学习目的、掌握学习内容而采取的手段、方法、途径;狭义学习方法是指学习过程中学习者所采取的具体活动措施与策略。学习方法并没有统一规定,因个人条件不同,选取的方法也不同。好的方法事半功倍。学习者在学习过程中要不断总结,不断调整自己的学习策略,评估目标,反思结果,找到适合自己的方法。

二、学习能力与时代

每个人都处于社会环境中,离开了环境便无法生存。我们首先要正确感知社会大环境,准确把握时代发展方向,才能在时代潮流中立于不败之地。

20 世纪中叶特别是 20 世纪 80 年代之后,知识更新越来越快,科技发展突飞猛进。据估计,最近 30 多年产生的知识总量,相当于过去 2 000 年产生的知识量的总和。知识日益成为经济发展、社会进步的源泉和动力。知识的力量、科技的力量,引发了世界范围生产方式、生活方式、行为方式和经济格局、利益格局、安全格局前所未有的深刻变革与重大变化。

当今时代,互联网飞速发展。它带来了人类史上的第三次工业革命,不仅推动了人类社会政治体制、社会文化、组织结构、传播方式、商业模式的变更，而且深刻影响了我们的思维方式和生活方式，让我们的生活在海量数据信息中不断更迭、滚滚向前。如何在时代发展中，运用学习能力，把握机遇，塑造成功人生，比尔·盖茨做到了。

【案例 3-1】

比尔·盖茨与个人计算机革命

1975 年 1 月，比尔·盖茨还是哈佛大学法律系二年级学生。一天，他从《大众电子学》(Popular Electronics)封面上看到 MITS 公司研制的第一台个人计算机照片。该计算机使用了 Intel 8080CPU 芯片(8 位机)，他马上认识到，这种个人机体积小、价格低，可以进入家庭，甚至人手一台，因而有可能引发一场深刻的革命——领域的革命，而且是整个人类社会生活方式、工作方式的革命。

他意识到这是千载难逢的机遇，于是下定决心要紧紧把握住这个机遇。这个想法在当时是异乎寻常的，是与当时计算机界的主导思想背道而驰的。当时统治计算机王国的是 IBM 公司，他们的看法是微型的个人电脑不过是小玩意，只能玩玩游戏，简单应用，不能登大雅之堂，领导计算机的发展潮流只能靠大型机、巨型机。正是比尔·盖茨奇特的求异思维、逆向思维和敢于向传统、权威挑战的精神才导致他巨大的成功。他跟自己说，必须抓住这一生中最宝贵的机遇。他这样说了，也确实这样做了——主动写信给 MITS 公司老板，要为他的个人电脑配 BASIC 解释程序(他知道若没有便于用户掌握的计算机程序语言，个人电脑难以普及)。在好友艾伦的帮助下，他花了五个星期终于出色地完成了这一任务，为个人电脑的普及做出了重大贡献。接着，他从哈佛中途退学并和艾伦创办了自己的公司“Microsoft”，这就是闻名遐迩的“微软”。

(智库·百科网，http://wiki.mbalib.com/wiki/比尔·盖茨，略改)

互联网搜索引擎巨头百度，相信大家都使用过。今天，你百度了吗？周末的朋友聚会去哪里举办？我们的身边正在发生什么样的新闻？英语作业的词汇不清楚含义？课程作业找不到思绪？你是否通过百度来解决这些问题？百度新闻、百度网页、百度知道、百度视频、百度百科、百度文库、百度地图……在网络时代的今天，这些离我们的生活越来越近，给我们的学习、工作、生活带来了巨大的快捷和便利。但与此同此，如果我们过于依赖搜索引擎，必然会导致个体主动探索、主动求知、思维能力、创新能力的弱化。

随着互联网和信息行业的飞速发展，一个大规模的生产、分享和应用数据的时代正在开启，数据已经渗透到当今每一个行业和业务职能领域，成为重要的生产因素。人们对于海量数据的挖掘和运用，预示着新一波生产率增长和消费者盈余浪潮的到来。当今时代，我们的行为、位置以及身体生理数据等每一点变化都成为了可以被记录和分析的数据。大数据时代最大的转变就是放弃对因果关系的渴求，而取而代之关注相关关系。也就是说，人们只要知道“是什么”，而不需要知道“为什么”。这颠覆了千百年来人类的思维惯性，对人类的认知及与世界交流的方式提出了全新挑战。

【案例 3-2】

大数据与乔布斯的癌症治疗

苹果公司的传奇总裁史蒂夫·乔布斯在与癌症斗争的过程中采用了不同的方式，成为世界上第一个对自身所有 DNA 和肿瘤 DNA 进行排序的人。为此，他支付了高达几十万美元的费用，这是 23andMe 公司报价的几百倍之多。所以，他得到的不是一个只有一系列标记的样本，他得到了包括整个基因密码的数据文档。

对于一个普通的癌症患者，医生只能期望他的 DNA 排列同试验中使用的样本足够相似。但是，史蒂夫·乔布斯的医生们能够基于乔布斯的特定基因组成，按所需效果用药。如果癌症病变导致药物失效，医生可以及时更换另一种药，也就是乔布斯所说的，“从一片睡莲叶跳到另一片上。”乔布斯开玩笑说：“我要么是第一个通过这种方式战胜癌症的人，要么就是最后一个因为这种方式死于癌症的人。”虽然他的愿望没有实现，但是这种获得所有数据而不仅是样本的方法还是将他的生命延长了好几年。

((英)维克托·迈尔-舍恩伯格，(英)肯尼思·库克耶著，周涛等译：《大数据时代》，浙江人民出版社，2013，36 页)

显然，乔布斯在与癌症斗争的过程中，有不同寻常的抗癌思路和方法。在生物医学发展目前还无法彻底战胜癌症的情况下，将生物基因科学与信息科学相结合，实现了生命的延长，这让我们看到了学习能力发展而带来的思维方式变革与时代发展的密切关系。

在这样一个网络时代，你是选择乔布斯、比尔·盖茨的学习创新精神，还是用搜索引擎来解决一切问题。不同的选择，你的学习能力发展会截然不同，你的职业生涯发展也会走向截然相反的道路。

我们要顺应时代潮流，就应当比以往任何时候都重视学习，自觉把学习作为实现自身发展、推动社会进步的根本要求。如果不愿意学习、不会学习，就会墨守成规、故步自封、缩手缩脚，只有乐于学习、善于学习，才能对新事物、新知识了然于胸，对新情况、新问题心中有数，才能适应时代要求，满足工作需要。

三、学习能力与职业

职业生涯是一个人一生中所有与职业相联系的行为与活动以及相关的态度、价值观、愿望等连续性经历的过程，也是一个人一生中职业、职位的变迁及工作、理想的实现过程。它贯穿于我们生命的大部分时间，是我们社会生活的重要组成部分。

随着社会生产力水平的提高和科学技术的进步，社会分工越来越细，专业化程度越来越高，职业的种类也越来越多。与此同时，旧的职业不断被淘汰。我们正处在知识经济时代，新知识、新技术层出不穷，使得相应的产业结构加快调整和升级，产业结构、行业结构、社会结构以及由此决定的职业结构都发生着巨大变化，职业也因此呈现出新的发展趋势。

以色列特拉维夫大学的大卫·帕西格教授认为，人类的职业大约每 5 年就更换 20%，50 年后，当今社会约有 5 000 种职业将从人们身边消失。这说明了职业的发展变化之快。

传统的一辈子从事某种职业至终老的观念也不再成为绝对事实。如果自己因为一些原因对已经选择的职业不满意，可以更换工作，如今很多人一生中多次更换职业也是常态。然而换了职业，你的能力却不会失去，能力是你职业发展的根基，是你职业生涯的财富。你可以充分运用你的学习能力，善于学习、发现学习，在新的工作中游刃有余。

大学生活一结束，你就要正式走进职场，从学校到社会看似距离很近，但对每个毕业生而言都是从身体到心灵的一次历练和转变，在此期间，你要实现个人与职业、组织及团队的匹配，在匹配过程中完成从大学毕业生到职业人的转变。这个过程绝非一帆风顺，很多人会出现一系列不适应症状，如个人发展目标不明确，朝三暮四，左顾右盼，频繁跳槽；必备的职业能力不足，工作效率低下；简单执行上司的要求和安排，没有系统思考和主动学习；急于求成，常常事与愿违。如果在步入社会前，对职业环境、工作要求有所了解，提前从心理和资源两方面做好准备，将有助于顺利度过这个适应期。

全国"五一"劳动奖章获得者、新时代产业工人的楷模许振超有一段发人深省的感悟："一个人可以没有文凭，但不可以没有知识，一个人可以不进大学校门，但不可以不学习，我认为，只要发奋学习都能成就事业，将来不管在什么岗位上，只要发奋学习就一定能够成为对国家、对社会有用的人才。"无论从事什么工作，都是一份值得珍视、必须努力做好的工作。而要做好工作，必须不断学习，只要坚持不懈地学习，方能为更高层次发展奠定基础，为实现自身价值积累资本。

【案例 3-3】

录用你是因为你善于学习

一位女大学生刚毕业时，到一家公司应聘财务会计工作，面试时便遭到拒绝，原因是她太年轻，公司需要的是有丰富工作经验的资深会计人员。女大学生却没有气馁，一再坚持。她对主考官说："请再给我一次机会，允许我参加完笔试。"主考官拗不过她，答应了她的请求。结果，她通过了笔试。

人事经理对这位女大学生颇有好感，因为她的笔试成绩最好，不过女孩的话让经理有些失望，她说自己没工作过，唯一的经验是在学校掌管过学生会财务。找一个没有工作经验的人做财务会计不是他们的预期，经理决定到此为止："今天就到这里，如有消息我会打电话通知你。"

女孩从座位上站起来，向经理点点头，从口袋里掏出两块钱双手递给经理："不管是否录取，请都给我打个电话。"

经理从未遇到这种情况，问："你怎么知道我不给没有录用的人打电话？"

"您刚才说有消息就打，那言下之意就是没录取就不打了。"

经理对这个年轻女孩产生了浓厚的兴趣，问："如果你没被录用，我打电话，你想知道些什么呢？"

"请告诉我，我在什么地方不能达到你们的要求，我在哪方面不够好，我好改进。"

"那两块钱……"

女孩微笑道:"给没有被录用的人打电话不属于公司的正常开支,所以由我付电话费,请您一定打。"

经理也微笑道:"请你把两块钱收回,我不会打电话了,我现在就通知你,你被录用了。"

就这样,女孩用两块钱敲开了机遇大门。细想起来,其实道理很清楚:一开始便被拒绝,女孩仍要求参加笔试,说明她有很强的积极思维的能力和坚毅的品格。财务是十分繁杂的工作,没有足够的耐心和毅力是不可能做好的。她能坦言自己没有工作经验,这显示了一种诚信,这对搞财务工作尤为重要。即使不被录取,也希望能得到别人的评价,说明她有面对不足的勇气和不断学习的进取心。良好的个人素质和学习能力有时比资历和经验更为重要。

(于丹著:《于丹讲孔子的忠恕之道》,中国长安出版社,2006,188-190页,略改)

【自我测试】

学习能力自测

请通过下列16道题目对自己的学习能力进行测评,每题只选择一个答案。

1. 你经常觉得知识不够用吗?

A. 知识丰富　　B. 一般　　C. 匮乏

2. 你认为学习就是为了应付考试吗?

A 不同意　　B. 有时　　C. 同意

3. 你认为学校是最适合学习的环境吗?

A. 不认同　　B. 有时　　C. 认同

4. 你是否认为,对学习来说,有一个天生聪明的大脑比什么都重要?

A. 不同意　　B. 有时　　C. 同意

5. 学习新的知识时,你总是能将它与你原有的知识或日常经验联系起来吗?

A. 能　　B. 偶尔能　　C. 不能

6. 在学习新知识时,你会思考何时、何地能用到它吗?

A. 会　　B. 偶尔会　　C. 不会

7. 学习时你会有意识地去记住一些基本概念和原理吗?

A. 会　　B. 注重实践　　C. 不会

8. 当你需要运用某种知识时,与之相关的知识也会出现在你的脑海里吗?

A. 会　　B. 偶尔会　　C. 不会

9. 如果教材中或老师讲解的某个内容与你的理解有很大差异,你会去查资料,分析判断谁更有道理吗?

A. 会　　B. 偶尔会　　C. 不会

10. 当你碰到很难解决的问题时,你会尝试换个角度思考问题,直到解决吗?

A. 会　　B. 偶尔会　　C. 放弃

11. 你会经常向老师或专家提问吗?

A. 会　　B. 有时　　C. 不会

12. 你对自己的学习现状非常了解吗?

A. 了解　　B. 比较模糊　　C. 不了解

13. 你能够很好地管理自己的学习,比如做好学习计划、合理安排时间吗?

A. 能　　B. 不能坚持　　C. 不能

14. 当你对学习不感兴趣时,你会调节自己的情绪吗?

A. 会　　B. 自然发展　　C. 不会

15. 你善于总结成功的经验和失败的教训吗?

A. 擅长　　B. 一点　　C. 不擅长

16. 你会利用网络辅助自己的学习,如使用 google、百度等搜索引擎吗?

A. 会　　B. 偶尔　　C. 不会

选 A 得 3 分,选 B 得 2 分,选 C 得 1 分。

38 分以上,说明你的学习能力很强,请继续保持和提升。

24 ~ 38 分,说明你的学习能力一般,请努力提升。

24 分以下,说明你的学习能力欠缺,急需提升。

第二节　更新学习理念

"士别三日,刮目相看"的典故大家也许并不陌生。三国时期东吴大将吕蒙初不习文,后经孙权开导,开始发奋学习。一次,鲁肃途经吕蒙驻地,前去拜会。鲁肃仍以老眼光看人,认为吕蒙有勇无谋。但在酒宴上两人纵论天下事时,吕蒙不乏真知灼见,使鲁肃颇为震惊,不禁感叹道:"我一向认为老弟只有武略,时至今日,老弟学识出众,真所谓:士别三日,刮目相看。"

古代文臣武将尚且如此,当今时代,我们更应该更新学习理念,及时学习,终身学习。在时代的长河中,更新学习理念,化被动为主动,是我们每个现代人所必备的一种素质和能力。

一、转变学习观念

学习观念指学习者关于学习方面的一系列观念或意识的总和,包括对学习目的、学习价值、学习能力、学习对象、学习时空、学习过程、学习方法、学习策略、学习成绩、学习评价和学习效率等方面所持的观念。只有认识上到位,才可能在行动上到位。学习是一种特殊行为,学习观念对这种行为具有先导和决定性作用。要提高学习能力,必须摒弃落后陈旧的学习观念,用科学的、符合时代要求的学习观念武装自己。在大力提倡自主学习的今天,学习者若想改变因传统教育影响而形成的一些学习观念,培养并提高自己的自主学习意识及能力,就应该做到以下几点。

(一)从"要我学"转变为"我要学"

这是就学习态度而言。如果把学习当成一种负担,学习是被动的、无乐趣的。如果认识到学习是为了生存,为了发展,为了实现人生的价值,学习则成为人们日常生活的重要组成部分,成为生活的一种需要、一种乐趣,学习则是主动的。

主动学习是学习成功的重要保证。传统教育中，教师往往是教学的主体，教学环境、教学内容都以教师为中心。如今教育技术的发展为主动学习提供了物质条件和技术保证，我们要在学习中发挥主动精神，成为积极的学习者。青年人最可贵的因素是开放的头脑、好奇的态度和探索的欲望。无论是在大学阶段，还是步入职场，我们都应该成为学习的主人，主动地进行学习，像科研工作者那样进行探究式的学习。积极的学习模式要求我们成为知识的探究者、创造者和接收者，使学习过程成为令人兴奋的探索之旅。

（二）从“学校学习”转变为“终身学习”

1972 年，联合国教科文组织发表了著名的报告《学会生存——教育世界的今天和明天》。该报告强调两个观念：终身教育和学习化社会，提出要以终身教育为指导，向学习化社会进军。这一报告为发达国家和发展中国家制定和实施终身教育政策提供了指导思想。1996 年，联合国教科文组织的报告《教育——财富蕴藏其中》展望了 21 世纪人类发展对教育的需要，提出构建学习化社会的必要性。该报告提出“终身学习是打开 21 世纪光明之门钥匙”的科学论断，并建议确立终身学习的四大支柱：“学会认知”“学会做事”“学会合作”“学会生存”，教育应该围绕这四种学习加以安排。终身学习理念提出后，已经发展为国际化的教育思潮。

传统学习观念认为，学习是一次性完成的，年轻的时候接受教育，为成年后的社会生活做准备。然而，科技的迅猛发展和职业的频繁更替，使终身学习思想备受重视，任何一所高等学校都不可能传授给学生任何一个专业的全部知识，任何一个毕业于高等学校的专业人员都必须不断学习，否则就会落后于时代，人们必须重新安排一生的学习和工作。

终身学习改变了学习时空观，人们从终身学习观念出发，就有可能做到使所有人从生到死在任何地点都能够从事有组织有意识的学习，从而把人类社会建设成为学习社会。

终身学习观念改变了对大学学习的看法，即掌握知识和信息的数量已经不再具有决定意义，更重要的是必须学会学习，必须注重培养选择信息、判断信息、综合信息和分析信息的能力。大学生如果能够掌握这些能力，就可以在学习的社会生存，在终生学习的海洋中平稳快速前行。

【案例 3-4】

青蛙效应

19 世纪末，美国康奈尔大学曾进行过一次著名的“青蛙试验”。他们将一只青蛙放在煮沸的大锅里，青蛙触电般地立即窜了出去，并安然落地。后来，人们又把它放在一个装满凉水的大锅里，任其自由游动，再用小火慢慢加热，青蛙虽然可以感觉到外界温度的变化，却因惰性而没有立即往外跳，等后来感到热度难忍时已经来不及了。这就是有名的“煮蛙效应”或“温水青蛙效应”。

（智库·百科网，http://wiki. mbalib. com/wiki/% E7% 85% AE% E8% 9B% 99% E6% 95% 88% E5% BA% 94）

其实，大多数人的头脑也是习惯于察觉周围发展较快的事物，而对持续发展的事物难以察觉。为了避免成为被煮熟的青蛙，必须具备终身学习的意识，在不断的学习中敏锐察觉出形势发展所构成的威胁。

（三）从“个人学习”转变为“合作学习”

合作学习是20世纪70年代由美国人罗伯特·斯莱文首先提出。合作学习是指学习者为了完成共同的任务，有明确责任分工的互助性学习。合作学习鼓励学习者为集体的利益和个人的利益而一起工作，在完成共同任务的过程中实现自己的理想。

同水平高于你的人一起学习，他就是你的老师，你自然可以学到许多东西；同水平相似的人一起学习，你有了学习伙伴，每人都有自己的长处，相互之间可以取长补短；同水平低于你的人一起学习，你是他的老师，我们常说“教学相长”，你同样可以学到许多东西。

合作学习并不是几个人的简单相加。美国明尼苏达大学“合作学习中心”的约翰逊兄弟认为，有五个要素是合作学习不可缺少的：①积极互赖，指的是学生们知道他们不仅要为自己的学习负责，而且要为其所在小组的其他同学的学习负责；②面对面的促进性相互作用；③个人责任，指的是每个学生都必须承担一定的学习任务；④社交技能；⑤小组自加工，小组必须定期地评价共同活动的情况，保持小组活动的有效性。

合作学习有利于培养合作精神、交往能力、沟通能力、创新精神、竞争意识、平等意识等，激发主动学习。在知识经济时代，学习不仅仅是个人的事，我们需要个人学习，但也非常强调团队学习。因为高素质团队协作尤为重要，只有配合默契的团队才能取得成功。

（四）从“静态单元”转变为“动态多元”

这是就学习手段而言。以前的学习，手段常常是课本、书报、文件、纸笔，学习就是发放学习材料，阅读各种文章，记学习笔记。这是静态、单一的学习。当今时代，除了这些传统学习手段之外，还可充分利用现代科技手段，使用电视、电脑、智能手机、多媒体等动态、多元、立体的学习手段。这样的学习不仅非常便捷，而且非常经济。

譬如，随着移动通信技术的发展，手机的功能逐渐由单一的通话变得多元化，系统的计算能力和处理能力明显增强，从而发展到现在的智能手机。基于智能手机的移动学习就是一种典型的移动学习方式，学习者把手机作为学习工具来进行泛在学习，满足了信息化时代知识更新速度快、学习随时随地进行、学习方式个性化的需求。随着物质生活水平的提高，人们对全民教育和终身教育的需求持续上升，移动学习日益普及是必然趋势。

二、转变学习模式

学习模式是假定能够使学习者达到最佳学习状态的方法。按照生理知觉进行分类，可将学习模式分为视觉模式、听觉模式、触觉模式三类。

视觉模式的主要特点是喜欢使用图表、图像、照片以及其他的例子来进行学习；会更多注意演示者的面部表情以及身体语言；相比口头的报告，更喜欢手写或者打印的报告；参加会议或者论坛的时候希望有演讲稿或者纲要；更容易记住别人的样子而不是名字，等等。如果采取视觉模式学习，宜使用彩笔高亮显示课本或者笔记中重要的部分；听课、听讲或者其他时候做好笔记，多使用图表或者草图帮助记忆；如果可能借助配套视频或者其他工具，进行相应内容的学习；合理并有效使用想象力；在记忆过程中尽可能将内容与可视的东西进行类比。

听觉模式的主要特点是喜欢通过参加讲座、参与讨论以及其他听别人讲课的方式进行学习；对于演讲者讲话中的清晰程度比较敏感；善于根据语气、速度、停顿，在别人的讲话中寻找重点；更容易被噪声干扰；在记忆时喜欢默念，或者听对应的音频文件，等等。如果采取听觉模式学习，宜参与到学习小组中，多讨论交流；借助音频文件，帮助记忆单词或者其他内容；读书时尽量读出声；通过把学习内容讲给别人听来提高熟悉程度；平时多听电子书或者其他音频文件。

触觉模式的主要特点是喜欢实践或者互动的学习方式；能够通过模仿和练习更快地学到东西；相比看到和听到的事情，更容易记住做过的事情；经常谈论自己的感受；可能并不很喜欢阅读，而会非常喜欢运动；可能不是那种能坐得住、长时间读书学习的人，等等。如果采取触觉/动觉模式学习，宜多参加实践活动；在谈话或者解释的时候，借助于身体语言来表达；借助已有的模型或者制作模型帮助理解内容；在听或者说的时候多写；学习时避免易使自己分心的东西。

不同的学习模式各有优劣，学习者要根据个人特点和学习内容，采取合适的学习模式。美国学者埃德加·戴尔（Edgar Dale）1946 年提出了“学习金字塔”（Cone of Learning）理论。以语言学习为例，在初次学习两个星期后：阅读能够记住学习内容的 10%；聆听能够记住学习内容的 20%；看图能够记住 30%；看影像、看展览、看演示、现场观摩能够记住 50%；参与讨论、发言能够记住 70%；做报告、给别人讲、亲身体验、动手做能够记住 90%，如图 3-1 所示。

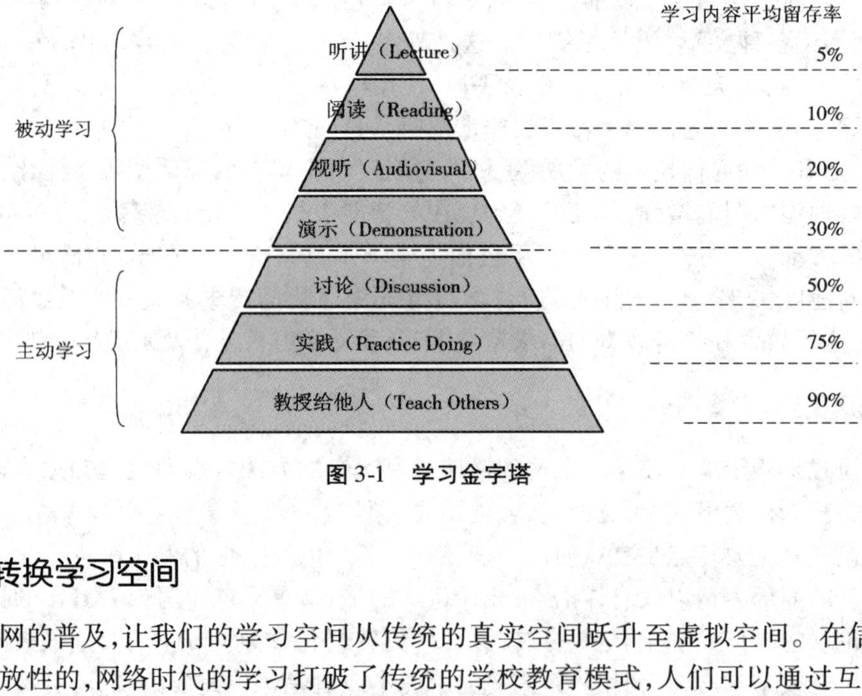

图 3-1　学习金字塔

三、转换学习空间

互联网的普及，让我们的学习空间从传统的真实空间跃升至虚拟空间。在信息时代，学习是开放性的，网络时代的学习打破了传统的学校教育模式，人们可以通过互联网进行跨时空的交互、自由学习。在这种开放式的学习环境中，不论是学习的过程还是学习的结果都与社会、生活、环境紧密相连，避免了学校教育中三者相互封闭的状态。

虚拟空间和真实空间这两种不同的学习空间均可以使学习者直接或者间接地获取经

验、掌握知识。但是虚拟空间的开放性、相对独立性使得人们在学习过程中缺乏感知、互动,需要学习者具有较强的鉴别力和自我约束力。

中国少先队事业发展中心 2013 年 7 月发布的《第六次中国未成年人互联网运用状况调查报告》显示,移动互联网的普及特别是微博、微信的广泛应用,使未成年人阅读方式呈现"碎片化"趋势。报告称,青少年中有 61.6% 使用微博,经常发表观点的为 33.9%。

我们可以看到公交车、地铁、办公室到处都是埋头上网的人。如今,人们使用电脑不仅玩游戏、聊天,还能进行查阅资料、开展阅读。它已经深刻改变了我们的生活。网络教育为人们提供了一种全新的学习方式。它使人们受教育的权利趋于平等,使教育资源的共享变为现实,同时也为学习者提供了个性化学习的多元选择权。

在不久的将来,世界上许多现在单纯依靠人类判断力的领域都会被计算机系统改变甚至取代。计算机系统可以发挥作用的领域远远不止驾驶和交友,还有更多更复杂的任务。亚马逊可以帮我们推荐想要的书,谷歌可以为关联网站排序,Facebook 知道我们的喜好。

人们的学习空间也在人类文明变更历程中:师傅带徒弟——经验的传递,纸质知识的传递到互联网的传递。学习不拘泥于一个狭小的空间,在网络上,你可以学习到任何你想要的知识,并同时与别人交流分享。虽然在网络空间的发展过程中还存在着许多问题,但是互联网通过给计算机添加通信功能而改变了世界,也已经改变了我们生活中的方方面面,这种改变是利大于弊的,它为我们的生活创造了前所未有的多维度,而更多的改变正蓄势待发。

【案例 3-5】

中国黄页从看不见开始

1995 年 8 月,杭州,马云家,电视台的摄像机在摄像,486 电脑,电话拨号到上海电信,连接成功,打开 Mosaic 浏览器,敲入 http://www.chinapages.com 。三个半小时之后,杭州望湖宾馆的网页下载完毕。指着从美国西雅图传回来的图片和简介,马云很自豪,很兴奋,他证明了他没有骗大家,他证明了 Internet 的确存在……

1995 年初,马云来到西雅图。朋友比尔领马云去西雅图第一个 ISP 公司 VBN 参观。两间很小的办公室,猫着 5 个对着屏幕不停敲键盘的年轻人。马云不敢碰电脑。公司的人说,不要紧,你就用吧。公司的人打开 Mosaic 浏览器,键入 Lycos.com,对马云说:"要查什么,你就在上面敲什么。"马云在上面敲了个 beer,搜索出了德国啤酒、美国啤酒和日本啤酒,没有中国啤酒。马云敲 China history,仅找到一个 50 字的介绍。马云问:"为什么有些能搜索到,有些搜索不到?"公司的人告诉他:"要先做个 homepage 放到网上去,然后全世界人都能搜索到了。"

马云马上想到应该给自己的海博翻译社做个 homepage。上午 9:30,马云守在机器旁,等着海博翻译社网页完工。按照马云的意思,制作人员在海博翻译社网页写明了报价、电话和信箱。中午 12:30,马云离开。晚上,马云回来收到 5 封回信。来自日本、美国、德国的客户来问翻译价格,最后一封来自海外的华侨,是个留学生,他对马云说:"海博翻译社是互联网上第一家中国公司。”马云感到了互联网的神奇，他兴奋地对VBN公司说：“你在美国负责技术，我到中国找客户。咱们一起来做中国企业上网。”

1995年4月，中国第一家互联网商业公司杭州海博电脑服务有限公司成立。三名员工是马云、马云夫人张瑛和何一兵。此时离中国电信通互联网还有4个月。

1995年5月9日，http://www.chinapages.com 中国黄页上线，马云开始同身边的朋友做生意。他的生意经是，先向朋友描述Internet怎么怎么好，然后向他们要资料，通过EMS寄到美国，VBN将homepage做好，打印出来，再快递寄回杭州。马云将网页的打印稿拿给朋友看，并告诉朋友在Internet能看到。此时，离中国能上Internet还有3个月。不能实际地看到，朋友怀疑马云在编故事。马云说：“你可以给法国的朋友打电话，给德国的朋友打电话，或者给美国的朋友打电话，电话费我出，如果他说没有，那就算了；如果他说有，证明有了，你要付我们一点点钱。”中国黄页当时的收费标准是，一个homepage 3 000字外加一张照片，收费2万元，其中1.2万给美国公司。

1995年，互联网上的中国网站太少，中国黄页效果很好。望湖宾馆是当时网上能看到的唯一的中国宾馆，时逢世界妇女代表大会，许多世界妇女代表到杭州后，专程过去看看望湖宾馆。

（豆瓣网，http://www.douban.com/group/topic/2164824，略改）

第三节　实施学习计划

一、制订学习计划

“凡事预则立，不预则废。”如果没有计划，我们的行为往往无序，最终可能导致失败。正所谓“宜未雨而绸缪，勿临渴而掘井”。

（一）科学确立目标

1. 目标明确适度

学习目标是学习计划的核心，没有明确目标的学习是盲目的，其效率将十分低下，而明确适度的目标具有激励性和鼓舞性。目标必须是经过自己的努力能够完成的，切不可过于理想化，好高骛远。否则往往是虎头蛇尾，制订计划时豪情万丈，实施时却寸步难行，最终不了了之。

【案例3-6】

烧开一壶水的智慧

一位青年满怀烦恼去找一位智者，他大学毕业后，曾豪情万丈地为自己树立了许多目标，可是几年下来，依然一事无成。他找到智者时，智者正在河边小屋里读书。智者微笑着听完青年的倾诉，对他说：“来，你先帮我烧壶开水！”青年看见墙角放着一把很大的水壶，旁边是一个小火灶，可是没发现柴火，于是便出去找。他在外面拾了一些枯枝回来，装满一壶水，放在灶台上，在灶内放了一些柴便烧了起来，可是由于壶太大，那捆柴烧尽了，水也没开。于是他跑出去继续找柴，回来时那壶水已经凉得差不多了。这回他学聪明了，没有急于点火，而是再次出去找了些柴，由于柴准备充足，水不一会就烧开了。

智者看了看，将一壶开水全倒了，重打了一壶冷水，说："你再帮我烧壶开水好吗?"青年看了看剩下不多的柴，摇了摇头道："烧不了了，四周能找的柴都被我找来了，剩下的这点柴不够烧开一壶水。"智者什么也没说，将水壶里的水倒掉了一大半，然后交给青年……青年若有所思地点了点头，一会儿就将水烧开了。

智者接着说："你一开始踌躇满志，树立了太多的目标，就像这个大水壶装了太多水一样，而你又没有足够的柴，所以不能把水烧开，要想把水烧开，你或者倒出一些水，或者先去准备柴!"青年恍然大悟。回去后，他把计划中所列的目标去掉了许多，只留下最近的几个，同时利用业余时间学习各种专业知识。几年后，他的目标基本实现了。

（经理人网，http://www.sino-manager.com/20111111_27923.html）

2. 量化分解目标

如果我们把大目标分解成若干个具体的小目标，分阶段地逐一实现，我们就可以不断地品尝到成功的喜悦，继而产生更大的动力去实现下一阶段的目标。

【案例 3-7】

赛跑的智慧

1984 年，在东京国际马拉松邀请赛上，名不见经传的日本选手山田本一出人意外地夺得了世界冠军。当记者问他凭什么取胜时，性情木讷、不善言谈的山田本一只说了"凭智慧战胜对手"。10 多年后，这个谜终于被解开了，山田本一在他的自传中说：每次比赛之前，我都要乘车把比赛的线路仔细地看一遍，并把沿途比较醒目的标志画下来，比如第一个标志是银行；第二个标志是一棵大树；第三个标志是一座红房子……这样一直画到赛程的终点。比赛开始后，我就以百米的速度奋力地向第一个目标冲去，等到达第一个目标后，我又以同样的速度向第二个目标冲去。40 多公里的赛程，就被我分解成这么几个小目标轻松地跑完了。起初，我并不懂这样的道理，我把我的目标定在 40 多公里外终点线上的那面旗帜上，结果我跑到十几公里时就疲惫不堪了，我被前面那段遥远的路程给吓倒了。

（360doc 个人图书馆，http://www.360doc.com/content/13/1104/08/2036792_326465637.shtml）

从量变到质变，在任务完成过程中把目标任务量化分解，使每周、每日、每时都有压力、有动力，有对目标的追求；使学习由被动变为主动，成为一种自我约束、自我激励的行为，成为生活的必要组成部分和乐趣。

我们可以尝试使用表 3-1 所示的目标分解表制订学习计划。

表 3-1 学习目标分解表

目标清单	目标任务	第一步	完成时间	第二步	完成时间	第三步	完成时间	困难及障碍	解决方法

3. 灵活管理目标

制订计划要有一定的灵活性,因为计划终究不是现实,只是一种可能性,在计划变成现实的过程中,主客观情况随时可能发生变化。灵活机动的计划能根据实际情况做出调整,给计划留有一定余地,这样完成计划的可能性就会增加。

(二)合理制订计划

科学确立目标与合理制订计划是学习必不可少的内容。目标是前进的灯塔,计划是行动的方案。一个完整的学习计划可以帮助你清楚地知道自己的学习是向哪个方向发展、应采取什么策略、制定什么措施、开始什么行动、如何安排时间、动用什么资源。从而减少学习的盲目性和随意性,使学习变得紧张而有序。

1. 确定学习任务

【案例 3-8】

10 年后,你希望自己做什么

最蹩脚的建筑师从一开始比最灵巧的蜜蜂高明的地方,是他在用蜂蜡建筑蜂房之前,就已经在头脑里把它建成了。

一个行为问题调查组曾经对哈佛大学 100 名学生进行了一次抽样调查,向每个人提出了同一个问题:“10 年以后,你希望在什么地方,从事什么工作?”这些学生都回答说,他们想得到财富、荣誉,希望去经营大公司,或者从事能影响和主宰我们所生存的世界的重要工作。

调查人员对得到的回答并不惊奇,因为我们历来就教育他们要出类拔萃,他们果然如此。而且,从某种角度来看,这似乎理所当然,因为就凭他们是哈佛的学生这一事实就足以说明这一点。

但是,在这 100 个接受调查的年轻人中,有 10 个人不仅决心征服世界,而且将目标清清楚楚写了出来,并说明他们什么时候即将取得何等成就,取得这些成就的理由是什么;而其他人则没有像他们一样写出各自的目标和理由。

10 年过去了，我们的调查人员发现，原来写过目标和计划的那 10 名学生，所拥有的财产竟占那 100 名学生总财产的 96%。这意味着那 10 名学生的成功率超过他们的同学整整 10 倍。

（360doc 个人图书馆，http://www.360doc.com/content/11/1124/15/2156774_167034443.shtml，略改）

有了明确的学习目标和计划，并付诸行动的人，他们将来的成就，远远超过有目标和计划，但仅停留在脑子里或纸上的人。

2. 安排学习步骤

【案例 3-9】

兰特的长期学习计划

兰特中学毕业时，他的父亲就发现他具有特殊的商业天赋：机敏果敢，敢于创新。但他缺乏社会阅历，尤其重要的是缺乏知识。父亲与他长谈了一次，并和他一起制定了一个能帮助兰特成为商界精英的长期学习计划。这个计划将兰特的学习生涯分为四个阶段。

第一阶段：攻读理工科学士

通过在哈佛大学攻读最基础、最普通的机械制造专业，兰特具备了做商贸必备的专业知识，了解了产品性能、生产制造情况，培养了知识技能，建立了一套严谨的逻辑思维体系，还形成了脚踏实地的工作态度。

在这四年中，兰特还广泛选修了其他专业课程，如化学、建筑、电子等。这些知识为他后来的商业活动创造了难以估量的价值。

第二阶段：攻读经济学硕士

通过在哈佛大学 3 年经济学硕士的学习，他了解了影响商业活动的众多因素，懂得了商业的社会地位和作用，掌握了经济学的基本知识。在这 3 年的学习中，他还认真学习了经济法，并将主要精力放在管理知识的学习上。

第三阶段：积累社会阅历

离开哈佛后，兰特并没有急着去经商，而是先做了 5 年政府公务员。5 年的时间，使兰特从一个稚嫩的青年成长为一个深谙世故的公务员，在环境的压迫下，他树立起强烈的自我保护意识，并广泛结交各界人士，建立起一套关系网络。他非常善于利用这些网络来获得丰富的信息和便利条件。

第四阶段：掌握商情，熟悉业务

兰特辞去公务员的工作，应聘到了一家国际性的大公司。通过在这里两年的锻炼，在掌握了丰富的商情与商务技巧之后，他谢绝了公司的高薪挽留，自己开办了一家商贸公司，开始了梦寐以求的经商生涯。

兰特的这四个学习阶段共用了 14 年的时间，每个阶段目标明确、任务具体。由于他在制订计划之前，对自己将来的发展目标定位准确，每个阶段的学习都是以总的目标所需要具备的素质作为出发点，科学规划，合理安排。因此，当计划完成后，兰特已经具备了成功商人所应具备的所有条件。他的公司经营得非常出色。他不仅有自己的游艇，在著名的贝佛利山庄有自己的别墅，他的身影常常出现在地中海、夏威夷阳光海滩上。现在他又根据自己的情况制定了新的学习计划，我想，在他这个新计划完成之后，一定会取得比现在更高的成就。

（360doc 个人图书馆，http://www.360doc.com/content/11/1124/15/2156774_167034443.shtml）

从兰特的长期学习计划中，我们可以了解到，制定了长期的学习计划，自己每年、每月，甚至每天都有可以遵循的行动轨道，这条轨道会激发你更加主动地学习。

（三）执行学习计划

执行计划或许比制订计划更难，因为人都有惰性，我们习惯于给自己找借口，习惯于对自己失信，习惯于为自己的行为开脱。而成功不仅在于行动，更在于持之以恒。

1. 严格要求自己

执行计划是意志力体现。坚持执行计划可以磨炼你的意志力，而意志力经过磨练，学习收获又会增加。在执行过程中，不断发现自己成功的方面，用成功来激励自己。

【案例 3-10】

台塑王永庆的坚持

每一个成功者的背后，都会付出许许多多的艰辛。“台湾塑胶大王”王永庆在无数困难前成功，离不开他坚忍不拔的努力，这一点从王永庆每天的晨跑就可以看出来。从 1978 年 8 月起，王永庆坚持每天清晨 4 点钟起床晨跑，不论再冷的天或者刮风下雨，都从来没有间断过，即使他身在国外，甚至生病也不例外。王永庆自己也说跑步很苦也很枯燥，但是为了锻炼强健的体魄，就必须持之以恒地做下去。久而久之，就会感觉像是日常的工作之一，而不觉得辛苦了。他认为人生也像跑步一样，要每天不断地练习。冬天顾客少，则需要用全力去推销，而且要严格地控制成本、节省费用、加强服务，千方百计来争取顾客。这样，一点一滴地积累经验，等夏天一到，发展的机会到了，力量便一下子壮大起来。而且，经历了冬天的困境，夏天即使有竞争者也就不怕了。此时你会认为冬天的辛苦没有白费，获得的欣慰也更多些。这就像运动流汗后会浑身舒畅；肚子饿了，食物的味道特别鲜美一样。享受也同样如此，享受是附在工作之上的，疏忽工作而一味地追求享受，其结果是没有真正的快乐可言的。

（于丹著：《于丹讲孔子的忠恕之道》，中国长安出版社，2006，136 页）

2. 先做重要事情

完成计划时有一个重要原则，也是一个十分有效的方法，就是先做最重要的事情。譬如说今天只有一个小时的可支配时间，有两项待完成的任务：看一本重要的专业书、阅读一本用于休闲的通俗小说，那么就应先完成对你来说最重要的任务。每天晚上都应该对次日最重要的事情了如指掌，把最重要的几件事写下来，然后一件一件去执行。由于你把最重要的事情先做完了，有效利用了时间，就会很有成就感，而不会焦虑。

如果你发现每天都做了很好的计划，结果一天结束，真正要做的事情没有完成，无关紧要的事情却做了很多。如果你发现自己总是不能很好地完成自己的计划，亦或是每天都缺乏行动的力量。很有可能，你没有认识到时间管理的精髓，那就是永远先做最重要的事情。

我们可以把一天要做的事情列举出来，按照轻重缓急分类，可以分成 A、B、C、D 四类，如表 3-2 所示。

表 3-2　任务分类

类别	任务性质	相关事宜
A 类	重要且紧迫的任务	如各学科期末考试内容复习，明天要交的作业等
B 类	重要但不紧迫的任务	如学习一门外语，增进人际关系，提高演讲能力等
C 类	不重要但紧迫的任务	如突然接到电话，来了临时访客，出现紧急情况等
D 类	不重要且不紧迫的任务	如读一本小说，看看报纸等

3. 及时检查效果

在执行学习计划的过程中，定期不定期地对执行情况进行自我评价和检查，可以掌握计划执行的得失，明确自己制订的学习计划是否科学、合理、可行。如果学习效果不好，应该查找原因、分析对策。如果发现不足之处，应及时调整学习计划，从而提高学习效果。

二、管理学习时间

唐代杰出的书法家颜真卿曾赋诗："三更灯火五更鸡，正是男儿读书时。黑发不知勤学早，白首方悔读书迟。"这首诗告诉我们：要成才，必须珍惜时间，勤学苦练，努力吸收各种知识营养。

可是，我们的时间都去哪儿了？忙碌的一天，你是否在纷繁复杂的忙碌中消耗着宝贵的时间和精力呢？这个事情也没做？那个活动也没时间去参加？而当你觉醒时，已为时晚矣。所以，要善于利用每一天的时间，提高人生的效率和质量。时间弥足珍贵，我们不能绝对地延长寿命，但可以通过管理时间的好习惯，来相对地将生命延长，扩展生命内涵。

【案例 3-11】

你每分每秒都要做最有生产力的事情

每个人每一天都有 86 400 秒，如果你把每天的 86 400 秒换算成 86 400 块钱，这些钱当天不用就会蒸发掉，你会怎样支配你的钱？

是全部送给上帝，还是尽情享受，不顾明天，或者是把这些钱用来做最有价值、最有保障的投资——学习知识。学习知识这种智力投资是最明智、最有效、最保险的投资方式。

世界成功学大师安东尼·罗宾说："你每分每秒都要做最有生产力的事情。"

以下这些数字是著名作家冰心80岁生日那天算的：

80×365=29 200；

29 200×24=700 800；

700 800×60=42 048 000；

42 048 000×60=2 522 880 000。

冰心说，人的一生如活80岁，就由这十位数的秒组成。而现在你已经提取了许多时日，在你生命库存中也许只剩下九位数、八位数，甚至更少。

很多人没有像作家这样给自己算过账，没有哪一位能准确无误地把自己过了几位数说出来。我们很多人在消费的时候，把账算得很细，几元几角几分，可人生也是经营，为什么我们不认真地算一算人生这笔账呢？如果你想要在35岁前成功，如果你25岁选定目标，那么你只有10×365=3 650天的时间可以支配；如果你30岁选定目标，那么你只有5×365=1 825天可以利用。因此，你一定要在创造力最强的这几年，抓紧每一天，尽早成功。

（王道华著：《学商：学习心理、学习方略、学习能力》，暨南大学出版社，2008，205页）

（一）明确价值观

约瑟夫·坎贝尔说："你知道什么是沮丧吗？那就是当你花了一生的时间爬梯子并最终达到顶端的时候，却发现梯子架的并不是你想上的那堵墙。"我们忙忙碌碌一生，有多少人了解自己到底在追求什么，什么是对自己最重要的？

人生所有的成功和快乐都来自价值观的明确。每个人心中都深切渴望能过自己想要的生活，当你能够明确自己的价值观，并且按照自己的价值观过每分每秒时，你会看到自己每天都精力充沛、充满激情地投入生活，听到内心自我肯定的声音，时常感受到强烈的成就感，且内心平和而安详。然而，这一切的基础是清楚知道自己的价值观是什么。

如果现在有人问你是否知道自己最重要的价值观，你能回答吗？我们往往很难判断自己的价值观，部分原因是它们深藏在人的潜意识里，一时很难找到合适的话语加以描述。下面是七个可以帮助你认清自己价值观的问题。

(1)当你没有任何压力的时候，最想做什么事情？

(2)如果你只能活6个月了，你会如何度过？

(3)如果你去世，最高兴的是自己做成了哪件事情？在你去世后，你最希望别人如何评价你？

(4)当你感觉内心非常平和的时候，你正在做些什么？

(5)你经常想总有一天你会成为一个什么样的人？你经常想总有一天你会从事什么事业？

(6)上述的哪条反映了你的真正愿望，而不是你认为应该做的，或者是别人希望你去做的？

(7)此生有什么事情会让你痛苦？

回答完这些问题后，请把答案写下来，因为在这些答案里很可能暗示着对你很重要，但你一直很少或没有采取任何行动的价值观。

当你明确了自己的价值观后，肯定会马上有一种美妙的感觉，瞬间兴奋起来，因为你明白了什么才是生命中真正重要的。如果你希望拥有成功人生，收获快乐与幸福，请你找出自己生命中最重要的价值，然后依照自己的核心价值来分配好时间，这正是时间管理的根本所在。

(二)严格完成时限

1958年,英国历史学家、政治学家西里尔·诺斯古德·帕金森(Cyril Northcote Parkinson)通过长期调查研究,出版了《帕金森定律》(Parkinson's Law)一书。帕金森经过多年调查研究,发现一个人做一件事所耗费的时间差别如此之大:他可以在10分钟内看完一份报纸,也可以看半天;一个忙人20分钟可以寄出一叠明信片,但一个无所事事的老太太为了给远方的外甥女寄张明信片,可以足足花一整天,找明信片一个钟头,寻眼镜一个钟头,查地址半个钟头,写问候的话一个钟头零一刻钟……特别是在工作中,工作会自动地膨胀,占满一个人所有可用的时间,如果时间充裕,他就会放慢工作节奏或是增添其他项目以便用掉所有的时间。你有多少时间完成工作,工作就会自动变成需要那么多时间。

如果一项学习任务刚好需要一周时间完成,也计划在一周内完成,学习者往往会紧张学习,很少有人不能完成任务;而如果规定在一个月内完成,人们通常会将这个任务拖到快一个月时再加紧学习,很少有人提前完成;如果这项任务没有期限,人们就会拖拖拉拉,甚至忘得一干二净。

时间期限是对时间的预算,它如同开支预算,是很有必要和非常有效的工具。开支预算可以避免你进行冲动性消费,而时间预算可以强迫你在有效时间内完成最重要的事情。时间有限也很宝贵,珍惜时间,提升效率,这对我们的工作和学习都非常重要。

(三)遵循二八定律

二八定律又名80/20定律、帕累托法则、最省力的法则、不平衡原则等,被广泛应用于社会学及企业管理学等,在生活中有如下体现:

(1)20%的人成功,80%的人不成功;

(2)20%的人买时间,80%的人卖时间;

(3)20%的人计划未来,80%的人早上起来才想今天干什么;

(4)20%的人明天的事情今天做,80%的人今天的事情明天做;

(5)20%的人相信自己会成功,80%的人不愿改变环境。

在职场中,我们都希望利用最短时间产生最大效益。很多企业管理者养成了善用时间的习惯,用80%的时间来做20%最重要的事情。他们从不在无谓的事情上浪费时间。在海尔,张瑞敏推行一种名为"OEC(Overall Every Control and Clear)"的管理方法。"OEC"管理法也可表示为"日事日毕、日清日高",即当天的工作当天完成,每天工作要清理并要每天有所提高。"OEC"管理法由三个体系构成:目标体系、日清体系、激励机制。首先确立目标;日清是完成目标的基础工作;日清的结果必须与正负激励挂钩才有效。

珍惜时间,管理时间,把更多的时间用在最重要的地方。时间多了,机会就多;机会的增加,必然促成目标的早日实现,生命就得以延续。善用时间,正是善用自己的生命。

三、培养学习兴趣

兴趣就是指带有某种强烈倾向性的求知欲望,是促使自己从事某项学习、解开某个奥秘的不可遏制的力量。学习兴趣是学习力中最充沛、最快乐、最轻松、最美好、最活泼的品质。在兴趣引导下,你会精神振奋、思维活跃、目标专一、不知疲倦地执著追求。研究发现,如果一个人对他所学习的科目有兴趣，那么他的学习积极性就非常高，就能发挥他全部力量的70%～80%；反之，积极性就会很低，只能发挥他全部力量的20%～30%。

【案例3-12】

达尔文的《物种起源》

达尔文从小就对大自然充满了浓厚的兴趣，这种兴趣激发了他去探索大自然奥秘的极大热情。他开始到郊外收集各种动植物，然后认真地制作成标本。中学毕业后，达尔文应父亲的要求去了爱丁堡大学学习医学，因实在没兴趣而中断了学业，后来又转入剑桥大学学习神学。但达尔文仍然把大量的时间和精力花在了阅读生物学书籍和采集动植物标本上。他曾在自传中回忆说："在剑桥的时候，没有一项工作比收集甲虫使我更为热心，更感兴趣了。"后来，也正是这种对生物学的强烈兴趣驱使他在1883年登上"贝格尔"号军舰，开始了举世闻名的环球考察，最终出版了他的巨著《物种起源》

(360doc 个人图书馆，http://www.360doc.com/content/11/0512/07/4378555_116103779.shtml)

学习兴趣既可以改变，又可以培养，具有很强的"可塑性"。德国大音乐家贝多芬幼年时期对音乐并不是很感兴趣，他父亲聘请当时最有名的音乐家来教他钢琴和小提琴，并经过他自己的刻苦努力，才对音乐产生了兴趣，终于成为举世闻名的音乐大师。

现实生活中，并不是一切都可以做到富有趣味，其中必然会有而且是应该有一些枯燥的东西。显然，对于那些我们兴趣不大，而又必须学习的东西，只有设法培养起自己的学习兴趣。

我们要弄清外界输入的哪些信息可以使自己发生兴趣，或者说发生兴奋及愉快的感觉，哪些信息又会使自己抑郁或感到厌烦。有意识地输入前者、排斥后者，是培养学习兴趣的根本原则。

(1)新鲜的刺激比重复的刺激更容易使人兴奋。在一切学习活动中，初学者往往是从模仿开始，好像是小孩子学走路。由于入门是一个飞跃，从未知到知，从不会到会，最初模仿的东西都是新鲜的，自然有一番趣味。但是，如果模仿性的学习持续太久，那么兴趣就要衰减。所以，在学习时，要不断提出新问题，或者不断显露出问题的某个新方面。这会使自己受到新鲜刺激，从而使兴趣油然而生。

(2)生动形象的东西比平淡、抽象的东西有趣。当遇到平淡无味而又必须学习的东西时，如果把它们与生动活泼的学习形式相结合，则能提高学习的兴趣。现在，在学习外语时，从唱外语歌、听外语唱片开始，往往能收到很好的效果。记外语单词本来是十分枯燥乏味的事，但它一旦与音乐相结合，就显得非常轻松，能给人以愉快、舒畅的感觉。

(3)节奏感强的东西比单调的东西有趣。给一些文章谱上节奏感极强的曲子，用这种方式来培养阅读兴趣。如果遇到了一篇比较晦涩的文章，你也可以试着给它谱曲，通过韵律与节奏来提高自己的兴趣。

(4)真实的东西比虚假、遥远的东西有趣。在创设的环境中灵活运用学到的知识，当自己步入“逼真”的环境之中时，就会不再以学习为苦事了。

(5)学习内容的难度与原有知识水平相适应。原有知识水平高的人看太浅而易懂的书，因为看不到多少新的信息，也就不会感兴趣；相反，原有知识水平低的人去看太难的书，因为过分地吃力、紧张，就容易过早感到疲倦，亦很难激起兴趣。

(6)学习内容与实际需要相适应。学习的目的是为了应用。当自己要学的科目很多或者想看什么书难以决定时，从自己最需要的地方下手，兴趣很快就会培养起来。比如，我们觉得自己最需要什么知识，就马上到图书馆去寻找有关的书籍。如有可能再想办法买到这些书籍。抓住一两天自己求知欲望最强的时间，从头到尾耐心地读下去。日积月累，不但能读到很多书，而且兴趣会越来越大。

从自己最需要的地方下手，之所以有助于兴趣培养，一是因为目标明确而且近在咫尺，注意力容易集中；二是因为它见效快，当看到自己已经能用所学的知识解决问题时，学习者就会兴趣倍增。

四、掌握学习方法

方法是人们达到预期目标的一种有效手段或途径，学习方法就是人们在学习中获取知识和技能而采用的手段和途径。

法国哲学家笛卡尔认为：“最有价值的知识是关于方法的知识。”正所谓“工欲善其事，必先利其器”，学习方法的好坏直接影响到学习效果。心理学研究表明：95%的人智商介乎于70～130的标准范围，只有2.5%的人智商低于70。因此，智力绝不是决定因素，关键在于学习方法。学会学习，掌握方法，才能事半功倍。

那么，我们应该掌握哪些方法呢？古今中外的许多名家学者之所以成功，与他们掌握科学、有效的学习方法是密不可分的，这些方法或许值得我们学习借鉴。

文学家欧阳修的“三上法”：马上，枕上，厕上。

理学家朱熹的“三到法”：读书有三到，即心到、眼到、口到。

历史学家陈恒的“读目法”：读书先读目录，心中有数。

文学家伏尔泰的“再读法”：重新读一本旧书，就仿佛与老友重逢。

教育家孔子的“学思结合法”：学而不思则罔，思而不学则殆。

思想家孟子的“独立思考法”：尽信书不如无书。

小说家巴尔扎克的“反问法”：打开一切科学的钥匙是问号。

作家列夫·托尔斯泰的“思维法”：只有靠积极思维得来的才是真正的知识。

心理学家洛克的“多少法”：学识广博的诀窍是一下子不要学很多的东西。

生理学家巴甫洛夫的“循序渐进法”：要想一下全知道，就意味着什么也不会知道。

学问家王盛鸣的“竭泽法”：知识如鱼，目录如网，要学会用网在书海中打捞。

天文学家哥白尼的“合精法”：要善于集合相近学科的理论精华。

教育家布鲁纳的“兴趣法”：学习的最好刺激，乃是对所学材料的兴趣。

国学家章学诚的“切己法”：不切己者，虽泰山而不顾。

科学家巴斯德的“坚持法”：使我达到目的的奥秘是我的坚持精神。

短篇小说家马克·吐温的“专注法”：只要能专注，就能取得连自己都会吃惊的成就。

史学家顾炎武的“新旧法”：每年用三个月复习旧知识，其余时间学新书。

数学家华罗庚的“读一本书，要越读越薄”：把书里的理论方法弄得十分透彻烂熟，将精华留在脑子里。

科学家培根的“酿蜜法”：我们不应该像蚂蚁一样单只收集，也不应该像蜘蛛一样光会在肚里抽丝，而应该像蜜蜂一样采百花酿甜。

在学习方法方面，前人给我们留下了宝贵的财富，总结出了很多值得借鉴的方法，除了上面列举的这些，还有诸如“三到”“四边”法(心到、眼到、手到，边看、边批、边划、边写)、结构学习法、比较学习法等。学习方法之多，可谓不胜枚举。

五、评估学习效果

孔子说：“吾日三省吾身。”一个人要提升学习能力，需要不断地自我评估，了解方法是否正确，行动路径是否合理，不断提高学习效率，从而真正进步。我们要了解自己的学习方式和学习风格，学会评估自己的学习特征，总结成功的经验和失败的教训，才能够有所收获。

(一)评估学习效果的种类

1. 形成性评估

形成性评估也叫进度评估，是对学习过程进行的评估。

(1)了解学习效果，回收关于学习结果的信息。

(2)明确学习的目标，联系目标预期，通过对比进行检查。

(3)做出评价性的结论。

(4)归因分析。

(5)提出改进和补救措施。

2. 终结性评估

(1)评价目标是否达到，计划执行情况，测试的结果，考试成绩或评定的等级。

(2)对学习过程的表现进行评价，如是否努力、状态是否良好、方法是否科学有效。

(3)归因分析。

(4)提出改进和借鉴意见。

(二)评估学习效果的方式

1. 为了各种考试的学习

你可以通过练习、作业或者模拟测试的方式来进行自我评估。

2. 非考试类的学习

这类学习的效果评估可以从现有问题是否解决，工作效率是否提高，工作业绩是否增加这三个方面来进行评估。

【自我测试】

所罗门学习风格自测问卷表

这一测评问卷是教育领域比较有权威的一种测试方式，它能够让你清楚自己的学习风格。

1. 为了较好地理解某些事物，我首先______

A. 试试看　　B. 深思熟虑

2. 我办事喜欢______

A. 讲究实际　　B. 标新立异

3. 当我回想以前做过的事，我的脑海中大多会出现______

A. 一幅画面　　B. 一些话语

4. 我往往会______

A. 明了事物的细节但不明其总体结构

B. 明了事物的总体结构但不明其细节

5. 在学习某些东西时，我不禁会______

A. 谈论它　　B. 思考它

6. 如果我是一名教师，我比较喜欢教______

A. 关于事实和实际情况的课程

B. 关于思想和理论方面的课程

7. 我比较偏爱的获取新信息的媒体是______

A. 图画、图解、图形及图像　B. 书面指导和言语信息

8. 一旦我了解了______

A. 事物的所有部分，我就能把握其整体

B. 事物的整体，我就知道其构成部分

9. 在学习小组中遇到难题时，我通常会______

A. 挺身而出，畅所欲言　　B. 往后退让，倾听意见

10. 我发现比较容易学习的是______

A. 事实性内容　　B. 概念性内容

11. 在阅读一本带有许多插图的书时，我一般会______

A. 仔细观察插图　　B. 集中注意文字

12. 当我解决数学题时，我常常______

A. 思考如何一步一步求解

B. 先看解答，然后设法得出解题步骤

13. 在我修课的班级中______

A. 我通常结识许多同学　　B. 我认识的同学寥寥无几

14. 在阅读非小说类作品时，我偏爱______

A. 那些能告诉我新事实和教我怎么做的东西
B. 那些能启发我思考的东西
15. 我喜欢的教师是______
A. 在黑板上画许多图解的人
B. 花许多时间讲解的人
16. 当我在分析故事或小说时，我偏爱______
A. 我想到各种情节并试图把他们结合起来去构想主题
B. 当我读完时只知道主题是什么，然后我得回头去寻找有关情节
17. 当我做家庭作业时，我比较喜欢______
A. 一开始就立即做解答　　B. 首先设法理解题意
18. 我比较喜欢______
A. 确定性的想法　　B. 推论性的想法
19. 我记得最牢是______
A. 看到的东西　　B. 听到的东西
20. 我特别喜欢教师______
A. 向我条理分明地呈示材料
B. 先给我一个概貌，再将材料与其他论题相联系
21. 我喜欢______
A. 在小组中学习　　B. 独自学习
22. 我更喜欢被认为是______
A. 对工作细节很仔细　　B. 对工作很有创造力
23. 当要我到一个新的地方去时，我喜欢______
A. 要一幅地图　　B. 要书面指南
24. 我学习时______
A. 总是按部就班，我相信只要努力，终有所得
B. 我有时完全糊涂，然后恍然大悟
25. 我办事时喜欢______
A. 试试看　　B. 想好再做
26. 当我阅读趣闻时，我喜欢作者______
A. 以开门见山的方式叙述　B. 以新颖有趣的方式叙述
27. 当我在上课时看到一幅图，我通常会清晰地记着______
A. 那幅图　　B. 教师对那幅图的解说
28. 当我思考一大段信息资料时，我通常______
A. 注意细节而忽视概貌　　B. 先了解概貌而后深入细节
29. 我最容易记住______
A. 我做过的事　　B. 我想过的许多事
30. 当我执行一项任务时，我喜欢______
A. 掌握一种方法　　B. 想出多种方法
31. 当有人向我展示资料时，我喜欢______

A. 图表　　　　　　　　　　B. 概括其结果的文字

32. 当我写文章时,我通常______

A. 先思考和着手写文章的开头,然后循序渐进

B. 先思考和写作文章的不同部分,然后加以整理

33. 当我必须参加小组合作课题时,我要______

A. 大家首先“集思广益”,人人贡献主意

B. 各人分头思考,然后集中起来比较各种想法

34. 当我要赞扬他人时,我说他是______

A. 很敏感的　　　　　　　　B. 想象力丰富的

35. 当我在聚会时与人见过面,我通常会记得______

A. 他们的模样　　　　　　　B. 他们的自我介绍

36. 当我学习新的科目时, 我喜欢______

A. 全力以赴,尽量学得多学得好

B. 试图建立该科目与其他有关科目的联系

37. 我通常被他人认为是______

A. 外向的　　　　　　　　　B. 保守的

38. 我喜欢的课程内容主要是______

A. 具体材料(事实、数据)　B. 抽象材料(概念、理论)

39. 在娱乐方面,我喜欢______

A. 看电视　　　　　　　　　B. 看书

40. 有些教师讲课时先给出一个提纲,这种提纲对我______

A. 有所帮助　　　　　　　　B. 很有帮助

41. 我认为只给合作的群体打一个分数的想法______

A. 吸引我　　　　　　　　　B. 不吸引我

42. 当我长时间地从事计算工作时______

A. 我喜欢重复我的步骤并仔细地检查我的工作

B. 我认为检查工作非常无聊,我是在逼迫自己这么干

43. 我能画下我去过的地方______

A. 很容易且相当精确　　　　B. 很困难且没有许多细节

44. 当在小组中解决问题时,我更可能是______

A. 思考解决问题的步骤

B. 思考可能的结果及其在更广泛的领域内的应用

你在做完以上自测题后,请在表3-3适当的地方填上“1”(例:如果你第3题的答案为A,在第3题的A栏填上“1”;如果你第15题的答案为B,在第15题的B栏填上“1”)。

1. 计算每一列总数并填在总计栏地方。

2. 这4个量表中每一个,用较大的总数减去较小的总数,记下差值(1到11)和字母(A或B)。例如:在“活跃型/沉思型”中,你有4个“A”和7个“B”,你就在那一栏的最后一行写上“3B”(3=7-4,并且因为B在两者中最大);若你在“感悟型/直觉型”中,你有8个“A”和3个“B”,则在最后一栏记上“5A”。

表3-3　所罗门学习风格自测问卷统计表

活跃型/沉思型			感悟型/直觉型			视觉型/言语型			序列型/综合型		
问题	A	B	问题	A	B	问题	A	B	问题	A	B
1			2			3			4		
5			6			7			8		
9			10			11			12		
13			14			15			16		
17			18			19			20		
21			22			23			24		
25			26			27			28		
29			30			31			32		
33			34			35			36		
37			38			39			40		
41			42			43			44		
总计			总计			总计			总计		
（较大数－较小数）＋较大数的字母											

解释：每一种量表的取值可能为11A、9A、7A、5A、3A、A、11B、9B、7B、5B、3B、B中的一种。其中字母代表学习风格的类型不同，数字代表程度的差异。若得到字母“A”，表示属于前者学习风格，且“A”前的系数越大，表明程度越强烈；若得到字母“B”，表示属于后者学习风格，且“B”前的系数越大，同样表明程度越强烈。例如：在“活跃型/沉思型”量表中得到“9A”，表明测试者属于活跃型的学习风格，且程度很强烈；如果得到“5B”，则表明测试者属于沉思型的学习风格，且程度一般。在“视觉型/言语型”量表中得到“A”，表明测试者属于视觉型的学习风格，且程度非常弱；如果得到“3B”，则表明测试者属于言语型的学习风格，且程度较弱。

【拓展训练】

一、过去、现在、未来

目的：认识自我，探索学习方式的变化。

时间：30分钟。

准备：每人1张表、1支笔。

操作

1. 每人1张表，先思考后填写。

2. 填写完毕，在小组内分享，然后在班级交流感受。

引导讨论：在人生发展的各个阶段，由于学习材料和我们自身接受能力的不同，所采用的学习方法也会有所不同，只有找到适合自己、适合所学专业的学习方法才能不断进步，提高学习成绩。

当我初中三年级时：

学习目标____________________________________

学习兴趣____________________________________

学习问题____________________________________

学习方式____________________________________

当我高中三年级时：

学习目标____________________________________

学习兴趣____________________________________

学习问题____________________________________

学习方式____________________________________

我的现阶段：

学习目标____________________________________

学习兴趣____________________________________

学习问题____________________________________

学习方式____________________________________

想象十年后：

学习目标____________________________________

学习兴趣____________________________________

学习问题____________________________________

学习方式____________________________________

二、时间馅饼

目标：培养学习时间管理能力。

时间：50 分钟。

准备：每人 1 张纸、1 支笔。

操作

1. 每个人按自己所写向大家介绍自己的时间安排和认为所做每一件事对自己的价值，有没有其他可能的安排方式。

2. 如果要重新安排时间，你将如何安排一天的时间。每人画一个圆形，然后将圆分割，表示自己的时间安排情况。

3. 小组内讨论各自的时间安排情况，并讨论出一种大家普遍认同的安排方案，然后让组员扮演安排的事项，给大家一个直观的时间安排方案（例如有 3/8 的同学扮学习，3/8 的同学扮休息，1/8 的同学扮休闲，1/8 的同学扮娱乐）。扮演某事项的同学做动作让其他成员理解该事项是什么。

引导讨论：鼓励大家经常定时间规划，大时间有大规划，小时间有小规划。

三、认知监控问卷

请根据你的实际情况进行选择。A 表示"符合"；B 表示"不符合"。

1. 我清楚自己偏爱哪种学习方法。

2. 每学期初，我都会制订计划。

3. 我能为自己设定符合我自己的、富有挑战性的目标。
4. 我能对自己的学习负责。
5. 针对不同的学习内容，我选择不同的学习策略。
6. 我知道自己在学习上的长处与短处。
7. 我了解自己的天赋。
8. 我清楚自己哪些学科学起来比较容易，哪些学科学起来比较困难。
9. 我了解自己有哪些学习习惯，并知道其中哪些是好习惯，哪些不好。
10. 我知道自己一天中哪一时间最适合学习。
11. 我知道如何安排自己的学习时间。
12. 我会根据情绪状况调整我的目标和计划。

不符合的项目在今后的学习能力提升过程中需更重视及改进。

模块四　沟通能力

【情境导入】

永恒的半分钟

这是发生在吉林市的真实故事。一辆公交车在行驶途中，一名中年男子突然大叫："司机师傅，我的钱包丢了！"女司机王丽梅忙问是什么时候丢的。中年男子说他是前一站上的车，刚刚发现口袋里的钱包不见了。他焦急地说这钱是给老人治病用的，老人病得很重，急等钱做手术。

丢钱的男子和一些乘客建议："从上一站到现在中途没有停车，显然小偷仍在车上，干脆把车直接开到公安局去。"王丽梅想了想，把车停在路边，并锁上车门，说："乘客朋友们，谁家都有老人，谁挣钱也不容易，请捡到钱的乘客换位想想，如果丢救命钱的是你，你此刻的心情会怎样？捡钱的乘客，我作为本车的司机发自内心地请你把钱还给失主。如果你确实有困难，迫使你这样做，相信所有的乘客都会原谅你，但你今天一定要把钱还给失主。"见车内静了下来，王丽梅接着说："只要你把钱还给失主，我们大家不会令你难堪的。"这时，车内静得掉一根针都听得清。王丽梅接着对乘客说："请大家协助一下，我数一二三，大家闭上眼睛半分钟。捡钱的乘客不要把钱包扔在自己的脚下。"

半分钟后，大家睁开眼睛，奇迹出现了，钱包真的出现在车厢地板上。王丽梅激动地提议："乘客朋友们，让我们为'捡钱包'的乘客'拾金不昧'，为失主丢失的钱失而复得，并祝生病的老人早日康复，我们大家鼓鼓掌！"顿时，车上响起了经久不息的掌声。

（中国养老金网，http://www.cnpension.net/index_lm/2008-09-09/562398.html）

第一节　沟通能力概述

石油大王洛克菲勒曾说："假如人际沟通能力也是同糖或咖啡一样的商品的话，我愿意付出比太阳底下任何东西都高的价格购买这种能力。"这一句道出沟通的重要性。沟通不仅是一种基本的生存技巧，而且是人们实现理想的重要工具。沟通能力在很大程度上影响着我们的事业与生活。

一、人际沟通的含义

英国文豪萧伯纳说过："假如你有一个苹果，我也有一个苹果，而我们彼此交换苹果，那么你我仍然是各有一个苹果；如果你有一种思想，我也有一种思想，而我们彼此交换这些思想，那么我们每个人都将各有两种思想。"这段话生动地告诉了我们什么是沟通。

沟通是为了达到设定的目标，把信息、思想和情感在个人或群体之间传递，并且达成共同协议（共识）的行为过程。因为沟通是在人与人之间进行的，我们称之为人际沟通。

沟通要有明确的目标，这是沟通最重要的前提。有了明确的目标叫沟通，没有目标就是闲聊。人们与他人进行沟通，总是带着一定的目的：或是为了分享信息，以协调大家的行动；或是为了宣传劝说，以影响和改变他人的态度；或是为了娱人耳目，以愉悦人的心智；或是为了宣泄情感，以求得精神安慰，等等。

沟通结束后一定要形成一个双方或多方都共同承认的协议（共识）。沟通是否结束的标志就是是否达成了协议（共识），如果没有达成就是沟而不通。人际沟通不仅仅是信息本身的传递交流，更重要的是沟通双方可以借助信息在心理和行为上相互影响，结果可能使双方的思想、感情、态度、行为以及相互关系等发生改变，这是人际沟通的一个突出特点。也就是说，沟通的内容不仅仅是信息，还包括更重要的思想和感情。

人与人的沟通过程包括信息发送者、信息接收者、信息、信息通道、信息反馈等五个基本因素。

（一）信息发送者

信息发送者也称信息源，是拥有信息并具有沟通动机的人。任何一次沟通都必然存在传送者和接收者，他们是沟通的主体。在一些沟通过程中，每个参与者都既是传送者也是接收者。

（二）信息接收者

信息接收者就是接收信息的人。信息接收者收到信息后，必须根据自己掌握的知识经验来分析和还原信息的意义，即进行译码，以便自己能够理解它们。

（三）信息

信息即沟通的具体内容，不论是什么信息，在被发送之前，发送者都必须采用恰当的文字、图像、声音、图形、色彩、数字、动作等对它们进行组织，即编码，以便让其他人能够接受和理解其意义。

（四）信息通道

信息通道即传递信息所使用的载体或媒介，如发音和表情器官、电话、广播、电视、报纸、广告、信件、互联网等。

（五）信息反馈

在现代生活中，人际沟通多为双向沟通，信息在沟通双方之间会进行多次往返，这种回返过程就叫做信息反馈。反馈使人际沟通成为一个社会互动过程，每个人都是主动参与者，交替扮演信息发送者和信息接收者的角色，可以对沟通过程进行及时调控。

二、人际沟通的类型

根据沟通符号的种类，我们将人际沟通分为语言沟通和非语言沟通。语言沟通是指运用语言符号进行信息交流，传递思想、情感、观念和态度，达到沟通目的的过程。非语言沟通主要指说和写（语言）之外的信息传递，包括手势、身体姿态、音调（副语言）、身体空间和表情等。非语言沟通与语言沟通往往在效果上互相补充。有人认为，在人所获得的信息总量中，语词的只占了7%，声音的占了38%，而来自于身体语言，主要是面部语言的信息大约占了55%。

按照组织管理系统和沟通体制的规范程度，沟通可分为正式沟通和非正式沟通。正式沟通是通过组织明文规定的渠道进行信息的传递和交流。例如，组织规定的汇报制度，定期的或不定期的会议制度，上级的指示按组织系统逐级向下传达，或下级的情况逐级向上反映等，都属于正式沟通。非正式沟通是指在正式沟通渠道之外进行的信息传递和交流。例如，企业职工之间私下交换意见，议论某人某事，个人之间的谈心活动，传播小道消息等，都属于非正式沟通。

按照沟通中信息的传播方向，可以将沟通分为上行沟通、下行沟通和平行沟通。上行沟通是指下级的意见、情况向上级反映。例如，召开职工座谈会，设立意见箱，建立定期的汇报制度等，都是保持上行沟通渠道通畅的方法。下行沟通是指上层领导把有关指示、意见、决议以及组织目标、规章制度、工作程序等向下传达。平行沟通是指各平行组织之间的信息沟通。如领导班子成员之间、各科室或各车间之间的沟通。

按信息发送者与信息接收者的地位是否变换，可以将沟通分为单向沟通和双向沟通。单向沟通是指信息流的单向流动，例如作报告、发指示、作讲演、布置工作任务等。双向沟通是指信息流的双向流动，例如互相交谈、协商、讨论、谈心等。

三、人际沟通的意义

2005年，美国著名的克莱恩咨询公司进行了一项调查，在讨论世界五百强企业家成功的因素时，300位较成功的企业管理者中，85%的人认为自己之所以成功，是因为他们沟通和人际关系的能力超人一筹，他们善于沟通，善于协调，善于把自己的理念、思维传递给他人，从而寻求到相应的帮助；而只有15%的人将成功归功于他的专业知识与他的运作技巧。

美国普林斯顿大学对1万份人事档案进行分析，结果发现："智慧""专业技术"和"经验"只占成功因素的25%，其余75%决定于良好的人际沟通。哈佛大学就业指导小组早在1995年的调查结果就显示：在500名被解职的男女中，因人际沟通不良而导致工作不称职者占82%。

人生无处不沟通，沟通对人一生的成长与发展具有重要意义。

(1)人际沟通是人社会生存的必要条件。社会性是人的本质属性，这个本质属性决定了每个人都必须参加社会的经济、政治、文化、教育等活动，在这些活动中才能获得和展现人所具有的社会性，才能成为真正意义上的"人"，而社会活动则必须依赖于人与人之间的沟通，否则不可能进行。

(2)人际沟通是建立和发展人际关系的必要条件。俗话说"远亲不如近邻"，这句话生动地说明了人际沟通与人际关系两者的联系。人们在相互沟通中相识、相交、相知，甚至于相依、相恋，建立、维系和发展着亲情、友情、爱情等丰富多彩的情感联系。

(3)人际沟通是形成自我意识的必要条件。人对于自己的认识并不完全是主观自生的产物，而更多的是在人际沟通中，通过感受、反省，比较他人对自己的认识和评价逐渐形成、发展的。一个学生想要确定自己的品学是否优秀，往往要以父母、老师、同学、朋友对自己的评价作为重要的参照点，这样得到的认识才比较客观全面。

能够有效沟通，意味着能够清楚而有说服力地传递信息、想法以及观点。在人们面前清楚地说明一个构想,并说服对方接受或赞成这一构想,是一种杰出的能力。这一能力是做好工作的基础,更是提高自己绩效的保证。优秀的沟通者永远能够吸引别人的注意力,能够明确表达自己的观点,能够在适当的时机把适当的信息传达给别人,这就是影响力。好的员工都具有好的沟通能力。他们不论在口头沟通还是书面报告中,总能清楚的表达自己的想法和观点,总能清楚地向下属传达公司的决策。良好的沟通能力保证了他所在的团队拥有明确的行动目标,具备快捷的反应能力和灵活性,从而保证了高绩效。

因此,企业十分注重员工的沟通能力。现代企业高效率的工作机制要求员工不仅具有基本的表达能力和写作技能,而且还要在沟通方面做得更加出色。如果你具有高超的沟通技能,能通过口头和书面语言有效地影响别人,就可以很容易地获得企业青睐。

安利公司在面试求职人员时,往往会问求职者最开心的事情是什么,如果求职者回答最开心的事就是和朋友聚在一起,做好吃的与朋友一起分享,那么这个人的求职过程就会变得简单和容易。安利公司认为做出这一回答的人,一定具备良好的团队精神和沟通能力。

【案例 4-1】

不善沟通丢掉理想工作

2010 年 7 月,某高职学院软件技术专业的 2 名 2008 级学生被上海微创软件公司预录取,安排在软件开发部门实习。11 月,公司将其调整到软件测试部门,2 人认为搞测试与专业不对口,却不与公司沟通,几天后默不吭声地离职。系领导获知消息后立即与公司沟通了解情况,原来公司调整他们的岗位是认为其具有测试方面的创意思维,且测试人员必须懂开发。这 2 名学生听到系领导反馈的信息后懊悔不已,便联系公司,表明心迹:想返回公司继续实习,很遗憾遭到拒绝。

【自我测试】

人际沟通能力自测

下列 16 道题请回答“是”或“否”。

1. 你是不是见了熟人,总觉得无话可说?
2. 你是不是喜欢和别人争执?
3. 你是不是常常说些犯别人忌讳的话?
4. 在与别人交谈时,你是否觉得自己的话常常不被别人正确理解?
5. 在与自己观点不同的人交流时,你是否会觉得对方的观点很怪异?
6. 在一次会议中,有人反对你的观点,你会认为那是针对你个人吗?
7. 在通知别人一件事情时,你喜欢用手机发短信代替打电话吗?

8. 在和别人交流时，你说话的时间是不是比别人多？

9. 感到不顺心时，你会把自己的苦恼逢人就讲吗？

10. 在众人聚会的场合，你喜欢把话题往自己身上扯吗？

11. 当你取得好成绩时，是否唯恐同学和好友不知道？

12. 你能不能把所有谈的问题，用各种不同的方式来谈，以适应不同的对象？

13. 你的声调是不是悦耳？

14. 在与人谈话时，如果你对正确理解别人的观点没有把握，你是否会请对方明确指示？

15. 你在开会和听课的时候，是否能够专心听讲，尽量理解讲话者所说的内容？

16. 你不同意一个人的谈话内容时，是否还会认真听下去？

测试结果分析：

1～11 题，回答"否"各得 1 分，回答"是"则不得分；12～16 题，回答"是"各得 1 分，回答"否"则不得分。

得 10～12 分，沟通能力基本合格，得 13～16 分，沟通能力较强。

（苏成勇，阮浩编著：《大学生职前综合训练指导》，高等教育出版社，2012，64－65 页）

第二节　达成有效沟通

很多人以为相互交谈，你说给我听，我也说给你听，便是沟通。其实这未必是沟通。沟通并不仅仅是说给人听，因为你说给别人听，别人不一定听得进去。首先，说给别人听，别人未必肯听；其次，你说得正确，别人不一定很了解；最后，就算真的了解，也不能保证按你的预期采取相应的行动，也就是不一定能达成协议（共识）。

沟通也不是听别人说。因为别人说了，你未必听。首先，别人说时，你未必认真地听了；其次，即使你认真地听了，未必听懂了；最后，即使你听懂了，却未必按照说者的要求照办。何况，你有时候会产生逆反心理：凭什么总是你说我听？为什么不能我说你听？

沟通没有对与错，只有"有效果"与"没有效果"之分。自己说得多"对"都没有意义，对方正确理解你传递的信息、感情等并做出预期的反馈才是目的。自己说什么不重要，对方听进什么才是最重要的。同样的话可以用不同的方式说出来，能使听者接受并照办，便是正确的方法和有效的沟通。

那么，如何实现有效沟通？

一、把握原则

沟通具有社会性，与其他社会活动一样，都有着必须遵循的规则。只有沟通双方都承认并尊重这些规则时，沟通才能协调、顺利地进行。

（一）主动原则

主动是沟通的核心。主动沟通更容易建立良性关系。英国著名管理学大师约翰·阿代尔在《人际沟通》一书中说："沟通能建立关系。你和别人沟通得越多，你们之间就越有可能建立起良性关系，反之亦然。"主动沟通者和被动沟通者的沟通状况有明显差异。研究表明，主动沟通者更容易与别人建立并维持广泛的人际关系，更可能在人际交往中获得成功。

【案例4-2】

日本政府的主动沟通化解危机

有一年,日本东京突遭台风袭击。由于东京很少有台风,这次台风又来得极为突然,以致造成整个东京交通瘫痪,地铁、电车等交通工具都停止了运营。当时东京的地铁站滞留了两三万人,大家都很着急。没多久,就听到广播里说:“各位乘客请注意,现在外面有暴风雨,交通完全中断。请各位不要着急,我们很快就会送来盒饭。”原来东京地铁站的工作人员向东京市政府紧急呼救,最终从全市所有做盒饭的餐厅紧急调来两三万份盒饭。

(余世维著:《有效沟通》,北京大学出版社,2009,12页)

对于台风的袭击,东京地铁站、东京市政府都是始料未及甚至有点措手不及,更不用说是乘客了。但即使是在这种突发事件之下,他们仍旧能够做到主动支援,积极地采取措施来应对,这种主动的精神是很可贵的。

(二)尊重原则

受尊重是人的高层次需要。俗话说“你敬我一尺,我敬你一丈。”你不尊重别人,别人也不会尊重你,结果彼此都不沟通、合作,达不到沟通目的。中国著名的文学、电影、戏剧作家夏衍先生可以说是尊重人的模范,临终前感到十分难受,身边的秘书说:“我去叫大夫。”正待秘书开门欲出时,夏衍艰难地说:“不是叫,是请。”随后便昏迷过去,再也没有醒来。

【案例4-3】

陶行知四块糖教育学生

陶行知先生在担任一所小学的校长时,有一次看到男生王友用泥块砸班上的同学,当即制止了他,并要他放学后到校长室去。

放学后,王友等在校长室准备挨训,陶行知却掏出一块糖果送给他,并说:“这是奖给你的,因为你按时来到这里,而我却迟到了。”王友惊异地接过糖果。随后,陶行知又掏出一块糖果放到他的手里,说:“这块糖也是奖给你的,因为当我不让你再打人时你立即就住手了,这说明你很尊重我。”

陶行知又掏出第三块糖果塞到王友手里,说:“我调查过了,你用泥块砸那些男生,是因为他们不守游戏规则,欺负女生。你砸他们,说明你很正直善良,有跟坏人作斗争的勇气!”王友感动极了,流着泪说:“我错了,我砸的不是坏人,而是自己的同学呀!”陶行知满意地笑了,说:“你能正确认识错误,我再奖你一块糖果,我的糖完了,我们的谈话也结束了。”王友怀揣着校长给的糖果离开校长室,此刻他的心情不难想象。

(网易新闻,http://news.163.com/11/0121/12/6QU03 V8 L00014AED.html)

（三）理解原则

由于人们在社会上所处的地位各异，其人生经历、思想观念、性格爱好、行为方式等不同，在沟通中对同一事物常表现出不同的情感和态度，尤其在涉及自身利益问题上，更会反映出从特定地位和立场出发的价值观念与利益追求，因而必定会给沟通带来许多复杂的矛盾和冲突。如果双方缺乏必要的相互理解，各执一端，互不相让，不仅会导致沟通失败，还会影响双方的感情，一切合作与互助就无从谈起了。

按照社会心理学的原理，理解原则首先是指沟通者要善于心理换位，尝试站在对方角度设身处地考虑、体会对方心理状态、需求与感受，以产生与对方趋向一致的共同语言。即使是最有效的发信者，传播最有效的信息内容，如果不考虑受信者的态度及条件，也不能指望获得最大效果。其次，要耐心、仔细倾听对方的意见，准确领会对方的观点、依据、意图和要求，这既可以表现出对对方的尊重和重视，也可更加深入地理解对方。

【案例4-4】

吴承仕巧劝章太炎

民国伊始，袁世凯就任临时大总统，其倒行逆施让章太炎忍无可忍。一日，章先生大闹总统府，从清晨至傍晚，将总统府上上下下一干人等悉数痛骂一通，并抡起手杖将府内器物砸个稀里哗啦，因此惹怒袁世凯，被幽禁在龙泉寺。章太炎愤而绝食，身体一天比一天羸弱。这令他的诸位高足弟子心焦不已。他们千方百计使章太炎改变死志，恢复进食。

一日，章太炎的弟子吴承仕、钱玄同等人急忙前去看望。从早到晚，弟子们一直劝先生进食。章太炎只是躺在床上，两眼翻白，一味摇头。无可奈何之下，吴承仕忽想起三国里的故事，便问："先生，你比祢衡如何？"

章太炎两眼一瞪，说："祢衡怎么能跟我比？"

吴承仕忙说："刘表要杀祢衡，自己不愿戴杀戮国士之恶名，而借黄祖之手。现在袁世凯比刘表高明多了，他不用劳驾黄祖这样的角色，叫先生自己杀自己！"

"什么话！"章太炎听到此处，翻身跳下床来。弟子们赶紧端出早已做好的荷包蛋，请老师吃了下去。章太炎的绝食就此停止。

（我的搜狐，http://dongfangyuedu. blog. sohu. com/236107911. html）

（四）相容原则

在沟通中难免会发生意见分歧，引起争论，有时还会牵涉一个人、团体或组织的利益。如果事无大小，动辄就激昂动怒，以针尖对麦芒，双方心理距离就会越拉越大，正常的沟通就会转化为失去理智的口角，这种后果显然与沟通的目的背道而驰。因此，沟通中心胸开阔、宽宏大量，把原则性和灵活性结合起来至为重要。只要不是原则性的重大问题，应力求以谦恭容忍、豁达超然的大家风度来对待各项工作中的分歧、误会和矛盾，以谦辞敬语、诙谐幽默、委婉劝导等与人为善的方式，来缓解紧张气氛、消除隔阂，这会使沟通更加顺畅并赢得对方的信任与尊重。

【案例 4-5】

六尺巷

据《桐城县志》记载,清代康熙年间文华殿大学士兼礼部尚书张英的老家人与邻居吴家在宅基问题上产生了争执,公说公有理,婆说婆有理,谁也不肯相让分毫。由于牵涉到宰相大人,官府和旁人都不愿沾惹是非,纠纷越闹越大,张家人只好把这件事告诉张英。

家人飞书京城,让张英打招呼"摆平"吴家。张英阅毕来信,只是释然一笑,挥起大笔,一首诗一挥而就。诗曰:"一纸书来只为墙(千里修书只为墙),让他三尺又何妨。长城万里今犹在,不见当年秦始皇。"张英将诗交给来人,命快速带回老家。家人看后甚感羞愧,便按相爷之意退让三尺宅基地,邻家见相爷家人如此豁达谦让,深受感动,亦退让三尺,遂成六尺巷。这条巷子现存于安徽省桐城市内,成为中华民族谦逊礼让传统美德的见证。

(桐城网,http://www.itongcheng.com/Tcp/MingShengJingDian/s1043.html)

二、用心倾听

(一)倾听的含义

倾听就是接受口头及非语言信息,确定其含义并对此做出反应的过程。

"倾听"与"听"是两个不同的概念。"听"是人体感觉器官接收响声的行为。换句话说,"听"是人的感觉器官对声音的生理反应。"听"只有声音,没有信息,即只要耳朵听到谈话,就是在听。听到并不意味着理解,它是被动的、自动的、自然的。倾听是一种情感活动,倾听虽然以听到声音为前提,但更重要的是我们对声音必须有所反应,必须有主动参与的过程。在这个过程中,我们必须接收、思考、理解,并做出必要的反馈。同时,倾听的对象不仅仅局限于声音,还包含理解别人的语言、手势和面部表情等。

在人际交往过程中,倾听是沟通的基础,是一种美德,是一种尊重,是一种与人为善、心平气和、谦虚谨慎的姿态。多听、多做、少说是一个人成熟的表现。苏格拉底曾经说过,自然赋予人类一张嘴,两只耳朵,也就是要我们多听少说。

(二)倾听的作用

倾听的作用主要有以下三点。

(1)获取信息。当你与别人交流时,你所说的都是你已经知道的,而当你倾听时,你是在学习别人已经知道的东西。在信息时代,每个人都是"信息源"。每个人的知识结构都不同,一个善于倾听的人,总是能从别人的谈话中获得新鲜的知识,了解新的信息,接受新的见解。交谈中有很多有价值的信息,有时只是说话者一时的灵感,对听者却是一种启发。世界上有不少发明是听来的。第一次世界大战时,法国的亚德里安将军到医院看望伤员。病房里,有人问另一个人:"当炮弹爆炸的时候,你是怎样保护头部的,一点也没有受伤?"这个人说:"当时呀,我急了!赶紧抓了个铁锅扣到了头上!"这句话让亚德里安将军心里不由得一动:如果让士兵们都戴上金属制作的帽子,那该多好!于是他授意这样去做,钢盔由此面世了。

(2)建立信任。心理研究显示,人们喜欢善听者甚于善说者。实际上,人们往往对自己的事更感兴趣,对自己的问题更关注,更喜欢自我表现。如果你愿意给他们一个机会,让他们尽情地说出自己想说的话,且认真倾听,他们会感到自己被重视、被欣赏,觉得你很尊重他,值得信赖。许多人不能给人留下良好的印象,不是因为他们表达得不够,而是由于他们或者急欲表达自己的见解,谈话时滔滔不绝,不管别人愿不愿听,或者不注意听别人讲话,别人讲话的时候,他们可能四处环顾、心不在焉,这样的人是不受欢迎的。

(3)了解他人。很少有人会把自己的内心世界完全暴露给别人,但也没有人能够不让自己的愿望和心理活动从言谈举止中流露出来。因此,力求了解他人的最好方式,除了观察,就是用心倾听。有的人在谈话中总爱说:“你懂不懂? 你明白吗?”这样的人大多自以为是,好为人师。有的人却总是担心别人误解自己,或是急于博取别人的信任,往往会说:“说真的,事情确实如此,我说的都是实话,一点不骗你。”有的人爱说:“这是我听别人说的,可别到处乱讲。”这是怕担责任,处事圆滑,凡事总是给自己留有余地的表现。由此可见,一个人的个性特征往往会从他的言谈举止的细微之处表露出来,用心倾听有利于了解一个人的特点,了解他人可以让沟通变得容易。

(三)倾听的技巧

1. 要集中精神地听

注意听别人讲话是对别人的尊重。所以,与人面对面沟通时尽量不要打手机,不要听电话,不要看公文或电视。否则,讲话的人会认为你心不在焉,很不礼貌,或者误会你对他的话不感兴趣,他就不愿意继续交谈了。听人讲话要注视对方,微微含笑,但也不要死盯着对方,一动不动。此外,要感受性地听,不要评判性地听。对方所说的话可能有不妥之处,也有可能表现出不适当的态度,作为听者应当是感受性地倾听,不要当场批评别人。

【案例 4-6】

汽车推销之王的失败沟通

乔·吉拉德是美国汽车推销之王,他曾有过记忆犹新的体验。一次,一位名人来向他买车,于是他把一种最好的车型推荐给对方。名人对车很满意,眼看就要成交了,对方却突然变卦而去。

乔百思不得其解,懊恼了一下午。直到晚上 11 点,乔忍不住打电话给那位名人:“您好! 我是乔·吉拉德,今天下午我曾经向您介绍一款新车,眼看您就要买下,却突然走了。这是为什么呢?”

“你真的想知道吗?”

“是的!”

“那我就跟你实话实说吧,乔,今天下午我说话你根本就没有用心听。签字前,我说我的儿子吉米即将进入密执安大学读医科,我还提到他的运动能力、学科成绩还有他将来的抱负，我以他为荣，但你却毫无反应。”

（当当网，http://product. dangdang. com/22909625. html）

2. 不轻易打断对方

人们在倾听的时候，最容易犯的错误是打断别人的讲话，发表自己的意见。这样做不仅不礼貌，让对方觉得不受尊重，而且不能全面理解对方的意思。所以，听者在表达自己的观点之前，要让讲话者先把话说完，并确认自己已明白对方表达的真实意思。即使你已经感到不耐烦，也不要急于插话、打断或否定对方的话，应等对方告一段落时，再不失时机地表明自己的看法，或说明不得不结束谈话的原因。

【案例 4-7】

巴顿将军喝刷锅水

巴顿将军为了显示他对部下生活的关心，搞了一次参观士兵食堂的突然袭击。在食堂里，他看见两个士兵站在一个大汤锅前。

“让我尝尝这汤！”巴顿将军向士兵命令道。

“可是，将军……”士兵正准备解释。

“没什么‘可是’，给我勺子！”巴顿将军拿过勺子喝了一大口，怒斥道：“太不像话了，怎么能给战士喝这个？这简直就是刷锅水！”

“我正想告诉您这是刷锅水，没想到您已经尝出来了。”士兵答道。

（人民文摘在线阅读，http://www. xiexingcun. com/Renminwenzhai/rmwz2006/rmwz20061044. html）

3. 适时插话以调动对方情绪

不轻易打断对方，并不意味着只听不说、一言不发。理想的沟通方式是边听边交流，以认真聆听为主，适时插话为辅。插话的频率要适度，内容要有所选择。插话的内容大致有以下几个方面。

（1）对对方所说的话表示认可和赞赏，如“对！”“有道理！”“我也这么认为。”

（2）对自己没听清的话进行询问，如“你刚才说什么呀？”“你的意思是不是……”“刚才这话我没听清，你是不是再重复一遍？”

（3）帮忙续接，有时候对方说着说着，突然语言卡壳，或一下子找不到合适的词了，你可以帮他接下话尾。

（4）启发引导，如“后来怎么样？”“能举个例子吗？”“这有什么依据吗？”等。

4. 用体态语言进行反馈

倾听时借助得体的体态语，主动而及时地做出反应，表达对说话人的肯定和欣赏，这对说话人是极大的鼓舞。如果你对他的话表示欣赏和赞同，就可以不时点头微笑，或者翘起拇指。一旦对方话语中有新颖独到的观点和生动的材料，你不妨紧紧注视他，不断地点头赞赏，对方发现你在热情注视，会更加乐意与你交谈，就会努力地把自己最好的想法说出来与你分享。如果你想让对方继续讲下去，进行更深入的交谈，可以把椅子移近些，缩短一点空间距离，或将身体前倾，也可以给他倒杯茶，鼓励他继续讲。当然，运用这些体态语，一定要得体，不要夸张，否则给人矫揉造作的感觉。

5. 注意非语言暗示

倾听不是简单机械的接受，而是一个仔细观察和认真思考的过程。要注意说话人的非语言信息，如面部表情、眼神、手势、语调以及与你保持的距离等。这些非语言信息，构筑成信息传递的一个重要组成部分。尽管体态是可以控制的，但体态上的控制和掩饰一般难以做到天衣无缝、轻松自如，总会通过某些细微之处表露出内心的隐秘。所以要以视助听，领悟话语的深意。

6. 倾听弦外之音

俗话说"听话听声儿，锣鼓听音儿。"人与人之间的对话，经常表面说的是一套，心里想的又是一套。在倾听对方的谈话时，要充分调动身体的各个部分进行全身心的倾听，以捕捉除了语言信息之外的其他各方面有用的信息。如果听到的语言信息和感受到的非语言信息相背离，那就说明语言信息传达的并非说话者的真实本意，而是出于更周密的考虑而采取的暂时的、表面的权宜之计。当发现语言信息与非语言信息不一致时，就要充分搜集所有的非语言信息，然后综合这些信息来准确判断对方的真正意图与感受。其次要结合特定背景。语言具有很大的模糊性，要弄清任何一句话的确切含义，必须结合语言使用的特定背景，了解其意图和具体内容。

三、克服障碍

所谓沟通障碍，是指信息在传递和交换过程中，由于信息意图受到干扰或误解，而导致沟通失真的现象。在人们沟通信息的过程中，常常会受到各种因素的影响和干扰，使沟通受到阻碍。

沟通障碍的形式主要有以下两种。

(一)个人障碍

人与人之间存在的沟通障碍叫做个人障碍。导致个人障碍的因素有以下几方面。

(1)个性因素所引起的障碍。信息沟通在很大程度上受个人心理因素的制约。个体的性格、气质、态度、情绪等的差别，都会成为信息沟通的障碍。

(2)知识、经验水平的差距所导致的障碍。在信息沟通中，如果双方经验水平和知识水平差距过大，就会产生沟通障碍。

【案例4-8】

秀才与荷薪者

有一个秀才去买柴，他对卖柴的人说："荷薪者过来！"

卖柴的人听不懂"荷薪者"三个字，但是听得懂"过来"两个字，于是把柴担到秀才前面。

秀才问他:“其价如何?”

卖柴的人听不太懂这句话,但是听得懂“价”这个字,于是告诉秀才价钱。

秀才接着说:“外实而内虚,烟多而焰少,请损之。”

卖柴的人听不懂秀才的话,担着柴就走了。

(中国养老金网,http://www.cnpension.net/rlzy/zlgl/2008-09-09/562837.html)

(3)个体记忆不佳所造成的障碍。在管理中,信息沟通往往是依据组织系统分层次逐次传递的,然而在按层次传递同一条信息时往往会受到个体素质的影响,从而降低信息沟通的效率。

(4)对信息的态度不同所造成的障碍。这又可以分为不同的层次来考虑。一是认识差异。在管理活动中,不少员工和管理者忽视信息的作用的现象还很普遍,这就为正常的信息沟通造成了很大的障碍。二是利益观念。在团体中,不同的成员对信息有不同的看法,所选择的侧重点也不相同。很多员工只关心与他们的物质利益有关的信息,而不关心组织目标、管理决策等方面的信息,这也成了信息沟通的障碍。

(5)相互不信任所产生的障碍。有效的信息沟通要以相互信任为前提,这样才能使向上反映的情况得到重视,向下传达的决策迅速实施。管理者在进行信息沟通时,应该不带成见的听取意见,鼓励下级充分阐明自己的见解,这样才能做到思想和感情上的真正沟通,才能接收到全面可靠的情报,才能做出明智的判断与决策。

(6)沟通者的畏惧感以及个人心理品质也会造成沟通障碍。在管理实践中,信息沟通的成败主要取决于上级与上级、领导与员工之间的全面有效的合作。但在很多情况下,这些合作往往会因下属的恐惧心理以及沟通双方的个人心理品质而形成障碍。一方面,如果主管过分威严,给人造成难以接近的印象,或者管理人员缺乏必要的同情心,不愿体恤下情,都容易造成下级人员的恐惧心理,影响信息沟通的正常进行。另一方面,不良的心理品质也是造成沟通障碍的因素。

(二)组织障碍

组织机构之间存在的沟通障碍叫做组织障碍。组织的内部结构以及组织长期形成的传统及气氛,对内部的沟通效果会直接产生影响。组织机构臃肿,结构设置不合理,各部门之间职责不清、分工不明,就会给沟通双方造成一定的心理压力,引起传递信息的失真和歪曲,从而失去信息沟通的有效性。

有学者统计,如果一个信息在高层管理者那里的正确性是100%,到了信息的接收者手里可能只剩下20%的正确性。这是因为,在进行这种信息沟通时,各级主管部门都会花时间把接收到的信息自己甄别,一层一层的过滤,然后有可能将断章取义的信息上报。此外,在甄选过程中,还掺杂了大量主观因素,尤其是当发送的信息涉及传递者自身时,往往会由于心理原因,造成信息失真。这种情况也会使信息的提供者畏而却步,不愿提供关键的信息。因此,如果组织机构臃肿、机构设置不合理,各部门之间职责不清、分工不明,形成多头领导,或因人设事、人浮于事,就会给沟通双方造成一定的心理压力,影响沟通进行。

在人际交往中,存在着信息的沟通,也就必然存在沟通障碍。我们要正视这些障碍,采取一切可能的方法消除这些障碍,为有效的人际沟通创造条件。

【自我测试】

倾听能力自测

倾听是沟通过程中的重要环节，是有效反馈的前提。请通过下列问题对自己的该项能力进行测评。

1. 你觉得为什么需要倾听？

A. 便于有效反馈　　B. 获取关键信息　　C. 可以与别人分享

2. 如果你总喜欢打断别人的谈话，你认为这么做的原因是什么？

A. 观点和意见不一致　　B. 想发表自己的观点　　C. 对信息理解有偏差

3. 在倾听的过程中，你会使用哪些肢体语言？

A. 点头　　B. 与谈话者保持目光接触　　C. 保持良好的坐姿

4. 在倾听的过程中，你是否会经常分析谈话者的“话外之音”或“真实意思”？

A. 经常认真分析　　B. 有时候会深入想一下　　C. 直来直去，从不这样想

5. 在倾听的过程中，你是否会先入为主？

A. 从来不会　　B. 受心态影响，偶尔会这样　　C. 要看沟通的对象是谁

6. 在倾听的过程中，你是否会有选择性地倾听？

A. 不会　　B. 有时会根据自己的判断　　C. 总想抓住关键信息

7. 你如何理解倾听？

A. 获取信息并准备反馈　　B. 认真听取讲话者的观点

C. 倾听就是要听到对方的讲话

8. 在倾听的过程中，你会把主要的注意力放在哪里？

A. 谈话者的观点　　B. 谈话者的信息表达方式　　C. 谈话者本身

9. 在倾听的过程中，你如何应对谈话者的情绪？

A. 保持自己的情绪不受其感染　　B. 对事不对人　　C. 等其平静后再反馈

10. 在倾听的过程中，如果你觉得你的意见和谈话者相左，你会如何处理？

A. 继续倾听　　B. 获取全面信息后反问

C. 立即反驳，并表明自己的观点

以上选 A 得 3 分，选 B 得 2 分，选 C 得 1 分。

24 分以上，说明你的人际沟通能力很强，请继续保持和提升。

15～24 分，说明你的人际沟通能力一般，请努力提升。

15 分以下，说明你的人际沟通能力欠缺，急需提升。

（蔡升桂编著：《沟通能力培训全案》，2 版，人民邮电出版社，2011，91 页，略改）

第三节　选择沟通方式

根据沟通符号的种类，我们将人际沟通分为语言沟通和非语言沟通。沟通方式决定沟

通效果，沟通方式不同，沟通效果迥异。

一、语言沟通

语言是人们交流的最基本形式，语言符号系统是沟通的重要载体。人们主要通过语言来传递信息，它是信息沟通最有效、最便捷的方式。

（一）语言沟通的类别

语言可以表现为口头和书面形式。语言沟通分为口头沟通和书面沟通。

1. 口头沟通

所谓口头沟通，是指借助于口头语言实现的信息交流，它是日常生活中最常采用的沟通形式，主要包括口头汇报、讨论、会谈、演讲、电话联系等。在人际沟通中尤以口头语言形式使用频率最高，使用效果最突出。

口头沟通的优点是：有亲切感，可以用表情、语调等增加沟通的效果；可以很快获得对方的反应，并有机会补充阐述及举例说明；具有双向沟通的好处，且富有弹性，可以随机应变。

口头沟通也有缺陷。首先，信息在传播的过程中，存在着严重失真的可能性。每个人都以自己的喜好增删信息，以自己的方式诠释信息，因此信息到达最终目的地时，其内容往往与最初的含义存在较大的偏差。其次，如果传达者口齿不清或不能掌握要点做简洁的表达，则无法使接收者了解其真意。再次，它是即时性的，不易保留。信息稍纵即逝，沟通时如果接收者不专心、不注意或心里有困扰，则难以回头去追认。最后，它带有随机性，随沟通内容发生变化，没有仔细斟酌的功夫，容易失误。

【案例 4-9】

公司裁员的技巧

一家网络公司因受全球金融危机影响，经营受到沉重打击，决定裁员。

第一次裁员，地点选在公司会议室，全部被裁人员通知到会，总经理当众宣布被裁人员名单，要求每个人尽快办理手续离开。结果，不仅被裁人员，即使留下来的很多人都感到十分沮丧。

第二次裁员，总经理吸取了上次的教训，选择了另外一种方式——单独约被裁人员到一间咖啡屋交谈。在这样的环境中，总经理诚恳地道出公司决策：由于公司经营欠佳，使他暂时失去了这份工作，真诚地请他谅解，并给他一个月的时间寻找下一份工作。

这次裁员的效果和上次相比有天壤之别，几乎所有被裁员工得知这个消息后欣然接受，并且表示如果公司再需要他时可以随时通知他。

（道客巴巴，http://www.doc88.com/p-232796414773.html）

2. 书面沟通

书面沟通是以文字为载体的信息传播，主要包括文件、信函、书面合同、广告、传真、手机短信、电子邮件、QQ 聊天等。

书面沟通具有很多优点。首先,它具有有形展示、长期保存、受法律保护等优点。如一般情况下,信息的发送者和接收者都有沟通记录,沟通的信息可以长期保存,便于事后查询。其次,书面沟通由于有一定的时间准备,可以使写作者从容地表达自己的意思,因此传播信息的准确率较高。再次,书面文本可以复制,同时可以发送给很多人,也可以重复发送,传播面广。最后,它比口头表达更详细,可以供接收者慢慢阅读、细细领会。

书面沟通也有障碍。首先,与口头沟通相比,它耗时长、效率低。其次,由于缺乏内在的反馈机制,发文者的语气、强调重点、表达特色以及发文的目的经常被忽略而使理解有误。最后,对文字能力要求较高。

(二)语言沟通的原则

1. 讲真话,去虚假

在人际沟通中,真实是赢得人心、获得成功的保证。我们要"言为心声",在原则性问题上说真话、表真情、达真意,不可心口不一或口是心非。

【案例 4-10】

全世界最贵的清洁工

在中国广东核电集团(中广核),发生了这样一桩"全世界最贵的清洁工"的故事。一个清洁工在例行清洁打扫时,看到一个机器的某个部位有些灰尘,顺手"勤奋"地用抹布擦了一下,无意中触到一个开关,启动了核反应堆停堆的指令,导致长达 2 天的停电。如果在一般的企业里,等待这位清洁工的一定是严厉的惩罚。但中广核只是让清洁工讲清事情原委,然后继续工作,甚至连工资和奖金都没有受到任何影响。

中广核的领导是这样解释这一超乎常理的做法的:对于核电企业来说,安全至关重要。为了驱除所有安全事故隐患,企业需要千方百计地获取有关安全隐患的信息,这样才能采取各种措施,从根本上消除安全隐患。让员工说出真话,让企业了解真实的信息,就成了中广核高层处理这起事故的根本原则。

(牛津管理评论,http://oxford.icxo.com/htmlnews/2008/02/26/1102918_0.htm)

一个不说真话的人,是难以与人沟通、交流的。即使在一段时间获得某种交际效果,最终还是要付出代价。正如林肯所言:"你能在所有的时候欺骗某些人,也能在某些时候欺骗所有的人,但你不能在所有时候欺骗所有的人。"我们都很熟悉的"狼来了""烽火戏诸侯"的故事就是很好的例证。在世界历史上,一举击溃拿破仑大军的俄军统帅库图佐夫在俄国人民中具有极高的威望。卡捷琳娜公主曾问他究竟靠什么魅力团聚着社交界如云的朋友,他回答说:"真实、真情和真诚。"

当然,说真话并不意味着做"炮筒子""实话实说",有时候"实话巧说""正话反说"效果会更好。

【案例 4-11】

拜伦的实话巧说

英国著名诗人拜伦在街上看见一个盲人身前挂着一个牌子:“自幼失明,沿街乞讨。”可他手里乞讨用的破盒子空空如也。拜伦很同情这个可怜的盲人乞丐,于是在他的牌子上写了一句诗:“春天来了,可我看不见。”结果路人纷纷解囊。

(龙源期刊网,http://www.qikan.com.cn/Article/txsn/txsn201208/txsn20120841.html)

2. 宜简洁,忌啰唆

托尔斯泰说过:“人的智慧越是深奥,其表达想法的语言就越简单。”其实真正打动人心的语言往往不是长篇大论,而是那些简洁有力的话语。

【案例 4-12】

一句话的《智慧录》

数百年前,一位聪明的老国王召集一群聪明的臣子,交代了一个任务:“我要你们编一本《智慧录》,好流传给子孙。”

这群聪明人离开老国王以后,便开始了艰苦的工作。他们用了很长一段时间,最终完成了一部十二卷的巨著。他们将《智慧录》交给老国王看,他看了后说:“各位大臣,我深信这是各时代的智慧结晶。但是,它太厚了,我担心没有人会去读完它,再把它浓缩一下吧!”这群聪明人又经过长期的努力工作,删减了很多内容,最后完成了一卷书。可老国王依然认为太长了,命令他们继续浓缩。

这群聪明人把一本书浓缩为一章、一页、一段,最后浓缩成一句话。当老国王看到这句话时很高兴,说:“各位大臣,这才是各时代的智慧结晶。各地的人只要知道这个真理,我们一直担心的大部分问题就可以顺利解决了。”

这句经典的话就是:“天下没有免费的午餐。”

(向日葵保险网,http://quick.xiangrikui.com/baoxianluntan/102315.html)

简洁的语言是打动和吸引听众的重要条件。所以,人们在谈话时应遵循简洁明了的说话原则,甚至要“惜字如金”。

古人云“立片言以居要”。语言简洁,是指语言简明扼要、言简意赅。语言简洁要遵循“言简而意丰,言简而意准,言简而意新”三个原则,即用最精练的语言讲述丰富的内容,把意思表达准确,并且使语言充满新意。简洁的语言可以一语中的、一言九鼎、字字珠玑。

【案例 4-13】

永不放弃

第二次世界大战时期的英国首相丘吉尔不仅是一位杰出的政治家,而且是一位才华横溢的演讲家,正是他无数次激昂慷慨的演讲,给了当时怀疑、忧郁的英国民众以巨大的精神力量,使整个英国树立起坚持不懈、战斗到底的民族气概。

他最后一次演讲是在剑桥大学的毕业典礼上。开始的时候,校长想请首相率先致辞。丘吉尔说:"不,我到典礼结束前20分钟再讲。"在典礼进行到最后20分钟的时候,校长把一直坐在一旁的首相介绍给大家,请首相致辞。丘吉尔站在主席台上,从容地脱下大衣,摘下帽子,默默地注视着台下的几千名青年学生。一分钟后,他挥舞着拳头,开始了他习惯式的演讲。演讲持续了20分钟。但是,这20分钟,他只不断重复着讲了两句相同的话:坚持到底,永不放弃!坚持到底,永不放弃!

演讲结束了,丘吉尔穿上大衣,戴上帽子,从容地离开了会场。整个会场鸦雀无声,几分钟的寂静之后,掌声雷动。大家纷纷站立起来,热泪盈眶,目送着远去的首相。

这场演讲被称为成功学演讲史上的经典之作。在民族危亡的关头,在整个民族需要一种坚强的时候,他用这种方式告诉人民:胜利没有什么困难,战胜敌人也没有困难,只要坚持到底,永不放弃。

这场演讲之后的第二天,英国所有报纸的头版标题都是这样的一句话:坚持到底,永不放弃!这句话,成为了当时英国的民族精神,也迅速成为世界反法西斯战线的精神旗帜。

(新浪新闻,http://news.sina.com.cn/c/2007-02-06/025411172631s.shtml)

3. 多赞美,少批评

美国心理学家威廉·詹姆士说:"人类本性上企图之一是渴望被赞美、佩服和尊重。"渴望赞美是每个人内心的一种基本愿望。法国作家拉封丹写过一则寓言:北风和南风比威力,看谁能把行人身上的大衣脱掉,北风凛冽刺骨,结果行人把大衣裹得紧紧的;南风徐徐吹动,顿时风和日丽,行人脱掉了大衣。正所谓"良言一句三冬暖,恶语伤人六月寒"。

赞美他人是对别人精神上的激励。赞美对于被赞美者来说,是一种激励,它能点燃被赞美者自信的火炬,使其迸发奋进之力。同事之间相互赞美,可以互勉互励、共同提高;夫妻之间相互赞美,可以加深感情、和睦相处;上下级之间相互赞美,可以增进信任、促进工作。

赞美不是不负责任的恭维,也不是虚伪的逢迎,而是怀着一颗真诚的心去肯定和鼓励他人,要分场合,要把握分寸。

【案例4-14】

周恩来妙语破隔阂

1971年9月,基辛格为尼克松总统访华一事前来谈判。当时中美关系冷冻了二十几年,刚开始有些微妙变化。美国代表猜测着周恩来总理会以什么态度对待他们。当周总理出现在美国代表团面前时,美国代表都不免有些紧张。

周总理会意地微笑了,伸手与基辛格握手,友好地说:"这是中美两国高级官员二十几年来第一次握手。"

基辛格一一将自己的随员介绍给周总理。

"约翰·霍尔德里奇。"基辛格指着位大高个说。周总理握着霍尔德里奇的手说:"我知道,你会讲北京话,还会讲广东话。广东话连我都讲不好,你在香港学的吧?"

基辛格介绍理查德·斯迈泽。周总理握着斯迈泽的手说:"我读过你在《外交季刊》上发表的关于日本的论文,希望你也写一篇关于中国的。"

洛德没等周总理开口就自报姓名:"温斯顿·洛德。"周总理握着洛德的手摇晃道:"小伙子,好年轻。我们应该是半个亲戚,我知道你的妻子是中国人,在写小说。我愿意读到她的书,欢迎她回来访问。"

在这次接见中,周总理熟记了美国代表团每位成员的名字及背景资料,分别给予他们恰如其分的赞美,调节了气氛。美国代表紧张的心情为之放松,隔阂被打破,交谈在融洽的气氛中进行。

(360doc图书馆,http://www.360doc.com/content/11/0212/15/453653_92449341.shtml)

心理学家有个心理刺激学说,表扬是正刺激,批评是负刺激,没有表扬只有批评,那就是0减1等于-1,大庭广众批评是强刺激,不容易接受,私下个别批评是弱刺激,容易接受。

人都有犯错的时候。在别人犯了错,即使不得不批评时,也要讲究方式方法,对事不对人,不涉及人身攻击,不伤害他人的自尊心。

【案例4-15】

柯立芝的婉言相劝

约翰·卡尔文·柯立芝于1923年成为美国总统。他有一位漂亮的女秘书,人虽长得很好,但工作中却常因粗心出错。一天早晨,柯立芝看见秘书走进办公室,便对她说:"今天你穿的这身衣服真漂亮,正适合你这样漂亮的小姐。"这句话出自总统之口,让女秘书受宠若惊。柯立芝接着说:"但也不要骄傲,我相信你同样能把公文处理得像你一样漂亮的。"果然从那天起,女秘书在处理公文时很少出错了。一位朋友知道了这件事后,便问柯立芝:"这个方法很妙,你是怎么想出的?"柯立芝得意洋洋地说:"这很简单,你看见过理发师给人刮胡子吗？他要先给人涂些肥皂水，为什么呀，就是为了刮起来使人不觉痛。”

（汕头人力资源网，http://www.sthr.com.cn/art/ArticleShow_40069.aspx）

4. 看对象，不妄言

世界上没有不能沟通的人，只有不懂得如何与别人沟通的人。有人之所以难以沟通，只是因为你没有用他能接受的方式和策略与他沟通。俗话说“到什么山上唱什么歌”“一把钥匙开一把锁”，与不同身份的人沟通必须有不同的策略。比如，就文化背景而言，从事不同职业、具有不同专长的人所具有的信息类型和兴奋点常常是不一样的，他们会因为不同的专业知识和经验储存对不同的话题津津乐道。如果从对方一窍不通或一知半解的问题引出话题，他们就会觉得味同嚼蜡或者无言以对，这样要想深谈下去很难。

【案例 4-16】

晏子智救养马人

一次，齐景公一匹心爱的马突然死了，齐景公大怒，就下令把养马的人抓来肢解。这时晏子在场，左右武士正想动手，晏婴上来制止，对齐景公说：“杀人总得有个方法，请问尧舜肢解人的时候，从身体的什么部分开始？”

尧舜是传说中的仁君，不会因为一匹马而杀人，自然也没有杀人肢解之法，齐景公知道晏婴的意思，就说：“那就不肢解罢，把他交给狱官处死算了。”

晏婴又对齐景公说：“这个人的确该死，但是他还不知道自己犯了什么罪，请让我说说他的罪状，让他知道，然后死个明白，您说好吗？”

齐景公说：“好啊，那你就说吧！”

晏婴就开始数说他的罪状：“你犯了三条大罪，国君让你养马你却把马养死，这是一大死罪；所死之马又是国君最喜爱的，这是二大死罪；因为你养死了马而使国君杀人，百姓听说之后一定会怨他，诸侯听说之后一定轻视我国，你养死了国君之马，使百姓生出怨恨，使邻国轻视我们，这是三大死罪。今天把你送到监狱，你知罪吗？”

齐景公喟然而叹说：“请您把他放了吧！放了吧！不要伤了我的仁爱之名。”

（淄博新闻网，http://www.zbnews.net/zbrb/2b/2010_7_19/1082474.shtml）

我们与人说话时不能想说什么就说什么，要看对象，从对象的不同特点出发，说不同的话，这样才能创造和谐、融洽的气氛，达到沟通目的。

二、非语言沟通

非语言沟通指通过非语言文字符号进行信息交流的一种沟通方式，即人们利用身体动作、面部表情、空间距离、触摸行为、声音暗示、穿着打扮、实物标志、符号标志、色彩、绘画、音乐、舞蹈、图像和装饰等来表达思想、情感、态度和意向。

【案例 4-17】

曾国藩的识人术

清朝的曾国藩具有超乎寻常的识人术。

一天,李鸿章带了三个人拜见曾国藩,请曾国藩给他们分派职务。恰巧曾国藩散步去了,李鸿章示意那三个人在厅外等候。不久,曾国藩散步回来,李鸿章禀明来意,请曾国藩考察那三个人。曾国藩摇手笑言:"不必了,面向厅门,站在左边的那位是个忠厚人,办事小心谨慎,让人放心,可派他做后勤供应一类的工作;中间那位是个阳奉阴违、两面三刀的人,不值得信任,只宜分派一些无足轻重的工作,担不得大任;右边那位是个将才,可独当一面,将大有作为,应予重用。"

李鸿章很是惊奇:"还没用他们,大人您如何看出来的呢?"

曾国藩笑着说:"刚才散步回来,在厅外见到了这几个人。走过他们身边时,左边那个态度温顺,目光低垂,拘谨有余,小心翼翼,可见是一小心谨慎之人,因此适合做后勤供应一类只需踏实肯干,无须多少开创精神和机敏的事情。中间那位,表面上恭恭敬敬,可等我走过之后,就左顾右盼,神色不端,可见是个阳奉阴违、机巧狡诈之辈,断断不可重用。右边那位,始终挺拔而立,气宇轩昂,目光凛然,不卑不亢,是一位大将之才,将来成就不在你我之下。"

曾国藩所指的那位"大将之才",便是日后立下赫赫战功并官至台湾巡抚的淮军勇将刘铭传。

(中国人力资源开发网,http://www.chinahrd.net/career-manage/team-building/2003/1001/39970.html)

非语言沟通作为沟通活动的一部分,在完成信息准确传递的过程中起着重要的作用。据研究,在沟通中,约55%的信息通过面部表情、形体姿态和手势传递。

(一)非语言沟通的类型

非语言沟通根据有无声音可分为有声沟通和无声沟通两大类。

有声沟通是指人们在沟通过程中通过发音器官或身体的某部分所发出的非言语性声音而进行的沟通方式。

无声沟通是指人们在沟通过程中,身体各部位的动作姿势和表情以及其他一些环境因素的非语言沟通方式,比如目光语、体态语(包括面部表情、手势、体态、人体触摸)、装饰语、时空环境(包括时间、空间距离、座位安排)等。

(二)非语言沟通的形式

非语言沟通的表现形式主要有沉默、身体语言、距离等三个方面。

1. 沉默

中国有句话叫"沉默是金"。沉默确实是沟通中很厉害的武器,但是必须有效使用。否则,无论是在平时的日常生活还是商务沟通中,很容易使另外一个沟通者无法判定行为者的真实意图而产生惧怕心理，从而不能达到有效的沟通。沉默可能是对方想结束谈话，也可能是对对方的观点保持不同意见抑或是想争取时间来准备自己的观点和思考自己的问题，当然也可以是纯粹的交流感情。当你对一个想和你交谈的人沉默，可能会伤害个人的感情从而影响到重大决定。比如，由于受到中国儒家文化传统的影响，中国人讲究韬光养晦，在商务谈判中，中国的谈判小组会深深隐藏自己所关心的利益和要求，在谈判中严守讨价还价的原则，对对方所出价格闭口不谈。这也就给自己争取了谈判的机会。但是在同美国人谈判的时候沉默可能并不适合，因为美国人做事坦率、自信、真挚和热情，希望通过自己的滔滔不绝套取有价值的信息，这点正好和中国的谈判风格相抵触。

2. **身体语言**

身体语言在我们进行沟通的过程中总是伴随着有声语言出现。它包括面部表情、肢体语言和体触语等形式。

(1)面部表情是指头部(主要是面部)各器官对于情感体验的反应动作。它是凭借眉、眼、鼻、嘴及颜面肌肉的变化等传递丰富信息的。罗曼·罗兰曾经说过："面部表情是多少世纪培养成的语言，是比嘴里讲的复杂千百倍的语言。"

1957年，美国心理学家爱斯曼做了一个实验，他在美国、巴西、智利、阿根廷、日本等五个国家选择被试者。他拿一些分别表现喜悦、厌恶、惊异、悲惨、愤怒和惧怕等六种情绪的照片让这五国的被试者辨认。结果，绝大多数被试者"认同"趋于一致。实验证明，人的面部表情是内在的，有较一致的表达方式。因此，面部表情多被人们视为是一种"世界语"。在面部表情中，应该特别注意眼、脸部肌肉、眉的变化。

①目光语主要由视线接触的长度、方向以及瞳孔的变化等三方面组成。

视线接触的长度是指说话时视线接触的停留时间。视线接触的长度，除关系十分亲密者外，一般连续注视对方的时间为1～2秒钟。与人交谈时，对方视线接触你脸部的时间应占全部时间的30%～60%，超过这一范围的人，可认为对谈话者本人比对谈话内容更感兴趣；而低于这一范围的人，则表示对谈话内容和谈话者本人都不太感兴趣。不同的文化对视线接触的长度是有差别的。在中东一些地区，相互凝视为正常的交往方式。在澳大利亚的土著文化中，避免眼睛接触是尊重的表示。当然，在大多数国家里，特别是在英语国家里，沟通中长时间地凝视和注视及上下打量，被认为是失礼行为。但并不是说在跟他们谈话时，要避免目光的交流，事实上，英语国家的人比中国人目光交流的时间长而且更为频繁。他们认为，缺乏目光交流就是缺乏诚意、为人不实或者逃避责任，但也可能表示羞怯。

视线接触的方向很有讲究。说话人的视线往下(即俯视)，一般表示"爱护、宽容"；视线平行接触(即正视)，一般多为"理性、平等"之意；视线朝上接触(即仰视)，一般体现"尊敬、期待"的语义。

瞳孔的变化是指接触时瞳孔的放大与缩小。瞳孔的变化是非意志所能控制的。在高兴、肯定和喜欢时，瞳孔必然放大，眼睛会很有神；而当痛苦、厌恶和否定时，瞳孔会缩小，眼睛会无光。

眼睛是心灵的窗口，目光的接触也是灵魂的接触。读懂对方的眼神，也就读懂了他的内心。

②眉毛也可以反映许多情绪。当人们表示感兴趣或疑问的时候，眉毛会上挑；当人们赞同、兴奋、激动时，眉毛会迅速地上下跳动；处于惊恐或惊喜的人，他的眉毛会上扬；而处

于愤怒、不满或气恼时，眉毛会倒竖；当窘迫、讨厌和思索的时候，往往会皱眉。

③嘴巴的动作也能从各个方面反映人的内心。嘴巴紧抿而且不敢与他人目光相接触，可能心中藏有秘密，此时不愿透露；嘴巴不自觉地张着，并呈倦怠状，说明他可能对自己和对自己所处的环境感到厌倦；咬嘴唇，表示内疚；当对对方的谈话感兴趣时，嘴角会稍稍往后拉或向上拉。值得注意的是，在英语国家，用手遮住嘴，有说谎之嫌。中国人在对人讲话时，为了防止唾沫外溅或口气袭人，爱用手捂住嘴，很容易使英语国家的人认为他们在说谎话。

④笑容历来被人们称为"人际交往的润滑剂"，其中微笑最具感染力，它永远是最受欢迎的。英国诗人雪莱说："微笑，实在是仁爱的象征、快乐的源泉、亲近别人的媒介，有了微笑，人类的感情就沟通了。"人在微笑时会流露出热情、自信、快乐、积极的态度。对别人开放和欢迎的态度，会给人容易接近和交流的印象。经常微笑的人和别人沟通时占据优势。发自内心的微笑，代替了千言万语；来自心灵的微笑，胜过万语千言！

(2)肢体语言主要指四肢语言，它是人体语言的核心。通过对肢体动作的分析，可以判断对方的心理活动或心理状态。

①手臂语。

站立或走路时，双臂背在背后并用一只手握住另一只手掌，表示有优越感和自信心；如果握住的是手腕，表示受到挫折或感情的自我控制；如果握住的地方上升到手臂，就表明愤怒的情绪更为严重。

手臂交叉放在胸前，同时两腿交叠，常常表示不愿与人接触；而微微抬头，手臂放在椅子上或腿上，两腿交于前，双目不时观看对方，表示有兴趣来往。

双手放在胸前，表示自己诚实、恳切或无辜。如果双手手指并拢放置于胸前的前上方呈尖塔状，则通常表明充满信心。

双臂向两侧平伸，上下拍打，一般表示飞。但是在英语国家这一动作也暗指标致的女郎或男子同性恋者。

②手势语。

手势是身体动作中最核心的部分。手势可以是各民族通用的，如摇手表示"不"。手势也会因文化而异，如在马路上要求搭便车时，英、美、加等国人是面对开来的车辆，右手握拳，拇指跷起向右肩后晃动。但在澳大利亚和新西兰，这一动作往往会被看成是淫荡之举。在人们的日常生活中，有两种最基本的手势：手掌朝上，表示真诚或顺从，不带任何威胁性；手掌朝下，表明压抑、控制，带有强制性和支配性。

在日常沟通中其他常见的手势还有：不断地搓手或转动手上的戒指，表示情绪紧张或不安；伸出食指，其余的指头紧握并指着对方，表示不满对方的所作所为而教训对方，带有很大的威胁性；两手手指相互交叉，两个拇指相互搓动，往往表示闲极无聊、紧张不安或烦躁不安等情绪；将两手手指架成耸立的塔形，一般用于发号施令和发表意见，而倒立的尖塔形通常用于听取别人的意见；在英语国家，人们喜欢将两手的食指和中指向下比划，意思是所谓的、自称的或是假冒的。在表示讥讽某人时，也常用这个动作。

手势语不仅丰富多彩，甚至也没有非常固定的模式。由于沟通双方的情绪不同，手势动作各不相同，采用何种手势，都要因人、因物、因事而异。

③腿部语言。

站立时两腿交叉，往往给人一种自我保护或封闭防御的感觉；相反，说话时双腿和双臂张开，脚尖指向谈话对方，则是友好交谈的开放姿势。

架腿而坐，表示拒绝对方并保护自己的势力范围；而不断地变换架脚的姿势，是情绪不稳定或焦躁、不耐烦的表现；在讨论中，将小腿下半截放在另一条腿的上膝部，往往会被人理解为辩论或竞争性姿势；女性交叉上臂并架脚而坐，有时会给人以心情不愉快甚至是生气的感觉。

笔直站立，上身微前倾，头微低，目视对方，表示谦恭有礼，愿意听取对方的意见。

坐着的时候无意识地抖动小腿或脚后跟，或用脚尖拍打地板，表示焦躁、不安、不耐烦或为了摆脱某种紧张感。

(3)体触是借身体间接触来传达或交流信息的行为。体触是人类的一种重要的非语言沟通方式，它使用的形式多样，富有强烈的感情色彩及文化特色。体触语能产生正、负两种效应，其影响因素有性别、社会文化背景、触摸的形式及双方的关系等。由于体触行为进入了最敏感的近体交际的亲密距离，容易产生敏感的反应，特别在不同的文化背景中，体触行为有其不同的含义，因此在沟通中要谨慎地对待。

3. 距离

这里的空间指的是人与人的身体之间所保持的距离间隔。空间距离是无声的，但它对人际交往具有潜在的影响和作用，有时甚至决定着人际交往的成败。

美国推销学家罗伯特·索默经过观察和实验研究发现，人具有一个把自己圈住的心理上的个体空间，它就像一个无形的“气泡”一样，为自己割据了一定的“领土”。一旦这个“气泡”被人触犯，就会感到不舒服或不安全，甚至恼怒起来。这被称为“气泡学说”。

人们都有一种保护自己的个体空间的需要，这并非表示拒绝与他人交往，而只是想在个体空间不受侵占的情况下自然地交往。个体空间实际上是使人在心理上产生安全感的“缓冲地带”，一旦受到侵占，就会做出两种本能的反应：一是觉醒反应，如手脚的许多不自然动作，眨眼的次数增加；二是阻挡反应，如挺直身子，展开两肘呈保护姿势，避开视线接触。比如：在幽静的公园里，有人坐在一条长椅上独自沉思或者看书。如果你也想到长椅上坐一会，你一般会坐在哪里呢？往往你会不假思索地坐在离他尽可能远的一端，尽管这条长椅能容纳三四个人。这样你才会觉得舒坦一些。

爱德华·霍尔把人际距离分为亲密距离、个人距离、社交距离和公众距离四种。

亲密距离(0~45厘米)：即可以用手互相触摸到的距离，适于少数最亲密的人，诸如夫妻情侣之间所保持的距离。

个人距离(45~120厘米)：即双方手臂伸直可以互相接触的距离，这是稍有分寸感的距离，较少有直接的身体接触，但能亲切握手，适于简要会晤、促膝谈心，朋友、熟人都可自由进入这一区间。

社交距离(120~360厘米)：一般公事交往的距离，通常用来处理公共关系。有些大公司的董事长或总经理往往有个特大的办公室，这样在与下属谈话时就能保持一定的距离。企业或国家领导人之间的谈判、工作招聘时的面谈、教授和大学生的论文答辩等，往往都要隔一张桌子或保持一定距离，这样就增加了一种庄重的气氛。

公众距离(360厘米以上)：一般的公开演讲或表演等公众场合都在这个距离之内。

我们与人交往时，间隔多少距离取决于具体的情景及我们与对方的关系。此外，性别、地位、文化及习惯因素对人际交往的距离也有影响。比如在同性之间的交往上，一般男性的“个人圈”较大，而女性则“戒心”不强，在大街上更喜欢手拉手、肩搭肩结伴而行。

【自我测试】

选择沟通方式自测

职场中，沟通方式是指人们在同上级、平级、下级、客户沟通时所采用的语言、非语言、电话、书信、短信、E-mail 等方式。请通过下列问题对自己的该项能力进行测评。

1. 当你犯了错误，需要向上级说明情况时，你会选择哪一种沟通方式？

A. 当面沟通，解释清楚　B. 电话沟通，避免尴尬　C. 发 E-mail 解释

2. 你的下级提出辞职，你会选择哪一种沟通方式挽留他？

A. 直接谈话，问清原因　B. 先电话沟通，再当面沟通

C. 发 E-mail 表示挽留

3. 你因为错误的判断，错怪了下级，你会选择哪一种方式与其沟通？

A. 打电话道歉　B. 发 E-mail 道歉　C. 当面沟通，表示歉意

4. 你要向上级提点关于公司管理的意见，你会如何同他沟通？

A. 书信沟通，提出意见和方案 B. 直接找上级面谈　C. 通过 E-mail 陈述

5. 你的团队取得良好的业绩，你如何向成员表示祝贺？

A. 当面祝贺团队成员　B. 给每位成员发 E-mail　C. 给每位成员打电话

6. 当你和同事因为某件事情发生误会时，你如何向他解释？

A. 当面说清楚　B. 电话沟通　C. 写 E-mail 讲清楚

7. 你打算提出辞职，准备如何同上级沟通？

A. 递交正式辞职信　B. 找上级面谈　C. 电话沟通

8. 你要向客户推销产品，如何同客户沟通？

A. 电话沟通，然后登门拜访 B. 电话沟通，写 E-mail 详细说明

C. 通过 E-mail 联系

9. 你的客户向你抱怨公司的产品，你如何同他沟通？

A. 电话沟通　B. 通过 E-mail 沟通　C. 上门沟通

10. 作为团队领导，你如何同你的团队成员沟通？

A. 通过电话和短信随时沟通B. 通过 E-mail 和 MSN 时时沟通

C. 当面沟通

以上选 A 得 3 分，选 B 得 2 分，选 C 得 1 分。

24 分以上，说明你的人际沟通能力很强，请继续保持和提升。

15～24 分，说明你的人际沟通能力一般，请努力提升。

15 分以下，说明你的人际沟通能力欠缺，急需提升。

（蔡升桂编著：《沟通能力培训全案》，2 版，人民邮电出版社，2011，9 页）

第四节　做好职场沟通

日本著名跨国公司“松下电器”的创始人松下幸之助有句名言：“企业管理过去是沟通，现在是沟通，未来还是沟通。”职场关系以利益作为纽带。职场中，大家性格迥异、年龄参差、阅历不一、认识有别，人与人之间的沟通交流尤为重要。一个不懂沟通、不会沟通的人，在职场中会处处碰壁，举步维艰。反之，善于沟通的人则如鱼得水、四通八达。

一、如何与上级沟通

（一）与上级沟通的策略

与上级沟通要想达到好的效果，必须讲究策略。

1. 积极主动

上司一般工作繁忙，你不要等他来找你，你要主动找他去沟通。有些人见到领导，像老鼠见到猫，要么躲躲藏藏，要么转身就走；还有的人，在上司面前唯唯诺诺、小心翼翼，不敢靠近，不敢说出自己的想法。这样的人，永远都没有提升的机会。

我们说：沟通带来理解，理解带来合作。如果不能很好地沟通，就无法理解对方的意图，而不理解对方的意图，就不可能进行有效的合作。这对于管理者来说，尤其重要。一个沟通良好的企业，可以使所有员工真实地感受到沟通的快乐和绩效。加强企业内部的沟通，既可以使管理层工作更加轻松，也可以使普通员工大幅度提高工作绩效，同时还可以增强企业的凝聚力和竞争力。

【案例 4-18】

委屈的耕柱

春秋战国时期，耕柱是一代宗师墨子的得意门生，不过他老是挨墨子的责骂。有一次，墨子又责备了耕柱，耕柱觉得自己真是非常委屈，因为在许多门生之中，自己是被公认的最优秀的人，但又偏偏常遭到墨子指责，让他感觉很没面子。一天，耕柱愤愤不平地问墨子：“老师，难道在这么多学生当中，我竟是如此的差劲，以至于要时常遭您老人家责骂吗？”墨子听后反问道：“假设我现在要上太行山，依你看，我应该要用良马来拉车，还是用老牛来拖车？”耕柱回答说：“再笨的人也知道要用良马来拉车。”墨子又问：“那么，为什么不用老牛呢？”耕柱回答说：“理由非常简单，因为良马足以担负重任，值得驱遣。”墨子说：“你答得一点也没有错，我之所以时常责骂你，也只因为你能够担负重任，值得我一再地教导与匡正你。”耕柱恍然大悟，从墨子的解释中得到宽慰和激励，放下了思想包袱。

（新浪读书，http://book.sina.com.cn/longbook/spi/1102923576_teamwork/21.shtml）

在职场上，那些进步快、晋升快的，都是善于主动和上司沟通的人。可是，我们经常会听到一些抱怨：“我的上司什么都不懂，干活比我少，凭什么职位比我高，工资比我高？”这种人常常把自己的不成功归罪于运气、环境,却从来不懂得反思:为什么他会成为你的上司?如果你连让上司赏识的能力都没有,如何去获取更大的成就?

主动沟通、虚心学习,几乎是所有成功人士的共性,我们要学会主动、坦诚地找上司沟通。有什么好点子、好方法,你一定要找上司说出来。比如,最近在打电话的过程中,客户有怎样的反馈,采取什么措施会对改善公司业绩有帮助,要把这些好的建议说给上司听。

2. 选择时机

择机与上司沟通很重要。一位出色的下属,要耳聪目明、善于观察上司的动态。在沟通时机的选择上要注意以下三点。

(1)选择恰当的时间。同样的话,在不同的时间对上司说,效果是不同的。中国有句老话叫“热脸不贴冷屁股”。如果上司此刻对这个话题不感兴趣,你偏要现在去找他谈,结果肯定是既达不到沟通的目的,也会让彼此不愉快。当上司正在紧张工作时,你不要说;当上司正在焦急时,也不要说;当他正在盛怒或者情绪低落时,你千万也别说。最佳的谈话时机是在上级心情舒畅、精神饱满时。比如说上司取得了荣誉、大型项目有了进展、上司又添置了一处新房时,等等。因为人的心境不一样,对外界信息的接受程度也不一样。

(2)注意说话的场合。场合不同,人的心理和情绪往往不同。庄重的场合说话不能太随便,如果场合是喜庆的,说话就要欢快一些。当然,你还要学会判断,判断什么呢?判断你和上级关系的亲密度,如果和上司的关系不是很亲密,就不能太随便。

(3)充分利用说话的机会。很多时候上司会给你机会发言,如每周例会、领导调查等,此时你必须充分利用它。特别是在会议上,如果你能提出新的见解,引起大家的兴趣,上司肯定会让你多说的。

3. 适度赞美

赞美是人性中共同的需要,上司也不例外。面对上司不要吝惜你的赞美。不赞美、不祝贺上司的成功,在上司看来,是你不愿意分享他的快乐,这势必会引起上司的不快,从而影响彼此间的感情以及工作上的沟通。

赞美是一种沟通的手段,也要讲究方式方法,要让上司感觉到你的赞美是发自于内心的。如果让上司觉得你是在恭维、阿谀、拍马屁,反而会失去上司的信任。所以,赞美一定要真诚,要有的放矢。

在日常工作中,要经常留意上司的言行举动,甚至衣着打扮,只要有你觉得顺眼的“闪光点”,就抓住机会,表达出你的好感。比如,你见到鲁老师,说“鲁老师您头发盘起来,可真好看”;如果你见到王总剪了头发,就告诉他“王总,您这头发剪得很适合您。”这样就容易缩短与上司的距离。

【案例4-19】

老师也爱赞美语

甲乙两个人在科举考试中高中,被派到外地去做官。临走之前,去跟自己的老师辞行。

老师忧虑地告诫他们说："官场复杂，比不得读书的时候，你们凡事要小心啊。"甲说："老师您放心，我准备了100顶高帽子，逢人就送一顶，想必不会出什么问题。"老师一听很生气："你们怎么可以这样呢？我平常是怎么教育你们的？还没正式做官，就先染上了官场的坏习气。"见老师动怒，甲立刻赔笑着说："是啊，现在世风日下，像老师您这样廉洁奉公、实事求是、不喜奉承的人，实在是太少了。"老师一听这话，马上转怒为喜，夸甲说得对。离开老师家后，乙对甲说："你的高帽子只剩99顶了。"

（中国经济网，http://book.ce.cn/read/sell/sczsytx/02/200907/03/t20090703_19457604.shtml）

4. 维护权威

【案例4-20】

王与马，共天下

公元316年11月，西晋灭亡，司马睿称晋王，改元建武。318年3月，司马睿被拥立为皇帝。

司马睿能当上皇帝，主要在于王导、王敦等人的包装和谋划。司马睿初到建邺时，由于缺乏威望，吴人没把他当咸菜。过了一个多月，仍没有人来拜访，这让他感到很尴尬和失望，索性"以酒废事"。在王导的劝谏下，司马睿才从醉生梦死中清醒过来。为了提升司马睿的人气指数，王导和堂兄王敦利用三月三民间集会之机，与其他社会名流毕恭毕敬地骑马跟在司马睿的身后，以反衬司马睿的崇高地位。江东世家大族的头面人物纪瞻、颇荣等人看到这种阵势后，无不对司马睿望风归服。鉴于王导、王敦兄弟的鼎力支持，司马睿不仅给他们高官厚禄，还要和他们一起面南背北治理国家，"王与马，共天下"的说法即源于此。

（中国历史故事网，http://www.gs5000.com/gs/huangdi/nanbeichao/542.html）

从这个例子中，你学到了什么？领导是你的上级，他的尊严不容冒犯。你不给上司面子，当众出他的丑，他又怎么会给你晋升的机会？

没有人愿意当众出丑！即使上司肚量大，能做到不计前嫌，在他的心里也会始终有一个疙瘩。所以我们要维护上司的尊严。

（二）请示汇报的技巧

1. 边听边记

沟通中存在漏斗原理：你所传达的信息，知道100%，想的只有90%，说出口的只有70%，对方想听的只有60%，听到的只有50%，而理解的只有40%，所接受的只有30%，最后所记住的只有10%～20%。

所以，上司布置一项任务，我们执行后与上司的预期差距会比较大，原因就在这里。克服这一点最好的方法就是边听边记。我们中国有一句古话叫"好记性不如烂笔头"，先记下来，再慢慢理解和揣摩。

为了避免信息过滤，可以采用"5W2H"的方法来记录：

"5W"——谁传达指令(Who)、做什么(What)、什么时间(When)、什么地点(Where)、为什么(Why);

"2H"——怎么做(How)、工作量(How much)。

"5W2H"是我们理解工作信息的导向,这其中任何一点,如果上司没有说明白,你都要主动询问并记录下来。

2. 理解透彻

记住任务,更要理解任务。所以,要学会跟领导探讨任务。当领导把任务交给你后,你最好重复一遍。这样,倘若你有遗漏之处,上司也会帮你及时补充。如果你有不明白的地方,立即向领导请教。有的人喜欢"想当然",当对上司的指令理解模糊或者不是很确定时,不去及时跟上司沟通,而是心存侥幸:"他应该说的就是这个意思吧?管它呢,就这样干。"结果白忙一场。

有的人,领导布置任务时一声不吭,等到问结果时,就说"对不起,我不会。"领导会想:接受任务时你为什么不讲?同样,在执行任务的过程中,倘若遇到心存疑问之处,也要及时跟上司沟通,避免你所做的工作达不到上司想要的结果。

3. 成果导向

职场上向来是用业绩说话,以结果论英雄。在与上司沟通时,在制订计划时,都要养成"结果第一"的思维,以成果为工作导向。许多人一辈子都不服气,退休之后还喋喋不休,但他们只是空口说话,没有用实际的成绩证明自己,被一张嘴误了一生。

所以,接到任务后,要以成果为导向,思考自己如何达成目标,而不仅仅是完成任务本身。例如,你的上司会跟你讲:"月底前把下个月的销售计划交给我。"你怎么做?交个计划书给上司就算完成任务了吗?你这样想,就很难有提升的机会。你要在计划书里写:我下个月要达成多少的业绩目标?这些目标有多少来自于老客户?有多少来自于新客户?为了达成这个目标,我要开发多少名意向客户?我要通过什么渠道,用什么促销方案,需要哪些宣传?等等。还要把目标分解成一个个易记的小目标,最好具体到某一天。这样的计划交上去,领导看了才有底。计划里有什么缺陷,领导也好及时纠正。

当任务完成,取得结果后,要主动去跟领导汇报。有个小伙子是一家酒店的销售员,颇得上司赏识。能得到上司青睐,业绩是一方面,另一方面就是他每做完一笔单子,都会以书面形式总结出这项业务成功或失败的原因。上司对此非常满意,尽管有些单子完成得不是很出色,但上司从来没有责备过他;相反,还会给他提出一些建议。

与上司沟通自己的工作总结,既显示出你对上司的尊重,也容易让上司看出你的进步,哪怕只是很小的进步。

4. 巧妙请教

在工作的进行过程中,必须适时向上司呈报和请教。向上司请教有两个好处。

(1)显示你对上司的尊重,给足上司面子。人人都喜欢被别人抬,喜欢显示自己的重要性,这是人的共性。上司往往喜欢被下属请教,觉得这样可以显得自己很权威、很有水准、很重要。

(2)让上司掌握你的工作进度,得到上司的指点。遇到难题向上司请教,上司会帮你一把,给你增加一些资源、一些好点子。这样,在他的指导下,任务可能会完成得更好。即使最后工作没有按照预期完成，上司因为早就知道状况了，也不会有太大的心理落差。

有些人喜欢不懂装懂，因为他担心会给上司留下不好的印象。“上司会不会觉得我没有能力啊，这么简单的问题都不懂？”其实，这种担忧是大可不必的。管理不仅有向下管理，还有向上管理。所谓向上管理，就是你要让领导给你资源和支持。

【自我测试】

与上级沟通能力自测

下级与上级沟通时要讲究方法，并合理运用沟通技巧，以维持良好的上下级关系。请通过下列问题对自己的该项能力进行测评。

1. 当你面对工作中的难题时，你是如何解决的？

A. 与上级沟通，寻求支持　B. 与平级沟通，寻求帮助

C. 自己想办法解决

2. 你一般采取怎样的方式和上级沟通？

A. 面对面沟通　B. 电话或 E-mail 沟通　C. 书面汇报工作

3. 当你和上级的意见不一致时，你采用怎样的方式表达自己的意见？

A. 面对面沟通　B. 书面报告　C. 其他方式

4. 面对不同性格和处事风格的上级，你如何与他们沟通？

A. 从对方的角度出发沟通　B. 注意沟通技巧　C. 对事不对人

5. 面对比较强势的上级，你如何同他们沟通？

A. 思路清晰，逻辑缜密　B. 先赞同，然后提不同意见

C. 书面或电话沟通

6. 面对效率型的上级，你如何同他沟通？

A. 简单明了，直指问题　B. 尽量采用封闭式问题　C. 增强时间观念

7. 面对权威型的上级，你如何同他沟通？

A. 表示出足够的尊重　B. 采用请教的方式　C. 采用书面建议的方式

8. 面对指导型的上级，你如何与他沟通？

A. 采用请示汇报的方式　B. 采用书面建议的方式　C. 采用询问的方式

9. 你如何使用 E-mail 与上级沟通？

A. 内容尽量简单，直指结果　B. 直接陈述观点　C. 非常注意措辞

10. 在与上级沟通时，你是否经常与其发生冲突？

A. 从未发生过冲突　B. 很少有这种情况

C. 偶尔会因为观点不同而发生冲突

以上选 A 得 3 分，选 B 得 2 分，选 C 得 1 分。

24 分以上，说明你的人际沟通能力很强，请继续保持和提升。

15 ~ 24 分，说明你的人际沟通能力一般，请努力提升。

15 分以下，说明你的人际沟通能力欠缺，急需提升。

（蔡升桂编著：《沟通能力培训全案》，2 版，人民邮电出版社，2011，133 页）

二、如何与平级沟通

和谐的同事关系让你和周围同事的工作和生活都会变得更简单、更快乐、更有效率。但是既为同事，几乎天天在一起工作，低头不见抬头见，彼此之间会有各种鸡毛蒜皮的事发生。由于成长环境、生活经历以及兴趣爱好、学识修养不同，个人的性格、优点、缺点暴露得比较明显，每个人性格上的弱点和行为上的缺点暴露得多了，会引发各种各样的矛盾和冲突。平级之间又是一种竞争关系，都追求工作业绩，都希望赢得上司的好感，获得升迁，这种竞争也容易导致关系紧张。因此，良好的沟通协调尤为重要。

平级之间的沟通可以采取以下策略。

（一）协商不命令

耐基说过，提建议，而不下命令，不但能维持对方的自尊，而且能使他乐于改正错误，并与你合作。没有谁真心地喜欢接受别人的命令。要让对方感觉不到自己是在被迫地接受命令，让他们看到自己的价值，从而使他们希望和你更好地合作，而不是反对你。

协商是沟通，命令是强制。每位同事都有分工，分工就是使命。首先要管好自己，种好自己的“责任田”。工作中一旦出现差错，要多反思多检讨，多找主观原因，不推责、不诿过，要主动承担相应的责任，并努力改进。当发现同事不当操作或无意识地造成差错时，要共同探究问题产生的原因，提出自己的看法。例如，“我们一起看看在哪些环节上出现了差错？分头查一查可能出错的环节，如果做一些改变，你觉得有效果吗？”商榷问题，体现同事之间平等的关系和双方的默契与尊重，体现了双方的坦诚，不回避矛盾，敢于发现问题和解决问题。换一种方式，如果出现问题后，立即去对同事说：“我没问题，就是你的问题，你们的问题，你们要尽快查找原因。”相信即使是对方的责任他也不会欣然接受，甚至对方还会因为你蛮横的态度和强词夺理而拒绝接受。

【案例4-21】

歌德与席勒

歌德和席勒是好朋友。有一次，他俩一起前往剧院观看预演。因为脚本是席勒的作品，所以歌德与席勒都很关心。观看过程中，歌德对演员的表演处处挑剔，动辄就发脾气，说话的语气全用命令式。而席勒的作风完全相反，始终称赞演员们精彩的一面：“不错，这是你的优点，好好加油吧！”由于歌德的严厉斥责，在预演当天，主演仍然表现得结结巴巴。于是席勒把演员喊到办公室里来，使劲儿地拥抱对方，说道：“演得不错，相当成功，说话语气也很适当……”这句话让演员们打起了精神，恢复了信心，他们在正式演出时不仅能流利地背诵台词，而且演技逼真，赢得台下雷鸣般的掌声。

（冯立新：《席勒风度》，《企业改革与管理》，2008年第5期，29页，略改）

（二）交流不争执

争执是问题双方各持己见、互不相让。同级之间是工作中的伙伴，难免有利益上或其他方面的冲突。有了磕磕碰碰，完全可以通过沟通来解决，不值得争得不共戴天、水火不容。因为，争执替代不了解决，有时因争执延误了解决问题的最佳时机而造成损失，争执双方也两败俱伤。

在与人相处过程中，很多人常会抱怨、批评对方难以沟通，认为别人无法了解、理解自己的想法，因而产生诸多争执。这是由于对沟通的真实意义认知错误，认为沟通就是要让别人接受自己所希望、所预期的一切结果，整个心思、注意力集中在如何满足自己所争取的人、事、物里，却忘了体察别人的需求和想法。沟通是一种双向交流，需要双方共同努力。所以除了要放下自己的执著、接纳别人之外，对于别人的自大、执著和抗拒，也要用耐心、慈悲心来感化、软化，这样才能达成真正有效的沟通。

【案例 4-22】

陆某与陈某

某公司一部门陆某和陈某两人上夜班。陆某因有朋友打来电话而接听手机，与朋友在电话里聊了起来。而陈某听得不耐烦，便说："吵死了，打电话到外面去！"陆某听后很不高兴，在科室外打完电话回来后就与陈某理论起来，最后两人扭打在一起。陈某拿出一把水果刀，从背部捅向陆某，正中陆某肺部。结果一个被送医院救治，一个被刑事拘留。

（三）夸人不伤人

对待同事的缺点或错误，有时候反向的赞美比正面的批评更有效果。良好的沟通，不仅会消除矛盾，更会让人与人之的心靠得更近，关系更紧密。

【案例 4-23】

夸人的效果神奇

在同一家公司任职的李小姐和苏小姐素来不和。

有一天，李小姐忍无可忍地对另一个同事王先生说："你去告诉苏小姐，我真受不了她，请她改一改她的坏脾气，否则没有人愿意搭理她！"

王先生说："好！我会处理这件事。"

后来李小姐遇到苏小姐时，苏小姐既和气又有礼，与从前相比，简直判若两人。

李小姐向王先生表示谢意，并且好奇地问："你是怎么说的？竟有如此的神奇效果。"

王先生笑着说："我跟苏小姐说：'有好多人称赞你，尤其是李小姐，说你既温柔，又善良，而且脾气好、人缘更佳！'如此而已。"

【自我测试】

与平级沟通能力自测

与平级沟通时要讲究方法、策略和技巧的有效运用。请通过下列问题对自己的该项能力进行测评。

1. 面对平级自身的缺点和错误时，你会怎样做？

A. 委婉沟通，引导发现　B. 直言相告　C. 觉得跟我的关系不大

2. 发现平级的优点或者当平级取得好业绩时，你会怎样做？

A. 及时赞美和祝贺　B. 非常关心，想学习其经验　C. 羡慕

3. 当你听到平级在背后说别人的坏话时，你会怎么办？

A. 不传话　B. 有时会加以制止　C. 在一定范围内告诉别人

4. 你和平级之间怎样看待对方？

A. 相互讨论对方的优点　B. 相互讨论对方的缺点

C. 能很好地讨论对方

5. 你在表达时，会注意自己的语气和语调吗？

A. 每次都非常注意　B. 重要场合中会注意　C. 很少注意

6. 你在表达时，如何把握词语的使用？

A. 总能找到准确的词语　B. 偶尔会找不到合适的词语

C. 经常词不达意

7. 当平级在工作中出现重大错误时，你会怎样做？

A. 直言相告并帮助补救　B. 告知上级并共同补救　C. 视关系而定

8. 当平级对你的工作提出意见时，你持何种态度？

A. 积极沟通，找出差距　B. 接受意见，自我检查　C. 表面上表示接受

9. 当你和平级出现误会时，你会怎么办？

A. 针对误会及时沟通　B. 通过第三方沟通　C. 等待对方找自己沟通

10. 当你新进入一家公司时，你如何认识新同事？

A. 主动认识每个人　B. 积极认识自己部门的人　C. 在工作中慢慢熟悉

以上选 A 得 3 分，选 B 得 2 分，选 C 得 1 分。

24 分以上，说明你与平级沟通的能力很强，请继续保持和提升。

15 ~24 分，说明你与平级沟通的能力一般，请努力提升。

15 分以下，说明你与平级沟通的能力欠缺，急需提升。

（蔡升桂编著：《沟通能力培训全案》，2 版，人民邮电出版社，2011，163 页）

三、如何与下级沟通

（一）与下级沟通的障碍

1. 高高在上

在与下属沟通时，上司最容易犯的毛病就是高高在上。本来上司和下属之间就存在地位、身份上的不平等，有些做上司的还有意无意地扩大这种不平等的效应，导致下属在上司面前唯唯诺诺，有话不敢讲，影响了上下级的顺畅沟通。有一个老板，办公室将近二百平方米，老板桌是最大的，老板椅也是最高的，可是在他的办公桌前只放着一个小小座椅，下属每次来汇报工作或请示问题，都要毕恭毕敬地端坐在那里，这种俨然"审问"的环境无疑影响沟通效果。也有的上司在与下属沟通的过程中心不在焉、摆架子，这些都是高高在上、居高临下的表现。

2. 自以为是

对待一个问题自己已经有了一定的想法和见解，这时候就很容易关上自己的心门，不愿意甚至拒绝接受别人的意见。要知道正确与错误都是相对的，当我们以宽广的胸怀、谦虚的心态对待他人的建议时，肯定会有意想不到的收获。

3. 先入为主

先入为主是由偏见思维模式造成的。沟通的一方如果对另一方有成见，顺利沟通就难以实现。比如你对一个下属的能力产生怀疑，即使他有一个很不错的想法，你可能也不会接受。

（二）与下级沟通的策略

1. 平等相待

上下级之间的讲话，上级要力求避免采取自鸣得意、命令、训斥、役使下级的口吻说话，而是要放下架子，以平易近人的方式对待下级。这样，下级才会向你敞开心扉。平等的态度，除说话本身的内容外，还通过语气、语调、表情、动作等体现出来。此外，上级同下级谈话时，要重视开场白的作用。不妨与下级先拉几句家常，以便使感情接近，消除拘束感。

2. 达成共识

上级要经常找下属谈心，充分了解职员对单位发展的看法、职员的心态和情绪变化、对自己工作的反馈等，这对形成群体凝聚力、完成任务、实现目标有着重要的意义。谈心的重点是引导下属找到其事业的发展重点，让其明白工作中阶段性的学习方向与进步目标，找到共通的事业信仰。有了共识，才有高凝聚力，才有多的共通语言，才有高效的工作业绩。

3. 建立信任

动之以情，晓之以理。领导者的说服工作，在很大程度上，可以说是情感的征服。只有善于运用情感技巧，以情感人，才能打动人心。感情是沟通的桥梁，要想说服别人，必须架起这座桥梁。领导者与对方谈话时，要使对方感到领导不抱有任何个人目的，没有丝毫不良企图，而是为下属的切身利益着想，真心实意地帮助他，是下属真正的伙伴。这样沟通，双方的心就会比较贴近，就会产生"自己人"效应。

4. 换位思考

俗语说“设身处地，将心比心，人同此心，心同此理。”作为领导，在处理许多问题时，都要换位思考。比如说服下属，关键在于你谈的是否是对方所需要的。如果换个位置，领导者放下架子，站在被劝说人的位置上瞻前顾后，同时又把被劝者放在领导的位置上陈说苦衷，抓住被劝说人的关注点，这样沟通就容易成功。

5. 多加激励

美国钢铁公司的第一任总裁史考伯说：“我从来不批评任何人。我赞成鼓励别人工作，因此我热衷于称赞，讨厌挑错，如果我喜欢什么的话，就是我诚于嘉许、宽于称道。所以我能把员工鼓舞起来，这是我拥有的最大资产。”

同上级渴望获得下属的肯定一样，每个职员都想得到上级的重视和能力认可，这是一种心理需要。每个人的内心都有自己渴望的“评价”，希望得到别人的理解，并给予赞美。应适时地给予鼓励、慰勉，认可褒扬下属的某些能力。当下属不能愉快的接受某项工作任务时，领导会说：“当然我知道你很忙，但这事情只有你去解决，我是最放心的，你是最佳人选。”这样一来使对方无法拒绝，巧妙地使对方的“不”变成“是”。即使部下做错了，如果当着大家的面训斥部下的话，会深深挫伤其自尊心，从而产生极大的抵触情绪。批评要单独谈话，一定要避免点名道姓的训斥。

【自我测试】

与下级沟通能力自测

上级在分配任务、解决问题、协调工作、培训指导、提升绩效等事项上，需要不断同下级进行沟通。请通过下列问题对自己的该项能力进行测评。

1. 当你给下级分配任务时，你会站在怎样的角度同他沟通？

A. 绩效伙伴的角度　　B. 责任的角度　　C. 领导的角度

2. 你如何通过沟通为团队成员分派任务？

A. 团队沟通，共同协商　　B. 单独沟通，协商分配

C. 通过沟通，直接指派

3. 当下级在工作中遇到问题时，你如何同他沟通？

A. 鼓励性沟通　　B. 启发性沟通　　C. 告知性沟通

4. 当团队成员的工作需要协调时，你会怎样做？

A. 与双方当面沟通　　B. 和其中的一方沟通，说服他

C. 促使双方进行沟通

5. 你的下级初犯错误时，你与其沟通的内容是什么？

A. 帮助他分析犯错误的原因B. 进行指导，以免重犯　　C. 严厉斥责

6. 对于比较重要的事情，你一般采用怎样的方式同下级沟通？

A. 面对面沟通　　B. 书面交代　　C. 电话或 E-mail 沟通

7. 为了鼓励下级完成任务,你如何同他们沟通?

A. 进行信任性沟通　　B. 进行鼓励性沟通　　C. 进行情感沟通

8. 面对下级的不认同,你如何同他沟通?

A. 让下级说出自己的想法并进行共同分析

B. 详述自己的理由

C. 用自己的经验说服下级

9. 面对不愿意进行沟通的下级,你会如何引导他们参与沟通?

A. 让其定期总结和汇报　　B. 让他主持一些项目

C. 鼓励他说出自己的想法

以上选 A 得 3 分,选 B 得 2 分,选 C 得 1 分。

21 分以上,说明你与下级沟通的能力很强,请继续保持和提升。

12 ~21 分,说明你与下级沟通的能力一般,请努力提升。

12 分以下,说明你与下级沟通的能力欠佳,急需提升。

(蔡升桂编著:《沟通能力培训全案》,2 版,人民邮电出版社,2011,181 页)

四、如何与客户沟通

(一)留下良好的第一印象

1. 仪容整洁

保持整洁的仪容是对客户的尊重,也会让客户对你产生好感。与客户见面,穿着打扮一定要得体大方,男性一般以西装为主,女性则以职业套装为主。身上的配饰不要过于华丽,也不要过于寒酸。一位著名的企业家对职员与客户见面时的着装提出了十条建议:

(1)业务员应当穿西装或者其他庄重的服装;

(2)业务员的衣着式样和颜色,要保持大方稳重;

(3)不要佩戴一些代表个人身份或宗教信仰的东西;

(4)不要戴太阳镜或变色镜;

(5)不要佩戴过多的饰品;

(6)可以佩戴代表公司的标记性物品;

(7)可以携带一个大公文包;

(8)带上一个精致的笔记本、一支比较高级的圆珠笔或钢笔;

(9)不要脱去上装,以免削弱你的权威或尊严;

(10)见客户时,忌食辛辣及气味不好的食物,女性可以喷洒一点淡雅的香水。

2. 言谈得体

(1)进门之前,先按门铃或轻轻敲门,得到允许才能进屋。

(2)看见客户时,点头微笑,并保持到谈话结束。

(3)客户未坐定之前,自己不要先坐。

(4)客户起身离席时,要同时起身致意。

(5)与客户初次见面时,应先向对方表示打扰的歉意,告辞时,感谢对方的交谈和指点。

(6)一定不与客户争执,要让客户感觉自己是对的。

(7)不主动贬低同行推销人员、公司或产品。

(8)保持良好的卫生习惯,举止文雅。

(二)讲究沟通的策略

1. 赢得信任

营销者在与客户的沟通中首先是赢得客户的信任,要把40%的时间和精力放在建立客户的信任感上,这样客户才愿意描述自己的需求,同时也愿意认真倾听你的介绍,最终一切水到渠成;反之,如果客户信任度不高,交易促成的难度就非常大,甚至难以成交。如果一遇到客户就极力介绍和推荐产品,客户会感到你明显的劝说感,产生想逃离的感觉,这是推销而不是营销,也是最低级的方法。

赢得信任有六大法则:

(1)给客户良好的外在印象;

(2)自己的专业知识和能力;

(3)让客户有优越感、权威感;

(4)自己保持快乐开朗性格;

(5)认同客户的某些价值观;

(6)在客户面前能百问不倒。

2. 寻找共鸣

实际上,无论在心理、感情上,还是在理性上,我们都可以找到与客户的共鸣之处,这就是双方最好的沟通点。比如共同的爱好、兴趣、性格、情感、理想、行业、工作等,甚至是孩子的教养。当双方认识到彼此之间的沟通点时,就会情不自禁地与对方心灵相近了,心灵相近的人很容易沟通。

【案例4-24】

"推销之神"原一平攻破堡垒

日本有一位著名的棒球运动员,无论是在运动场上,还是在保险公司营销员的眼里,他都是一个难以攻破的堡垒。他对投保之类的事根本不感兴趣,而且还很反感。

但"推销之神"原一平却攻破了这个堡垒。刚接触这位球手时,他没对保险的好处进行宣传,而是表现出对棒球运动的极大兴趣,洗耳恭听对方大谈棒球。原一平的态度给这位职业球手留下了深刻印象。

在一个适当的时候,原一平向这位球手提出了一个关键问题:"您对贵队的另一位投手川田的评价如何?"

"川田,正是有了他,我才能放手投球的。他是我的坚强后盾和依靠,万一我的竞技状态不佳,他可以压阵。"

"请允许我打个比方,如果把您的家庭比作一支球队,您家里是不是也应该有个川田?"

"川田? 谁?"

"就是您。"原一平接着说,"您想想,您的太太和两个孩子之所以可以'放手投球',换句话说,他们之所以能无忧无虑地幸福生活,就是因为有您,您是他们的坚强后盾和幸福保证,所以您就好比是他们的'川田'。"

"您的意思是……"

"请原谅我的直率,我是说人有旦夕祸福,万一您有个不测,我们可以帮助您,帮助您的太太和孩子。这样,您就更可以放心地驰骋球场。所以,从这个意义上说,我们也是您的'川田'。"

至此,那位球手才想起原一平的身份,但他已经被感动了,原一平形象的比喻,使他深刻领会到人身保险与家庭幸福的关系。当然,生意也就顺利成交了。

(蔡升桂编著:《沟通能力培训全案》,2版,人民邮电出版社,2011,217页)

3. 礼物相赠

拜访客户时,可以赠送其一些小礼物,如某地的特产、精致的糕点、台历、茶杯、笔记本、签字笔等。与客户见面时碰到客户的家人尤其是孩子时,花费不多但投其所好的小礼物会发挥更大的作用。

4. 投其所好

【案例 4-25】

售房为何谈保健

小高刚到一家房地产公司时,工作进展不是很顺利。一天,有一位老先生嫌市中心吵闹,空气不好,打算在开发区买一套房,但他在多家售楼公司中摇摆不定。后来,小高找到了一个突破口,老先生得了胃病,他第一次以追踪反馈信息的名义登门拜访时,只和他们交流了一些保健知识,说自己做中医的父亲治疗胃病很有经验,老太太便让小高帮忙。当晚小高打电话给父亲,让他提供一个治疗胃窦炎的偏方。父亲说用猪胃(俗称猪肚子)、通心根、白节藕、莲米等炖汤喝有特效。

第二天,小高买了中药给老太太送上门,第三天一早,又买了新鲜猪肚子送去,此后每隔四天小高就送一副猪肚子去,丝毫不提买房子的事情。到第五次上门的时候,两位老人拉着小高说:"闺女呀,今天下午我们签购房合同吧。"从此,只要是从小高手中购买商品的客户,她都会力所能及地给予帮助,有付出就有回报,他们也十分关心小高,主动为小高提供信息,小高的销售额直线上升。

(蔡升桂编著:《沟通能力培训全案》,2版,人民邮电出版社,2011,213页)

5. 保持联络

人是感情的动物,有时候人的感情能主宰一个人的行为。感情是在交往中增厚的,因此营销者不要在业务洽谈之后,就把客户忘记了,等到有需要时再去找别人,这样客户会觉得你薄情寡义,势必不愿意再次合作。要视客户为朋友,定期或不定期地与客户联络和交流,或电话问候,或登门拜访,或相约小聚等,问候和联系的时间、内容要根据客户的工作安排、兴趣爱好等确定。

【自我测试】

与客户沟通能力自测

与客户沟通是营销人员和服务人员每天的工作,与客户沟通的能力决定着一个企业的营销能力和服务水平。请通过下列问题对自己的该项能力进行测评。

1. 对公司的大客户,你一般采用怎样的方式与他们沟通?

A. 登门拜访　　B. 电话沟通　　C. 定期发邮件

2. 对客户新开发的客户,你通过何种方式与其进行沟通?

A. 登门拜访　　B. 电话沟通　　C. 通过邮件保持联系

3. 在进行产品演示的时候,你如何与客户沟通?

A. 让客户参与演示请亲自体验

B. 引导客户发表看法

C. 我说客户听

4. 当客户对你的介绍不感兴趣时,你如何激发他的兴趣?

A. 从客户需求中寻找突破点B. 让客户看到现实利益　　C. 其他方式

5. 面对客户的无理抱怨,你如何应对?

A. 控制情绪,认真倾听　　B. 认真倾听,有针对性地解释

C. 表现出气愤

6. 面对客户的无理要求,你如何应对?

A. 表示理解,但无能为力　　B. 解释不能满足他的原因

C. 直接告诉他不可能

7. 面对客户的无理投诉,你如何处理?

A. 记录投诉,安慰客户　　B. 向客户解释清楚　　C. 反驳客户的投诉

8. 你会采用怎样的方式增进客户的购后满意度?

A. 定期电话回访　　B. 及时处理相关问题　　C. 鼓励客户提意见

9. 与客户沟通时,你如何运用你的表达能力?

A. 因人而异　　B. 非常注意语言和语气　　C. 没有注意到这个问题

10. 你如何让客户记住你?

A. 定期沟通　　B. 通过赠送纪念品或礼品　　C. 持续关心,送上节日祝福

以上选 A 得 3 分,选 B 得 2 分,选 C 得 1 分。

24 分以上,说明你与客户沟通的能力很强,请继续保持和提升。

15 ~ 24 分,说明你与客户沟通的能力一般,请努力提升。

15 分以下,说明你与客户沟通的能力欠佳,急需提升。

(蔡升桂编著:《沟通能力培训全案》,2 版,人民邮电出版社,2011,203 页)

【自我测试】

沟通能力综合测评

回答下列问题,测评你的沟通技巧。选择与你的经历最相近的答案,请尽量如实作答。

1. 我适时地把适当的信息传递给合适的人。

A. 从不　B. 有时　C. 经常　D. 总是

2. 在决定该如何沟通前,我认真思考信息内容。

A. 从不　B. 有时　C. 经常　D. 总是

3. 我表现出自信,讲话时信心十足。

A. 从不　B. 有时　C. 经常　D. 总是

4. 我希望对方就我的沟通提供反馈。

A. 从不　B. 有时　C. 经常　D. 总是

5. 我注意聆听并在回答前检查我的理解是否正确。

A. 从不　B. 有时　C. 经常　D. 总是

6. 评价他人时,我努力排除各种个人成见。

A. 从不　B. 有时　C. 经常　D. 总是

7. 会见他人时,我态度积极、礼貌周到。

A. 从不　B. 有时　C. 经常　D. 总是

8. 我及时向他人提供他们需要与想要的信息。

A. 从不　B. 有时　C. 经常　D. 总是

9. 我利用单独会见检查员工的表现并辅导他们。

A. 从不　B. 有时　C. 经常　D. 总是

10. 我通过提问了解他人的想法及他们的工作进展。

A. 从不　B. 有时　C. 经常　D. 总是

11. 我分发书面指示以及提供某一任务的所有相关信息。

A. 从不　B. 有时　C. 经常　D. 总是

12. 我运用专业的电话技巧改进沟通。

A. 从不　B. 有时　C. 经常　D. 总是

13. 我通过所有可以利用的电子媒介进行沟通。

A. 从不　B. 有时　C. 经常　D. 总是

14. 我把写文章的规则应用到外部与内部沟通中去。

A. 从不　B. 有时　C. 经常　D. 总是

15. 会见、调查或做会议记录时,我使用有效的记录方法。

A. 从不　B. 有时　C. 经常　D. 总是

16. 写重要信件或文件时,我常征求可信赖的批评者的意见。

A. 从不　B. 有时　C. 经常　D. 总是

17. 我运用快速阅读技巧来提高工作效率。

A. 从不　B. 有时　C. 经常　D. 总是

18. 做演讲前，我认真准备并多次试讲，演讲取得了成功。

A. 从不　B. 有时　C. 经常　D. 总是

19. 进行内部培训时，我发挥着明显的积极作用。

A. 从不　B. 有时　C. 经常　D. 总是

20. 我安排的大型会议已达到了专业水平。

A. 从不　B. 有时　C. 经常　D. 总是

21. 我用软性和硬性推销技巧说服他人接受我的观点。

A. 从不　B. 有时　C. 经常　D. 总是

22. 谈判前，我已经对问题进行了深入研究，并熟知对方的需要。

A. 从不　B. 有时　C. 经常　D. 总是

23. 我写的报告结构合理，内容准确、简明、清晰。

A. 从不　B. 有时　C. 经常　D. 总是

24. 提出提议前，我往往进行彻底的调查。

A. 从不　B. 有时　C. 经常　D. 总是

25. 我努力了解有关听众对组织的看法。

A. 从不　B. 有时　C. 经常　D. 总是

26. 我认真考虑技巧娴熟的顾问如何帮助我解决公关问题。

A. 从不　B. 有时　C. 经常　D. 总是

27. 我与记者及其他媒体工作人员进行有益的接触。

A. 从不　B. 有时　C. 经常　D. 总是

28. 我确保由合格的专业人员来完成设计之类的专门工作。

A. 从不　B. 有时　C. 经常　D. 总是

29. 我交给广告代理商的书面指示是以明确的商业目标为基础的。

A. 从不　B. 有时　C. 经常　D. 总是

30. 我把定期与员工沟通看做重要工作。

A. 从不　B. 有时　C. 经常　D. 总是

31. 我积极接收并回应来自于员工和他人的反馈。

A. 从不　B. 有时　C. 经常　D. 总是

32. 我确定了沟通目标，并且不允许任何行为阻碍这一目标的实现。

A. 从不　B. 有时　C. 经常　D. 总是

以上选 A 得 1 分，选 B 得 2 分，选 C 得 3 分，选 D 得 4 分。

32 ~ 64 分，说明你不能有效沟通，要倾听反馈，努力从失败中吸取教训。

65 ~ 95 分，说明你在沟通方面表现一般，要针对弱点，努力提高。

96 ~ 128 分，说明你能很好地沟通，但要记住“沟通多多益善”。

（范文琼，丰晓流主编：《人际沟通技巧》，华中科技大学出版社，2009，157 – 159 页）

【拓展训练】

1. 传话游戏。将全班同学分成几个小组，每组10名同学，全部排成一排，将事先写好的一句话请排首的同学看清楚后，告知第二位同学，依次口头传递至最后一名同学。最后一名同学收到信息后到讲台上复述，看哪个团队的信息传递既快速又准确。

2. 将班上同学分为两人一组，每组自行设计话题，分角色扮演，围绕话题在讲台上进行5分钟的交流。其他同学对参与者的沟通方式进行分析讨论。

3. 全班同学每5个人组成一组。每组轮流出场，围成一个圆圈。每组请一名组员站到圆圈中间，依次接受其他四位组员的夸奖，夸奖者必须当面说出被夸奖者三个优点，被夸奖者要看着夸奖者的眼睛。每组成员轮流成为受夸奖者。要求每个人的赞美实事求是、真诚友善。

4. 我来比画你来猜。准备若干张纸，每张纸上写5个成语。每2名同学一组，2个人面对面站立，其中一个队员负责比画，另一个队员负责猜。比画者不能说出该成语及其谐音。每组比画5个成语，由一名同学负责记录每组比画的时间，用时最短的小组获胜。其余同学观察负责比画者对成语进行描述的方式和侧重点。所有小组比画结束后，全班讨论：获胜组取胜的原因是什么？在对成语描述时有什么技巧？

5. 我说你画。准备两张黑白样图，每位同学一张A4白纸和笔。第一轮请一名同学上台担任“传达者”，其余人员作为“倾听者”。“传达者”看样图一1分钟后，向“倾听者”传达画图指令，“倾听者”根据指令画图。“倾听者”不允许看样图，也不允许提问。根据倾听者所画的图，“传达者”和“倾听者”谈自己的感受。第二轮再请一位同学上台担任“传达者”，其余人员作为“倾听者”。“传达者”看样图二1分钟后，向“倾听者”传达画图指令。“倾听者”根据指令画图。“倾听者”不允许看样图，但可以不断提问，“传达者”予以解答。根据“倾听者”所画的图，“传达者”和“倾听者”谈自己的感受，并比较两轮过程与结果的差异。

6. 你作为学生代表，最近有一次和学校校长对话的机会，你想就平时很关心并需要解决的问题和校长沟通。这是你第一次与校长面对面谈话，你认为应该如何和校长谈？打算做哪些准备？

7. 将班级同学分组分角色练习推销新书，情景分别为登陌生人家门推销、给陌生人打电话推销。

8. 分角色表演。请两男两女四位同学分别扮演剧中夫妻，进行情景演练。

情景对话一

妻子：累死我了，一下午谈了三批客户，最后那个女的，挑三拣四，不懂装懂，烦死人了。

丈夫：别理她，跟那种人生气不值得。（给妻子出主意）

妻子：那哪儿行啊！顾客是上帝，是我的衣食父母！（觉得丈夫不理解她，烦躁！）

丈夫：那就换个活儿干呗，干吗非得卖房子呀？

妻子：你说得倒容易，现在找份工作多难呀！甭提怎么样，每个月我还能拿回家三千块钱。都像你的话，是轻松，可是每个月那几百块钱够谁活呀？

丈夫：嘿，你这个人怎么不识好歹？人家想帮帮你，怎么冲我来啦？

妻子：帮我？你要是有本事，像隔壁家的丈夫那样，每月挣个四五千，就真的帮我了。

丈夫:看着别人好,和他过去!不就是那几个臭钱嘛?有什么了不起?

情景对话二

妻子:累死我了。一下午谈了三批客户。最后那个女的,挑三拣四,不懂装懂,烦死人了。

丈夫:大热天的,再遇上个不懂事的顾客是够呛的。快坐下喝口水吧。

妻子:唉,挣这么几个钱不容易。

丈夫:是啊,你真是不容易,这些年,家里主要靠你挣钱撑着。

妻子:话不能这么说,孩子的功课、人品没有你下力,哪儿能有今天的模样?唉,我们都不容易。

演出后分组讨论:情景一中的这对夫妻为什么会闹别扭,问题出在哪里?情景二中的夫妻为什么如此恩爱,奥秘又在哪里?看完了这两个情景剧,你受到了什么启发?

模块五　协作能力

【情境导入】

4.3 秒奇迹

在F1赛车场上,赛车都需要有几次换轮胎的过程。众所周知,在紧张刺激的赛车比赛中,每部车都要分秒必争,因此赛车换胎需要勤务人员的团结协作。赛车的换胎团队有15名成员,他们的任务是在6秒时间内换掉4个轮胎。驾驶员必须把赛车停在机械工程旁边6~12英寸的距离内,因为机械工正等候在那里准备着扑向赛车。赛车的每个角端都站了3名机械工,其中一人手拿车轮撬,另一人卸下车轮,第三人把新车轮装到赛车上。赛车前后各有一个机械工操作千斤顶。当赛车被举起时,站在驾驶员身后的第15个人负责固定螺栓。他们实际完成时间仅为4.3秒。这个速度在平常情况下,再熟练的维修工人也是无法达到的。因为如此快的过程,不仅是分工明确,更是多人合作的结果。可以说,这样的比赛,其胜利是通过团队成员的高度协作来实现的。

((英)卡卡巴德斯,(英)约翰·班克,(英)维克姆著,金清,孔谧,译:《在团队中工作》,天津人民出版社,2009,99页)

俗话说:"三个臭皮匠,顶个诸葛亮。"我们都知道诸葛亮神机妙算,运筹于帷幄之中,决胜于千里之外,可谓是智者的化身。而三个智谋平平的臭皮匠如何能够胜过"神算子"诸葛亮呢?其根本原因是大家目标一致,团结协作而形成的强大团队力量。

第一节　协作能力概述

协作是人类的生存形态。从脱离了低级形态进化成人开始,人类就开始了协作,但是人类的协作从来没有像现在这样显示出越来越重要的作用。可以说,这是一个协作制胜的年代。正如钢铁大王安德鲁·卡内基所言:"放弃协作,就等于自动向竞争对手认输。"

每个成功者都依托着一个成功团队,英雄都寓自己于成功团队之中。个人因团队而伟大,团队是个人成长的舞台。离开了协作,就无法成就任何事业。协作精神可以使你离成功越来越近,使你更加懂得如何与他人相处,可以促使你不断挖掘自身潜力,也使你更加快乐地生活……

一、协作能力的含义

协作,就是协商与合作,倾向于表现个人与他人在团队中相互作用的行为方式。协作能力是人在交往过程中逐渐形成的一种与周围环境、社会相互适应、相互依存、相互促进、共同发展的本领,是一种综合能力。它是主体从事一切协作活动的心理特征和本质力量,是人的有关品格和素质的体现,是知与行的有机统一。

团队协作能力是在一个团队中,每个团队成员都最大限度发挥自己的潜力,在行动上相互配合、协调一致,在情感上相互帮助,相互关怀,为了团队共同的利益与目标,而激发出团队整体大于各部分的协同效应,从而逐渐积淀形成的综合素质。

协作精神则指一个群体在共同完成某项任务时,表现出共同努力、分工与协作的精神面貌,团队协作精神反映的是团队成员间相互协作、尽心尽力的态度。

协作的最高境界是全体成员的向心力、凝聚力,反映的是个体利益和整体利益的统一,进而保证组织高效运转。它是一种理想工作状态,是成功团队不可缺少的特质。

【案例 5-1】

雁行千里排成行,团结协作齐飞翔

春来秋去的大雁在飞行时总是结对为伴,队形一会儿是“一”字,一会儿呈“人”字。大雁为什么要编队飞行呢?

原来,大雁编队飞行能产生一种空气动力学的作用,一群编成“人”字队形飞行的大雁,要比具有同样能量而单独飞行的大雁多飞百分之七十的路程,也就是说,编队飞行的大雁能够借助团队的力量飞得更远。

大雁的叫声热情十足,能给同伴鼓舞,大雁用叫声鼓励飞在前面的同伴,使团队保持前进的信心。

当一只大雁脱队时,会立刻感到独自飞行的艰难迟缓,所以会很快回到队伍中,继续利用前一只大雁造成的浮力飞行。

一个队伍中最辛苦的是领头雁。当领头的大雁累了,会退到队伍侧翼,另一只大雁会取代它的位置,继续领飞。

当有的大雁生病受伤时,就会有两只大雁来协助和照料它飞行,不分日夜伴随在它的左右,直到它康复或死亡,然后它们再继续去追赶前面的队伍。

(李慧波著:《团队精神》,新华出版社,2004,16 页)

精诚团结、相互协作,可以形成强大团队的合力,取得巨大的成功。正因为此,越来越多的个人或组织开始关注团队协作,训练团队协作能力,培养团队协作精神。

二、团队协作的力量

知识经济时代的到来使得社会劳动分工进一步密集化,人们在劳动中的协作更为密切。团队作为当今最重要的资源组织形式,发挥着愈来愈重要的作用,其核心是团队协作。团队协作的力量帮助个体完善自我:一方面确立人生观、价值观、道德观,适应社会,缩短自己与社会的差距,赢得社会肯定;另一方面增强集体主义观念,增强团队荣誉感,提高与他人团结协作意识与素质。在市场经济条件下,倡导团队协作精神,培养团队协作能力,具有重要的现实意义。

(1)对团队成员的行为产生约束及影响,逐渐形成自身的行为及行事规范。这种规范同时也表现出一个团队的行为风格与准则。

(2)使团队成员期望值保持高度一致,而高度一致的期望值正是团队所要达成的目标。团队协作能够使个人目标融入和升华为集体目标,通过相互理解使得团队担负的共同目标为每个人所接受和认同,同时来自团队的社会压力也能促使团队成员敢于承诺他们的共同目标。

(3)团队内个体间的互助合作及信息共享,直接影响了团队中的每个人。团队协作精神在促进工作协同、减少内耗和不协同造成的延搁方面作用很大,产生 1 +1 >2 的效果,使个人的协同作战能力得以提高。人们互相理解、协调一致,产生最佳配合,调节劳动态度,从而增进活动效能,提高劳动生产率。

(4)个体在团队中受到团队协作精神的影响,表现出勇往直前、奋力拼搏的精神,在一定程度上丰富和发展个性,使得个体能逐渐超越原本的能力,也正是这种超常的发挥使得个人变得更加优秀。人们在交往中广泛接触,能捕捉筛选对自己的工作、学习、生活有价值的新信息,更新知识贮存,改进思维方式,变革陈旧观念,使自己的性格更加开放,既满足自身发展需要,也适应市场经济发展对人才各方面能力的客观需求。

(5)团队协作能够创造良好环境,它能形成良好的社会心理气氛,使个人健康合理的心理需要得到不同程度满足,从而产生开朗、乐观的情绪,对生活更加热爱,充满信心,提高适应能力,增强竞争信念,激励人们全身心投入到工作中,也使整个社会保持和谐稳定的秩序,从而促进社会发展。

实现职业成功需要个人的力量,更需要团队的合力。没有完美的个人,只有完美的团队。团队并不是一群人的机械组合,其最终效果是实现 1 +1 >2 的合力,而不是 1 +1 =2 的简单叠加。正如管理大师德鲁克所说:"所谓团队,就是让平凡的人做出不平凡的业绩。"这应该是团队的意义和真谛所在。团队成员取长补短,发挥每个人的优势和特长,就会产生强大的协同效应。

【案例 5-2】

微软如何走向成功

微软公司是以团队协作精神而著称的公司,如在 Windows2000 研发过程中,微软公司有 3 000 名软件工程师参与其中,他们共计写出了 5 000 万行代码。可以说,微软的成功是团队成员合作的结果。如果没有高度统一的团队协作精神,没有全部参与者的默契与分工合作,这项工程是根本不可能完成的。

微软的成功靠的是微软成员之间的合作。同样,微软内部数以百计的员工也因为微软而成了百万富翁,有的甚至成了亿万富翁,他们在各自的岗位上实现了自己的价值。

如今,很多微软的员工,可以说已经功成名就,可是他们却依然留在微软。是什么原因使这些人在生活已经足够富足的情况下,仍然愿意留在微软,为微软贡献自己的力量呢?是团队合作的力量。在微软团队中,正是和团队成员开展有效的合作,才成就了他们今日的辉煌。

对此,比尔·盖茨做出了这样的解释:“微软营造了一种开放性的氛围,在这种开放的氛围中,员工会不断有创意和灵感产生,他们的潜能也会得到最大限度的激发。在微软公司中,团队成员可以拥有整个公司的全部资源,可以利用整个团队的力量在达成共同目标的基础上,实现自己的梦想。”

(王超著:《卓越员工团队精神》,北京工业大学出版社,2013,128页)

第二节 提升协作能力

朗讯CEO鲁索说:“协作对于今天的企业而言就是生命。没有协作精神的员工是对企业的极不负责任。”协作才能发展,协作才能胜利。当今社会是一个抱团打天下的时代,个人的成功,不仅需要个人努力,更需要团队协作力量,依靠众人的智慧,使自己立于不败之地。那么,如何提升团队协作能力呢?

一、明晰团队角色

美国通用电气公司业务主管鲁本·加托夫认为:在管理中要贯彻非趋同性原则,力争把人看做是主观的,要善于打破组织内部的平衡性,鼓励个性发展。团队协作是以人的充分解放和全面发展为基础的,团队协作精神的本质就是在团队中树立一种个性意识,尊重独立性、主动性、创造性。被誉为“团队角色理论之父”的英国心理学家梅雷迪斯·贝尔宾博士认为:团队是由各种角色优势互补形成的统一体,每个人在团队中都具有双重角色,一种角色是基于工作职责所形成的“任务型”角色,另一种是基于个人的性格、气质所形成的“协作型”角色。

(一)分清团队角色

团队是由各种角色优势互补形成的统一体,在一支结构合理的团队中应该有八种角色。领导者可根据各种角色的特征给团队成员定位,让团队成员明白:自己的位置在哪里?其他团队成员的角色是怎样的?自己的责任是什么?使团队成员按照自己的定位高质量地完成工作,最终达到高效协作目的。

1. 实干者

实干者非常现实,传统甚至有点保守,他们崇尚努力,计划性强。实干者喜欢用系统的方法解决问题,他们有很好的自控力和纪律性。实干者的团队忠诚度较高,为团队整体利益着想而较少考虑个人利益。

典型特征:有责任感、高效率、守纪律,但比较保守。

优点:有组织能力、务实,能把想法转化为实际行动;工作努力,自律。

缺点:缺乏灵活性,可能会阻碍变革。

由于其可靠、高效率及处理具体工作的能力强,因此在团队中作用大;实干者不会根据个人兴趣而是根据团队需要来完成工作。

2. 协调者

协调者能够引导一群不同技能和个性的人向着共同的目标努力。他们代表成熟、自信和信任,办事客观,不带个人偏见;除权威之外,更有一种个性感召力。协调者在团队中能很快发现各成员的优势,并在实现目标的过程中妥善运用。

典型特征:冷静、自信、有控制力。

优点:目标性强,待人公平。

缺点:个人业务能力可能不会太强,比较容易将团队的努力归为已有。

协调者擅长领导一个具有各种技能和个性特征的群体,善于协调各种错综复杂的关系,喜欢平心静气地解决问题。

3. 推进者

推进者说干就干,办事效率高,自发性强,目的明确,有高度的工作热情和成就感;遇到困难时,总能找到解决办法。推进者大都性格外向且干劲十足,喜欢挑战别人,争强好胜;而且一心想取胜,缺乏人际间的相互理解,是一个具有竞争意识的角色。

典型特征:挑战性、好交际、富有激情。

优点:随时愿意挑战传统,厌恶低效率,反对自满和欺骗行为。

缺点:有挑衅嫌疑,做事缺乏耐心。

推进者是行动的发起者,敢于面对困难,并义无反顾地加速前进;敢于独自做决定而不介意别人的反对。推进者是确保团队快速行动的最有效成员。

4. 创新者

创新者拥有高度的创造力,思路开阔,观念新,富有想象力,是“点子型人才”。他们爱出主意,其想法往往比较偏激和缺乏实际感。创新者不受条条框框约束,不拘小节,难守规则。

典型特征:有创造力,个人主义,非正统。

优点:有天分,富于想象力,智慧,博学。

缺点:好高骛远,不太关注工作细节和计划,与别人合作本可以得到更好的结果时,却喜欢过分强调自己的观点。

提出新想法和开拓新思路,通常在项目刚刚启动或陷入困境时,创新者显得非常重要。

5. 信息者

信息者经常表现出高度热情,反应敏捷,性格外向。他们的强项是与人交往,在交往过程中获取信息。信息者对外界环境十分敏感,一般最早感受到变化。

典型特征:外向、热情、好奇、善于交际。

优点:有天分,富于想象力,智慧,博学。

缺点:当初的兴奋感消逝后,容易对工作失去兴趣。

信息者有与人交往和发现新事物的能力,善于迎接挑战。

6. 监督者

监督者严肃、谨慎、理智、冷血质,不会过分热情,也不易情绪化。他们与群体保持一定的距离,在团队中不太受欢迎。监督者有很强的批判能力,善于综合思考、谨慎决策。

典型特征:冷静、不易激动、谨慎、精确判断。

优点:冷静、判别能力强。

缺点:缺乏超越他人的能力。

监督者善于分析和评价,善于权衡利弊来选择方案。

7. 凝聚者

凝聚者是团队中最积极的成员,他们善于与人打交道,善解人意,关心他人,处事灵活,很容易把自己同化到团队中。凝聚者对任何人都没有威胁,是团队中比较受欢迎的人。

典型特征:合作性强,性情温和,敏感。

优点:随机应变,善于化解各种矛盾,促进团队合作。

缺点:在危急时刻可能优柔寡断,不太愿意承担压力。

凝聚者善于调和各种人际关系,在冲突环境中其社交和理解能力会成为资本;凝聚者信奉"和为贵",有他们在的时候,人们能协作得更好,团队士气更高。

8. 完美者

完美者具有持之以恒的毅力,做事注重细节,力求完美;他们不大可能去做那些没有把握的事情;喜欢事必躬亲,不愿授权;他们无法忍受那些做事随随便便的人。

典型特征:埋头苦干,守秩序,尽职尽责,易焦虑。

优点:坚持不懈,精益求精。

缺点:容易为小事而焦虑,不愿放手,甚至吹毛求疵。

对于那些重要且要求高度准确性的任务,完美者起着不可估量的作用;在管理方面崇尚高标准、严要求,注意准确性,关注细节,坚持不懈。

从以上的角色描述,我们可以得出结论:实干者善于行动,团队中如果缺少实干者,则会大乱;协调者善于寻找到合适的人,团队中如果缺少协调者,则领导力不强;推进者善于让想法立即变成行动,团队中如果缺少推进者,工作效率将会不高;创新者善于出主意,团队中如果缺少创新者,则思维会受到局限;信息者善于发掘最新"情报",团队中如果缺少信息者,则会比较封闭;监督者善于发现问题,团队中如果缺少监督者,则工作绩效不稳定甚至可能大起大落;凝聚者善于化解矛盾,团队中如果缺少凝聚者,则人际关系将会变得紧张;完美者强调细节,团队中如果缺少完美者,则工作会比较粗糙。

(二)定位自身角色

在团队中,如果想把工作做好,就需要清楚自己在团队中的角色。如果你对自己的角色定位不清楚,或角色意识模糊,那么在工作中就会感到无所适从。认清自己的团队角色,需要做到以下几点。

1. 正确认识自我

正确认识自我是明晰个人团队角色的前提。在生活中,一个人如果不能正确认识自我,就会人云亦云、随波逐流,找不到自己的人生定位。同样,一个人在团队中不能正确认识自我,就容易感到迷茫,工作无所适从,手忙脚乱,给自己带来痛苦和压力。所以,要想正确认识自己的团队角色,首先必须正确认识自我。

认识自我可以按照这样的程序进行。首先,把你现在的工作生活和以前的工作生活状况进行对比,这样可以更清楚地了解自己。其次,要从别人对你的评价中认识你自己。自己最容易看不清自己,周围的人对你的看法可以帮助你更清楚地了解自己。再次,从你的工作和事业中认识自己,你的事业心怎样,你是喜欢这份工作,还是为了生计勉强应付等。最后,从你的兴趣点来认识自己,你的兴趣在哪里,你对它是一时的兴致所起,还是发自内心的热爱等。通过对这些问题的了解,可以让你更清楚地认识自己。

【案例 5-3】

小张的职场弯路

小张大学毕业后在一家公司做行政助理,行政工作琐碎繁杂、千头万绪,但是小张处理起来得心应手、有条不紊,深得领导赏识。

一天,小张偶遇一位大学同学,了解到这位同学在做房地产销售,赚了不少钱,才几年光景,房子和车子都有了。再想想自己,在大学期间各方面都比这位同学优秀,而自己现在一个月拿着几千块钱工资,每天上班在公交车上挤来挤去。她心里很失落,更多的是不甘心。于是她辞掉了做得非常顺手的工作,转向房地产销售。

折腾了不少日子,她终于找到了一份房地产销售工作。但她很快发现,这个工作根本不适合自己。她不善交际,每次和客户沟通时心理压力都很大,面对客户的追问,她常常难以应付。因此,她感到工作力不从心,业绩也不佳,薪资待遇也就止步不前。折腾了大半年,小张进退两难:如果继续干下去,她觉得自己胜任不了;再去做行政助理,却要重新开始。

（王超著:《卓越员工团队精神》,北京工业大学出版社,2013,30 页）

2. 正确认识工作

我们每个人在团队中要扮演两种角色:一个是“协调型”角色,那是由我们的性格和气质等自然属性所决定的;另一个是“任务型”角色,那是由我们的工作职责和工作性质所决定的。要认识自己的团队角色,我们就有必要对自己的工作有一个明晰的认识。

(1)了解自己的工作职责。只有了解工作职责,才能正确认识自己工作的主要内容,从而在工作中做到有的放矢。

(2)了解自己工作的主要权限。只有了解自己的工作权限,才能在工作中做到到位而不越位,不至于发生角色混乱。

(3)了解谁是自己的直接领导。工作中一定要支持你的直接领导,接受他的决定和安排。一般情况下,不要越级汇报。

3. 介入团队事务

你一定要知道什么时候以最合适的团队角色出现,也要知道什么时候应该保持沉默。不是团队中的每件事情你都要参与,即使你参与了也要知道你是以什么身份跟进的。这样,你才能知道在团队中,什么事情该做,什么事情不该做。

4. 灵活转换角色

随着团队目标的不断变化,个人角色也在不断转换。这个时候团队赋予你的权利和角色也发生了变化。你要尽快让自己适应这种变化,而不是让团队去适应你。在团队角色转换的过程中,你也要让其他成员知道你的这种变化,避免发生不必要的冲突。

团队是一个整体,需要不同的角色配合,有时候仅仅了解自己在团队中的角色是不够的，还需要弄清他人在团队中的角色。但是，团队角色并没有职位说明书，也没有贴上标签，有时候我们对别人的团队角色容易发生认知偏差。为了更好地认识他人的团队角色，避免发生偏差，我们需要经常和其他成员及时沟通。

【自我测试】

贝尔宾团队角色自测问卷

对下列问题的回答，可能在不同程度上描绘了您的行为。每题有八句话，请将总分10分配给每题的八个句子。分配的原则是：最体现您行为的句子分最高，以此类推。最极端的情况可能是10分全部分配给其中某一句话，另外七句话不得分。请根据您的实际情况把分数填入后面的表中。

1. 我认为我能为团队做出贡献是：

A. 我能很快地发现并把握住新的机遇。

B. 我能与各种类型的人一起合作共事。

C. 我生来就爱出主意。

D. 我的能力在于，一旦发现某些对实现集体目标很有价值的人，我就及时把他们推荐出来。

E. 我能把事情办成，这主要靠我个人的实力。

F. 如果最终能导致有益的结果，我愿面对暂时的冷遇。

G. 我通常能意识到什么是现实的，什么是可能的。

H. 在选择行动方案时，我能不带倾向性，也不带偏见地提出一个合理的替代方案。

2. 在团队中，我可能有的弱点是：

A. 如果会议没有得到很好的组织、控制和主持，我会感到不痛快。

B. 我容易对那些有高见而又没有适当地发表出来的人表现得过于宽容。

C. 只要集体在讨论新的观点，我总是说得太多。

D. 我的客观看法，使我很难与同事们打成一片。

E. 在一定要把事情办成的情况下，我有时使人感到特别强硬以至专断。

F. 可能由于我过分重视集体的气氛，我发现自己很难与众不同。

G. 我易于陷入突发的想象之中，而忘了正在进行的事情。

H. 我的同事认为我过分注意细节，总有不必要的担心，怕把事情搞糟。

3. 当我与其他人共同进行一项工作时：

A. 我有在不施加任何压力的情况下，去影响其他人的能力。

B. 我随时注意防止粗心和工作中的疏忽。

C. 我愿意施加压力以换取行动，确保会议不是在浪费时间或离题太远。

D. 在提出独到见解方面，我是数一数二的。

E. 对于与大家共同利益有关的积极建议我总是乐于支持的。

F. 我热衷寻求最新的思想和新的发展。

G. 我相信我的判断能力有助于做出正确的决策。
H. 我能使人放心的是，对那些最基本的工作，我都能组织得“井井有条”。
4. 我在工作团队中的特征：
A. 我有兴趣更多地了解我的同事。
B. 我经常向别人的见解进行挑战或坚持自己的意见。
C. 在辩论中，我通常能找到论据去推翻那些不甚有理的主张。
D. 我认为，只要计划必须执行，我有推动工作运转的才能。
E. 我有意避免使自己太突出或出人意料。
F. 对承担的任何工作，我都能做到尽善尽美。
G. 我乐于与工作团队以外的人进行联系。
H. 尽管我对所有的观点都感兴趣，但这并不影响我在必要的时候下决心。
5. 在工作中，我得到满足，因为：
A. 我喜欢分析情况，权衡所有可能的选择。
B. 我对寻找解决问题的可行方案感兴趣。
C. 我感到，我在促进良好的工作关系。
D. 我能对决策有强烈的影响。
E. 我能适应那些有新意的人。
F. 我能使人们在某项必要的行动上达成一致意见。
G. 我感到我的身上有一种能使我全身心地投入到工作中去的气质。
H. 我很高兴能找到一块可以发挥我想象力的天地。
6. 如果突然给我一件困难的工作，而且时间有限，人员不熟：
A. 在有新方案之前，我宁愿先躲进角落，拟订出一个解脱困境的方案。
B. 我比较愿意与那些表现出积极态度的人一道工作。
C. 我会设想通过用人所长的方法来减轻工作负担。
D. 我天生的紧迫感，将有助于我们不会落在计划后面。
E. 我认为我能保持头脑冷静，富有条理地思考问题。
F. 尽管困难重重，我也能保证目标始终如一。
G. 如果集体工作没有进展，我会采取积极措施去加以推动。
H. 我愿意展开广泛的讨论，意在激发新思想，推动工作。
7. 对于那些在团队工作中或与周围人共事时所遇到的问题：
A. 我很容易对那些阻碍前进的人表现出不耐烦。
B. 别人可能批评我太重分析而缺少直觉。
C. 我有做好工作的愿望，能确保工作的持续进展。
D. 我常常容易产生厌烦感，需要一两个有激情的人使我振作起来。
E. 如果目标不明确，让我起步是很困难的。
F. 对于我遇到的复杂问题，我有时不善于加以解释和澄清。
G. 对于那些我不能做的事，我有意识地求助于他人。
H. 当我与真正的对立面发生冲突时，我没有把握使对方理解我的观点。

自我评价分析表

题号	实干者	分数	协调者	分数	推进者	分数	创新者	分数	信息者	分数	监督者	分数	凝聚者	分数	完美者	分数
1	G		D		F		C		A		H		B		E	
2	A		B		E		G		C		D		F		H	
3	H		A		C		D		F		G		E		B	
4	D		H		B		E		G		C		A		F	
5	B		F		D		H		E		A		C		G	
6	F		C		G		A		H		E		B		D	
7	E		G		A		F		D		B		H		C	

说明:分数最高的一项就是你表现出来的角色,分数第二高和第三高的项就是你的潜能,如果分数在10分以上有三项,证明这三样都可以扮演,这个看你的兴趣和能力在哪里了。一般来说5分以下,你不能去扮演这个角色,15分以上证明你这个角色表现很突出。

(穆学君,英宝有主编:《高职学生职业素质培养》,高等教育出版社,2009,131页)

二、融入团队目标

团队的战略目标是团队协作的前提,在一个团队中,只有运用战略目标来统一成员行动,才能团结一致,发挥以十当一的协同作用。

(一)明确团队目标

有人做过一个调查,问团队成员最需要团队领导做什么,70%以上的人回答,希望团队领导指明目标或方向;而问团队领导最需要团队成员做什么,约80%的人回答,希望团队成员朝着目标前进。明确团队目标方向,与团队目标相融合,不但能使团队成员团结一致向前看,而且能释放团队成员的潜能,使成员在各自岗位上找到最佳的协作方式,并为此而共同奉献。

新员工一般都要接受公司培训。所以,新员工从进入公司的第一天就应该明白公司的愿景,这个愿景就是全体职员的共同目标。一个公司是一个大的团体,向着共同的愿景而努力;一个部门也是一个团体,也有自己的共同目标。换句话说,只要是一个团体,就会有共同的目标。一个公司、一个部门、一个科室,都有自己的共同目标。团队级别越小,目标就越具体,相对来说也就比较容易实现。作为团队中的一员,你有义务、有责任去明确团队的共同目标。而且,不仅要明确大目标,还要明确小目标。举个例子,假如你是东风汽车集团股份有限公司专用设备厂设备制造车间的一名职员,你至少要明确三个共同目标:东风公司的愿景、东风公司专用设备厂的总体目标、设备制造车间的目标。

【案例5-4】

蚂蚁灭火

有一位英国科学家点燃一盘蚊香，并把它放进蚁巢，观看蚂蚁的反应。蚊香刚进去的时候，蚂蚁表现得十分惊恐慌张，十几分钟过去了，这些蚂蚁慢慢平静了下来，许多蚂蚁向蚊香靠拢，向燃烧的蚊香喷射自己的酸液。然而，一只蚂蚁能够射出的蚁酸十分有限，根本不足以把蚊香扑灭，因而一些蚂蚁成了葬身火海的勇士。但是，它们并不气馁，而是更加齐心协力地爬向蚊香。又有一只只蚂蚁壮烈牺牲了，蚊香最终被扑灭了。这时活下来的蚂蚁将"战友们"的身体移送到附近的一块"墓地"，安放在那里。

这位科学家又将燃烧的蜡烛放到蚁巢中，继续观察蚂蚁的反应。这一次对蚂蚁来说是个更大的火灾，但这次蚂蚁已经能够熟练地应付火灾，它们有条不紊地扑火，很快蜡烛就被扑灭了，而蚂蚁无一伤亡。

一只蚂蚁要想活命，仅仅靠自己的力量是难以实现的。如果众多蚂蚁把自己活命的目标融入到群体生存的目标之中，为了这个目标协同合作、群策群力，虽然有个别蚂蚁为了群体活命而牺牲了生命，但群体中的多数性命得以保存。

（王超著：《卓越员工团队精神》，北京工业大学出版社，2013，54页，略改）

作为团队一员，只有将个人力量融入群体力量之中，才能获得强大的力量；只有将个体利益融入群体利益之中，才能获得真正的利益；只有将个体权利融入群体权利之中，才能获得广泛的权力；只有将个体发展融入群体发展之中，才能获得不断地发展；只有将个人目标融入到团队目标中，才能在实现团队目标过程中达成个人目标。因此，一旦发现自己的目标和团队目标不一致，首先要做的就是调整个人目标。

（二）确定个人目标

1. 制定目标

目标一定要切合实际，不要超出自己的能力，同时要兼顾富有挑战性。只有这样，你才能有张有弛、伸展自如。一个目标，如果实现的可能性是100%，那它就不再是目标了，它纯粹是一种施舍。目标要能够激励你工作比以前更辛勤一些，人力、物力投入更多一些，才能够达到。同时，目标要尽量具体，要有可以衡量的标准。

2. 书写目标

将目标写下来并呈现在自己面前。这个时候你的意识就会突然觉醒："哎，这会儿是来真的了！"你就难以逃脱对目标的承诺。因为你要追求成功，不要留下什么选择余地。具体而言，就是在纸上用肯定的语言写下："我一定要……"不必太多，一句话即可，这就是你必须兑现的承诺，或者说是大的方向。

3. 列出理由

追求目标的动力比目标本身更能激励人。建议你简明扼要地、肯定地写下实现目标的充分理由，告诉自己实现目标的把握和它们对你的重要性。并问自己："我为什么一定要这么做?”尽可能多地将这些理由一一列出,这将成为你实现目标的动力源泉。

4. 分解目标

针对你的目标,制定实现它的每一个步骤,并且自问:我第一步该如何做才会成功?是什么阻碍了我,我该如何改变?一定要记得你的计划从即日开始,千万不要好高骛远。从时间上来说,设定一个长期目标,同时还要设立一个短期目标,这样的做法能让长远的目标得到检验以及调整修正,使你保持积极心态。

5. 评估自己

分析自己最强和最弱的地方分别是什么,规划出你最需要学习的是什么。大部分人会在设定目标的时候犯下一个大错误:就是设定目标之前没有事先检查一下是不是已有一个良好的基础。因此,现在要做的就是列出你自己的各种重要资源。当你进行一个计划,就要知道会使用哪些工具。列出一张你拥有的资源清单,里面包括自己的个性、朋友、财物、教育背景、时限、能力以及其他资源,这份清单越详尽越好。列出清单后,请你写下完成目标本身所具有的条件。

6. 找出经验

接下来请你回顾过去,你所列的资源中有哪些运用得很熟。回顾过去,找出你认为最成功的两三次经验,仔细想想是做了些什么事,才让你的事业、健康、财务、人际关系方面获得了成功,请记下这些事情。

7. 列出障碍

成功必须要克服障碍。可以说,没有什么失败不是由障碍所造成的。在通往目标的大道上,你所遇见的每一个障碍,其实都可以用来帮助你实现目标。所以要先确认你的障碍,将它们列出来。然后,对你面前的障碍设定顺序,找出哪一件事情影响最大,集中全力解决通往成功路途中的大石块。

8. 补习知识

我们居住在一个以知识为基础的社会中,不论你设定了什么目标,想要完成它,必定需要许多知识来完成它。你需要自我成长,需要不断学习、阅读,吸收新知识来完成你的目标。首先,确认你需要哪些知识;其次,为你需要的知识设定优先级;最后,要善于提问请教别人,多请教他人有助于你成功。

9. 可视目标

可视化是将你所期待的目标形成一个清晰的景象,并将其形象化。在你心中的荧幕上,不断强化这个已经认可的景象,想象目标已经实现的样子。不断重复,直到这个景象深深地进入你的潜意识。

10. 核对目标

核对你的目标:①用肯定语气来预期你的结果,说出你的希望;②结果要尽可能具体,还要确定完成的期限;③抓住主动权;④衡量是否对社会有利;⑤在实施过程中对目标进行定期总结、检查和更新。

【案例 5-5】

“健康第一”的成功目标管理

美国有家名为“健康第一”的非营利连锁医院,20 世纪 90 年代初,医院的医疗服务质量低下、话费超支、问题重重。

后来,医院的管理团队针对问题设立了六大目标,并将目标分解至一线员工。每年年初,主管会与每位员工会面,跟他们讨论个人的年度工作目标以及必须完成的任务,以协助医院达到既定的六大目标。例如,在减少支出的目标上,主管会告知每一名员工,在他的职责范围之内,今年必须减少百分之三的支出,在年中时,主管会检视员工的目标达成度。员工的薪资的百分之四十依照个人及工作团队的目标达成度而定。

在医院明确地连接起员工及企业的目标后,不到一年时间,病人对医院的满意度便增长了一倍,成本控制也成效卓著。

(李金玉著:《团队精神全集》,海天出版社,2009,37 页)

在处理团队目标和个人目标关系时,有人会错误地认为培育协作能力就是要求团队每个成员都牺牲小我、换取大我,否则就有违团队精神,就是个人主义在作祟。但一味趋同的结果必然导致团队成员的个性创造和个性发挥被扭曲和湮没,没有个性就意味着没有创造,这样的团队不具备持续创新能力。其实团队不仅仅是人的集合,更是能力的有机结合。团队精神的实质不是要团队成员牺牲自我去完成一项工作,而是要充分利用和发挥团队所有成员的个体优势。团队是由个体结合而成的,但它不是简单的人群组合,而是由一群心理上相互认知,行为上相互支持、相互影响,利益上相互联系、相互依存,目标上有共同追求的人们结合在一起的共同体。

三、保持高度忠诚

(一)忠诚大于能力

在一项针对世界著名企业家的调查中,当调查者问到“您认为员工最应该具备的品质是什么”时,几乎所有的企业家都无一例外地选择了“忠诚”。人的职业生涯中,忠诚比能力更重要。忠诚是最宝贵的职业道德,是公司的需要,是团队的需要,也是个人的需要。在现代人力资源管理中,员工与公司被普遍认为是一对互利共生体,两者是和谐统一的:公司拥有忠诚和有能力的员工,业绩才会得到保证;员工必须依赖公司的平台才能获得物质报酬和满足精神需要。合作双方能否相互忠诚是决定双方能否共赢的关键。如果一个人失去了对公司的忠诚,那他也失去了成功的机会。

忠诚是一种高度的职业责任感,是承担某一责任或者从事某一职业所表现出来的敬业精神。忠诚主要体现在尽职尽责、积极主动,不从事任何与履行职责相悖的事务。此外,忠诚还有一个最重要的特征,就是忠实于公司利益,并且不以此作为寻求回报的筹码。可以说,忠诚是职场人士的做人之本,忠诚于公司,忠诚于老板,实际上也是忠诚于自己的事业。员工只有具备了忠诚品质,才能赢得公司信赖,取得事业成功。不管你是否才华横溢、能力出众,只要你渴望担当大任,渴望获得更为广阔的发展舞台,就应该抛除“外心”、献出忠诚,用自己的敬业态度来争取。当你将整个身心彻底融入公司事务之中,尽职尽责,处处为公司着想,解决公司难题,做出成绩,你就一定会成功。

【案例5-6】

克里斯德的忠诚

美国人克里斯德是一家高科技公司的优秀工程师。这家高科技公司的规模并不大,它们时刻面临着规模较大的比利孚公司的压力,处境很艰难。

有一次,克里斯德应比利孚公司技术部经理史密斯之邀共进晚餐。在饭桌上,史密斯问克里斯德:“只要你把公司里最新产品的数据资料给我,我会给你很好的回报,怎么样?”

“别说了!这是不可能的!永远不可能!”性情温和的克里斯德愤怒地说,“我的公司虽然规模不大,效益也不好,但我决不会出卖我的良心做这种见不得人的事,我不可能答应你的任何要求。”

“很抱歉,克里斯德先生,我为我所说的话感到羞愧。”史密斯经理不但没有生气,反而自责起来,他颇为欣赏地拍拍克里斯德的肩膀对他说,“这事儿就当我没说过。来,为我们的友谊干杯!”

后来,克里斯德所在的公司因经营不善而破产了。克里斯德失业了,更糟糕的是,由于年龄原因,他找工作时碰了很多壁,伤心的克里斯德只好在家里等待机会。

有一天,克里斯德突然接到比利孚公司总裁的电话,让他去一趟总裁办公室。克里斯德百思不得其解,不知“老对手”公司找他什么事。他疑惑地来到比利孚公司,出乎意料的是,比利孚公司的总裁热情地接待了他,并请克里斯德来他们的公司做技术部经理——大红聘书早就准备好了,非常正规。

克里斯德很吃惊,根本不敢相信眼前的一切:“请问,我能知道这是为什么吗?我能知道你们为什么这样信任我吗?”

“是史密斯先生向我推荐的你,他说你是他所尊敬的人。”总裁笑着说,“史密斯先生现在已经因病住院了,他以后也很难好起来了。在病床上,他向我说起了那件事并郑重地推荐了你。你的技术水平是出了名的,你的正直更让我佩服,你是值得我信任的那种人!”克里斯德这才明白是怎么回事。

此后,克里斯德凭着自己的技术和管理水平,成为一流的职业经理人。

(洁岛编著:《世界500强员工的15种品格》,中国工人出版社,2006,7页)

员工忠实于自己的公司,忠实于自己的老板,其实就是在忠诚于自己。因为忠诚是成功的基础,是卓越员工的首要特质。忠诚可以增强集体竞争力和凝聚力,使公司更加兴旺发达,一个对公司忠诚的员工,一定会获得老板的信任和赏识,他的事业也会在此基础上不断取得进步。公司在发展过程中,也总是在有意无意地考验员工的忠诚度,谁更能经得住考验,公司给予他的回报就越大。

(二)培养员工忠诚

1. 热爱本职工作

限于能力、经验、学历、背景等诸多原因，很多人并不是一开始便找到自己心爱的工作，他们可能正从事着一项并不如意的职业。这时候，就要树立一种“热爱工作”的信念。当他有了这种信念之后，才会在工作和事业上永葆进取之心，脚踏实地一步步向着自己的目标迈进。

2. 保持敬业精神

敬业的员工，会把自己所从事的工作当成生命中最伟大的一项事业来做，即使他们遇到各种各样的困难，也能以高度负责的态度，为工作付出全部努力。当敬业精神根植于内心之后，他做起事来就会积极主动，并能从中寻找到人生的乐趣。人们常常通过工作来体现人生价值，完成个人使命。一个缺少敬业精神的人，不会把眼前工作同个人使命和人生价值结合起来。可以毫不夸张地说，不忠于职守的人不可能有出息，更不可能受重用。具有强烈敬业精神的人，才能出类拔萃，成就事业辉煌。

3. 做好每件小事

机遇对每个人都是公平的，它就像一块柔软的橡皮泥，到底变成什么形状，由捏橡皮泥的人自己决定。不要为自己没有遇上惊天动地的大事情而沮丧，因为机遇并不一定隐藏在大事情中间。很多时候，一些看似不起眼的小事，也可以改变你的命运。工作中，你必须认真对待每一件看似不起眼的小事，因为小事也能造就成功。

【案例5-7】

每桶四美元

阿基勃特是美国标准石油公司的一名小职员。他有个外号叫“每桶四美元”。这是因为他每次在旅馆住宿或书信及收据上签名时，总要在自己名字的下方认认真真写上“每桶四美元的标准石油”几个字。

公司董事长洛克菲勒知道后说：“竟有这样努力宣扬公司声誉的职员，我一定要见见他。”于是盛情邀请阿基勃特共进晚餐。多年以后洛克菲勒卸任，阿基勃特做了第二任董事长。

(新浪网，http://book.sina.com.cn/nzt/1094193666_selfdrive/index.shtml)

当忠诚敬业成为习惯之后，或许不能立即为你带来可观的收入，但它可以奠定你事业成功的坚实基础。忠诚的员工容易获得他人的信任和支持，也常常会被委以重任。如果你渴望事业成功，就要保持高度忠诚，让它成为你忠实践行的工作准则。

四、打造完美执行力

(一)执行力决定竞争力

执行力就是贯彻战略意图，完成预定目标的操作能力，是把团队的战略、规划转变成效益的关键。团队执行力是由团队成员的个人能力构成的,只有团队成员个人执行能力强,才会有高效的团队执行力。对个人来说,执行力是个人能力的一种体现,是个人完成某一目标和任务的能力。如果你没有执行力,就无法证明自己的能力。如果无法证明个人能力、展现个人才华,就无法获得发展的机会。

对个人来讲,执行力主要包括战略分析能力、标准设定能力、时间划分能力、岗位行动能力、过程控制能力、结果评估能力等六个要素。

(1)战略分析能力,就是把企业的总体战略分拆为具体的工作步骤和类型的能力。

(2)标准设定能力,就是对每项工作的流程、执行以及结果都设定合适的操作标准和评定标准。

(3)时间划分能力,就是围绕工作,合理安排自己的时间,这样可以使自己对工作进程有一个好的掌控。

(4)岗位行动能力,就是对自己的岗位职责有明晰的认识,并且积极地去实施岗位行动,完成岗位任务的能力。

(5)过程控制能力,就是对执行过程进行合理而到位的控制,使执行不出偏差,并在预设的方向上进行。

(6)结果评估能力,就是对自己工作的结果进行评估,正确评价自己的行为,找出其成功和不足之处,作进一步改进,从而提升自己的执行能力。

执行力决定竞争力,一个企业没有执行力就没有竞争力,一个员工没有执行力就会被企业淘汰。执行力不仅是企业和组织问题,也是企业员工肩负的重任。一个团队的核心竞争力只有在执行当中才可以被培养。团队成功要靠高效的执行来保证,如果一个团队没有高效的执行力,那么再宏伟的蓝图、再高利润额度的项目、再好的管理机制,也只是海市蜃楼,永远无法实现。

(二)如何提升执行力

1.分解细化团队目标

执行是将目标分解细化并且将目标逐一落实的过程,团队的目标大都宏观、远大。如果不对这些目标进行细化分解,大目标显得模糊不清。把一个复杂的目标分解为多个详细的、具体的目标,我们在执行的时候,就能目标清晰、方向正确,少做无用功,从而提高执行效率。将目标分解细化需要遵循以下几个原则。

(1)将目标细化到日常工作,使自己每天都有明确的可以达成的目标,从而提高工作效率。

(2)在设定目标时,还要设定目标完成的时限。仅仅对目标进行分解,而不设定目标完成的时间,容易拖沓,从而影响执行效果。

(3)一步一个脚印地达成目标。目标即使细化到每一天,如果不付出努力去实现,目标也只是空中楼阁。所以,我们不仅要细化目标,更要有达成目标的行动。

【案例 5-8】

卡罗 · 道恩斯的晋升

卡罗 · 道恩斯原来是一名普通的银行职员，后来受聘于一家汽车公司。工作了六个月之后，他想试试是否有提升的机会，于是直接写信向老板杜兰特先生毛遂自荐。老板给他的答复是："任命你负责新厂机器设备的安装工作，但不保证加薪。"

道恩斯没有受过任何工程方面的培训，根本看不懂图纸。但是，他不愿意放弃任何机会。于是他发挥自己的领导才能，自己花钱找到一些专业技术人员辅助完成了安装工作，并且提前了一个星期。结果，他不仅获得了提升，薪水也增加了 10 倍。

老板后来对他说："我知道你看不懂图纸，如果你随便找一个理由推掉这项工作，我可能会让你走。我最欣赏你这种工作不找借口的人！"道恩斯如果起初以不懂图纸为由，拒绝这一项工作，也许便没有后来的成功人士道恩斯了。

（[美] 凯普著，大象译：《没有任何借口 Ⅱ》，中国工人出版社，2004，102 页）

2. 将服从命令当成习惯

服从是提高团队执行能力的重要保障。对于团队来说，团队目标的实现，离不开高效的团队执行能力，而高效的团队执行力离不开团队成员绝对地服从意识。对于个人来说，服从是个人前途的指路牌，是每一位职场人士都必须遵守的第一要义。

培养自己的服从意识，首先，要树立大局观念、集体意识和责任意识；其次，对于上司的决定和命令，要无条件执行；再次，要让遵守团队的规章制度成为自觉行为；最后，要自律，纪律面前不搞特殊化，自觉遵守团队纪律。

【案例 5-9】

把信送给加西亚

罗文，美国陆军中尉。1898 年古巴独立战争期间，为了与古巴起义军首领加西亚将军取得联系，美国总统威廉 · 麦金利派罗文送信，加西亚隐藏在古巴山区，没有人知道他到底在哪里。罗文却毫不犹豫、没有任何推诿地接受了这项艰险的任务。他用油布把信裹上，放在胸前，搭乘一只无帆小船到了古巴，接着消失在丛林中，独自一人历尽千难万险，在极端艰难的困境下，用了三个星期徒步穿过这个危机四伏的国家，以绝对的忠诚、高度的责任感和创造奇迹的主动性，把信件交给了加西亚将军。其后，有关罗文如何把信送给加西亚的故事以及罗文身上所体现的忠诚、责任、敬业、勤奋、创造精神，随着《致加西亚的信》这本书，在全世界广为流传。"送信人"也成了主动性、责任心、执行力和创造力的象征。

（李慧波著：《团队精神》，新华出版社，2005，29 页，略改）

3. **做到日事日清日毕**

日清日毕就是当天的事情当天完成,并且每天的工作质量都要有所提高。比尔·盖茨说:"要我做一件事情,我得立即去做,空谈无济于事。"作为团队的一员,首先,对于领导交办的事情,要做到"今日事,今日毕";其次,在众多工作安排中,分清轻重缓急,先做最重要的事情。

执行就是要严格遵照指示做事并立即付诸行动,其最佳的表现就是行动、行动、再行动。只要你养成"立即行动"的行为习惯,保持"言必行,行必果"的工作态度,就能培养出超强的执行力。

4. **执行务必关注细节**

执行力强弱体现在细节上。我们常常面对一些看似琐碎、简单的事情,若在每一个环节连接上、每一个细节处理上不到位,就会导致目标搁浅。只有在细节上追求完美,才能达到工作的最高境界。

【案例 5-10】

细节成就完美执行

有一天,一位中年女士从对面的福特汽车商行走进吉拉德的汽车展销厅,她说想在这儿看看车打发一会儿时间。闲谈中,她告诉吉拉德她想买一辆白色的福特车,就像她表姐开的那辆一样,但对面福特车行的推销员让她过一小时后再去,所以她就先来这儿看看。

"夫人,欢迎您来看我的车。"吉拉德微笑着说。女士兴奋地告诉他:"今天是我 55 岁的生日,想买一辆白色的福特车送给自己作为生日礼物。""夫人,祝您生日欢乐!"吉拉德热情地祝贺道。随后,他轻声地向身边的助手交代了几句。吉拉德领着这位女士从一辆辆新车面前慢慢走过,边看边介绍。在来到一辆雪弗莱车前时,他说:"夫人,您对白色情有独钟,瞧这辆双门式轿车,也是白色的。"

就在这时,助手走了进来,把一束玫瑰花交给了吉拉德。他把这束漂亮的花送给了这位女士,再次对她的生日表示祝贺。

女士感动得热泪盈眶,非常激动地说:"先生,太感谢您了,已经很久没有人给我送过礼物。刚才那位福特车行的推销员看到我开着一辆旧车,一定以为我买不起新车,所以在我提出要看一看车时,他就推辞说需要出去收一笔钱,我只好上您这儿来等他。现在想一想,也不一定非要买福特车不可。"后来,这位女士就在吉拉德那儿买了一辆白色的雪弗莱轿车。

正是这些细小的爱心行为,为吉拉德带来了空前效益,使他创造了 12 年推销 13 000 多辆汽车的纪录,在世界传为美谈。

(杰伊·瑞芬博瑞著,任月园译:《没有任何借口》,浙江人民出版社,2013,13 页)

五、赢取支持与帮助

(一)相互支持和帮助是团队协作的基础

团队的存在是以成员的相互信任和支持为基础的。当今世界是一个以合作取胜的世界,每个人的成功都离不开别人的支持和帮助。要获得别人的支持和帮助,首先就要信任、支持和帮助别人。只有信任别人你才愿意去帮助别人,在帮助别人的过程中,你会收获一种强者感觉,这种感觉会使你更加努力向上,走向卓越。

作为团队成员,如果我们对队友怀疑、猜忌,同事遇到麻烦,不去伸手援助,而是躲到一边,冷眼旁观、幸灾乐祸,那么等你遇到问题,需要别人拉你一把时,别人也会以同样的态度回报你。

企业管理专家阿瑟·卡维特·罗伯特斯说过这样一句话:优异的成绩是通过一场相互支持的接力赛取得的,而不是一个简单的竞争过程。作为团队成员,我们必须相互信任、相互支持,才能创造出辉煌的业绩。

【案例5-11】

帮助别人成就自己

20世纪50年代,一个名叫丹尼尔的年轻人,从一个偏远的小山村到纽约闯世界。丹尼尔没有上过大学,也没有工作经验,要想在人才济济的纽约找到一份称心如意的工作,毫无疑问比登天还难,没有一家公司愿意雇用他。

就在他灰心丧气的时候,一个日用品公司给他发出了面试通知。可是对于主考官关于各种商品专业知识方面的提问,他一无所知,一句话也答不上来。因为这些商品他从来没有接触过,也从来没有听说过。工作机会眼看就要消失,在主考官转身退出办公室的那一瞬间,丹尼尔不甘心地问道:"先生,我想问一下,贵公司到底需要什么样的人才呢?"

主考官说:"我们需要一个能把仓库里的商品卖出去的人。"

回去之后,丹尼尔反复咀嚼主考官的话,忽然豁然开朗。其实不管哪家公司,需要的都是能够帮助他们解决实际问题的人。于是他在一家报纸刊登一则奇特启事:以我本人的信用做担保,如果您或您的公司遇到难处,需要帮助,而且我也正好有能力给予帮助,我一定竭力提供最优质的服务。这则启事一刊登,丹尼尔便接到各种各样的求助电话:有人为猫咪生下小猫咪照顾不过来而愁,有人为想要买猫咪而找不到卖主而发愁,有的小学需要大量奶源,而有的牧场却奶源过剩……

丹尼尔将这些情况进行整理分类,然后根据情况毫无保留地去告诉那些需要帮助的人们。在帮助别人的过程中,他灵机一动:为何不注册一家自己的公司?这样可以更好地帮助别人。

由于丹尼尔在帮助别人的过程中留下了良好口碑,大家有什么需要都到他的公司,并且积极替他的公司做宣传。这样丹尼尔的公司越开越好、越做越大。不久,他就成为纽约年轻的百万富翁了。

(我的搜狐,http://ww1368boy.blog.sohu.com/92953829.html,略改)

支持他人、帮助他人,才会赢得别人的支持和帮助,只有在别人的支持和帮助下,自己才能成就大业。在团队中更是这样,只有团队成员之间相互信任和支持,才能形成强大的凝聚力去达成团队目标。

(二)如何赢取支持与帮助

作为团队一员,我们必须学会支持和帮助他人,然后在他人的支持和帮助下,达成个人目标和团队目标。那么,如何赢取支持和帮助呢?

1. 不要离开团队

能够在一个和谐的、相互支持和帮助、共同进取的团队中工作和生活,是一件很幸福的事情。团队给予我们的帮助不仅仅是物质方面的,更多时候是精神方面的。团队能鼓舞我们的斗志,能给我们归属感,能够提供个人能力发挥的平台。所以,我们要依靠团队力量去超越一切障碍,成就团队辉煌和自身卓越。

2. 鼓励团队成员

鼓励是振奋剂,能让颓废的人振作,能让失望的人看到希望,能让停顿的人继续前行。当大雁向南飞行时,如果发现有大雁掉队,大雁的成员就会发出"呱呱"的叫声,这叫声既是在提醒前边的队员飞行速度不宜太快,也是鼓励掉队的大雁要加把劲,赶上雁群。我们在平时要多用鼓励的话语对待他人。我们在运用鼓励时要结合实际,有针对性,不要夸大,夸大的鼓励容易造成说假话的感觉;同时,鼓励别人要多从正面进行鼓励,这样容易给人信心。

3. 友善对待他人

团队是由各种角色的人组成,大家的年龄、经历、经验、身份、地位各不相同,有的人态度乖张、藐视他人,对比自己资历浅或者地位不如自己高的员工呼来唤去,对他人的求助置之不理,这是团队的大忌。团队成员的人格是平等的,没有高低贵贱之分,即使职位不同,也是由于分工不同所造成的。作为团队一员,应该以平等友善的态度对待队友,队友遇到困难时应热情伸出援助之手。

第三节　克服协作障碍

在团队中,由于成员之间的价值观、社会背景、个性特征等差异,出现协作障碍很正常。美国圆桌咨询公司创始人兼总裁帕特里克·兰西奥尼认为,团队协作有五大障碍,即缺乏信任、惧怕冲突、欠缺投入、逃避责任、无视结果,五大障碍共同形成了一个模式,它们中的每一项都可能成为团队的致命杀手。深入分析每种障碍并探讨解决的方法,是提升团队协作能力、增强团队力量、铸就团队成功的必由之路。

一、化解信任危机

欧阳修说:"任人之道,要在不疑。宁可艰于择人,不可轻任而不信。"爱因斯坦也认为:人类一切和平合作的基础首先是相互信任,其次才是法庭和警察一类的机构。团队中的信任,是指团队成员相信同事的言行是出于好意,在团队里不必过分小心或相互戒备。

(一)信任是协作的基石

信任是团队战斗力的决定因素。团队中的信任分为三种情况:①团队对成员的信任;②成员对团队的信任;③成员之间的相互信任,其中后两者尤为重要。成员之间的相互信任一方面依赖成员本人的素质、信誉和亲和力,另一方面依赖成员所处团队的信任度。

信任能使团队产生凝聚力,激发成员尽其所能完成团队任务。在一个充满信任的团队中,成员相互信任、彼此帮助、积极协作去完成团队任务,甚至付出额外的努力去完成更多任务。如果团队成员做不到相互信任,代价将是巨大的。他们隐藏自己的弱点和错误,不愿承认和学习别人的技术和经验,不愿请求别人帮助,更不愿为别人提供自己职责之外的帮助,他们将不得不把大量时间和精力浪费在管理个人行为和促进相互沟通上,他们惧怕开会,不愿意主动向别人寻求帮助。缺乏信任的团队通常士气低迷、效率低下,重复劳动也非常多。

充满信任的团队成员的具体表现是:承认自己的弱点和错误;主动寻求别人的帮助;欢迎别人对自己负责的领域提出问题和给予关注;在工作可能出现问题时相互提醒;愿意给别人提出反馈意见和提供帮助;赞赏并且学习别人的技术和经验;把时间和精力花在解决实际问题上,而不是流于形式;必要时向别人道歉,接受别人道歉;珍惜集体会议或其他可以进行团队协作的机会。

【案例5-12】

托兰索获得了成功

托兰索是一家西班牙石油公司的新进工程师,他工作非常勤奋、细致。在工作不久之后,他仔细研究了公司的石油开采方案,发现了其中有重大可改进之处,如果这些改进能够得以实施,那么公司将获得巨大的利益和竞争力。于是,在三个月的艰苦努力之后,他向公司提出了一份系统改进方案。遗憾的是,作为新人,他并没有获得同事信任,也就无法向高级部门提交这份方案。同事们听说他写了一份改进整个公司石油开采方案的新提案,纷纷表示不相信,有人甚至怀疑他是不是疯了。召开部门技术会议时,大家对托兰索的提案进行了第一次投票,绝大部分人投了反对票——托兰索的提案没有获得大家的信任。

然而,就在他灰心失望到极点的时候,他的妻子建议说:"你为什么不和同事们好好交流一下试着去赢得他们的信任呢?"他幡然醒悟,振作起来开始给同事们一个个打电话或者约时间见面。在电话或见面中,他向同事们仔细分析了自己方案的优势和公司旧有方案的漏洞,并认真地听取了别人的意见。通过这样一次次的交流、一次次的沟通,大家终于对他的方案有了新认识,并开始理解他、信任他。

在第二次技术部门的会议中,当又一次对托兰索的方案投票时,大多数人都投了赞成票。这项提案因此得到了公司高层注意并在全公司推广执行,使得公司年利润稳步上升。

(李金玉著:《团队精神全集》,海天出版社,2009,96页,略改)

(二)化解团队信任危机

只有当团队成员真正放心地把自己暴露在别人面前时,他们才能完全消除戒心,从而把全部精力集中到工作上,不钩心斗角、尔虞我诈。而团队成员在暴露各自弱点的基础上建立信任非常不容易,因为大多数人在事业和学习过程中已经习惯了相互竞争、彼此戒备。因此,要打造优秀团队,必须摒弃这些几乎成为本能的东西。

1. 团队信任的三个阶段

团队信任的形成有阶段性，包括最初的不信任、中期的有条件信任、最终的无条件信任。例如：一个人刚进入某公司，团队和成员之间未能深入了解，只能依靠规章制度来约束，这处于最初不信任阶段。有条件信任一般形成在开始进一步的接触后，通过了解组织文化、团队精神等之后，只要双方没有出现违约、违纪或令对方失望的行为，双方就会逐渐萌生较为可靠的信任关系。随着团队成员深入接触，团队文化和成员价值观相互磨合，成员之间也有更多合作，双方便开始放弃防御和伪装，进入了基于共同价值观的信任阶段，最终达到无条件信任。

2. 建立团队信任的活动

(1)个人背景介绍。此活动简单易行，只需团队成员围坐在一起，回答几个关于个人背景的问题。问题的设置不能过于敏感，通常可以包括家里有几个孩子，家乡在哪里，童年经历过什么样的挑战，个人爱好，第一份工作是什么，职业生涯中经历过哪些挫折，等等。通过回答这些问题，团队成员认识到别人同自己一样，也是拥有背景和故事的普通人，可以减少隔阂、增进了解、拉近关系，使彼此更亲密。

(2)成员工作效率讨论。这需要团队成员指出同事的最大贡献以及最需要改进的地方，然后大家一起就每个人所说的进行讨论。讨论对象通常可以从团队主管或领导者开始。虽然这项活动看起来可能有些冒险，容易造成不满，但我们会惊喜地发现在一个小时之内，我们就能获得许多建设性的、有益的信息，而且活动通常会进行得很顺利。工作效率讨论需要大家相互信任才能提出有价值的建议，即使看上去不太协调的团队也能在不太紧张的气氛中进行这项活动。

(3)360 度反馈评价。这项活动是作为团队协作开发工具来发挥作用的。需要团队成员相互给出具体的评价，提供建设性批评。需要注意的是，实施 360 度意见反馈活动，要同正式的工作表现评价或正规的绩效考核完全区分开来，让员工们认识自己的优势和不足，同时又不会带来不良影响。

(4)集体外出实践。这项活动是建立团队相互信任较为常用的方式和方法。活动过程需要大家齐心协力、相互支持，其效果不容置疑。

这几项活动可以使团队很快建立相互信任，但必须配合日常工作，巩固取得的成果。在考核团队工作的方方面面，确保大家不会失去最初的动力和进步。即使是非常优秀的团队，一旦其成员的集体意识退步，就会导致相互之间失去信任。

3. 赢得他人信任的方法

(1)言必行。毫不犹豫地去努力实现你的承诺。不要因为你没有尽到责任而让团队对你失望，否则必定会破坏团队成员对你的信任。

(2)确保你带来的信息的准确性和时效性。团队成员可能会因为你所提供的不可靠信息而对你产生不信任。如果这种情况经常发生，那么他们在接受其他团队成员提供的信息时就会犹豫再三。

(3)出色地完成你的工作。成员趋向于信任那些有能力并能自我管理的人，如果能够高质量地完成项目和任务，出色地进行演示，有效地主持会议，表现你的仔细和精干，成员将会把你放在心上。

(4)对他人表示关心。你会信任一个只顾自己、不注重建立团队成员关系、不关心他人的人吗？所以你需要适时伸出援手，和成员成为朋友。

(5)同成员一起做决策。表现出你的开明、果断和创造力，那些明智决策的人是能赢得成员信任的，但当有迹象预示你的观点将不起作用时，就要果断放弃它。

二、处理团队冲突

(一)正确看待团队冲突

团队中的冲突不可避免。对冲突的认识要从两方面来看：良性冲突是财富，起到预警和激发改良作用；恶性冲突是祸患，消耗资源，降低效率，破坏士气。因此，我们要将积极的争论与消极的争吵或个人矛盾区分开来。

积极的争论仅限于观点不同，不针对个人，也不存在人身攻击，其唯一目的就是在最短时间内找到最佳解决方案，这样做能够彻底、快速地讨论并解决问题。争论结束后，他们不会抱有残留的不满或者怨恨，而是马上进入到下一个议题当中。在一个优秀团队中，冲突更多的是良性冲突。当一个团队能把良性冲突维持在一定水平，不仅不会破坏成员间的关系，还会促进彼此沟通，从而提高决策质量，产生更多创新方案，最终提高团队绩效。

拥抱冲突的团队具有以下特点：

(1)召开活跃有趣的会议；

(2)汲取所有团队成员的意见；

(3)快速地解决实际问题；

(4)将形式主义控制在最小限度；

(5)不同意见的问题拿出来讨论。

【案例5-13】

"起死回生"的钢铁厂

美国一家钢铁厂，由于经营状态不佳，濒临倒闭。也许病急乱投医，公司的决策层决定，从外部重金聘请总经理，企图借助外部人员的管理使企业走出危机。在频繁更换了几任总经理，花费大量的时间和金钱的情况下，公司的经营状况还是没有丝毫起色。公司决策层似乎也一筹莫展了，员工更是人心涣散，大家都在等着公司宣布破产。

可是新任总经理是个细心的人，他从公司几次例会上发现，这个公司的员工不爱提意见，管理者说什么就是什么，整个公司开会就像是听报告，员工根本不愿发表意见。于是总经理做出了一个大胆决定：以后每次公司开会，所有的员工都要发言，只要有人提出解决方案，没有人能够驳倒他，他就会成为这个项目无可争议的负责人。以后的会议上，大家都踊跃发言，甚至为了一个问题争得面红耳赤，不管争得多凶，在会议结束之前，大家都会达成共识，然后大家按照会议上达成的共识去执行。一年后，奇迹出现了，这家钢铁厂走出了生存危机，又过了几年，这家钢铁厂成为美国排名第四的大钢铁厂。

该钢铁厂之所以能够起死回生，源于该公司总经理适时激发建设性冲突，利用建设性冲突的力量,帮助该公司走出了生存危机。

(王超著:《卓越员工团队精神》,北京工业大学出版社,2013,175页,略改)

与此相反,有意避免思想交锋的团队成员却经常互相怨恨。为了避免伤害感情,他们不敢辩论。当团队成员不当面表达出不同意见时,他们就会在背后进行人身攻击,这对团队的危害比任何争吵都严重。同样,很多人误以为避免这类争论是节省时间的最好方法,他们通常让团队成员暂时把问题放一放,其实就是逃避,等到下次非解决不可的时候再重新提出来。就一个团队来说,回避冲突就是回避问题;而回避问题,问题就会以更严重的后果说话。

惧怕冲突的团队具有以下特点:

(1)团队会议非常枯燥;

(2)使用不正当手段在别人背后进行人身攻击;

(3)避免讨论容易引起争论的问题,而这些问题对于协作是否成功非常关键;

(4)不能正确处理团队成员之间的意见和建议;

(5)把时间和精力浪费在表面形式上。

良性冲突能够提高团队绩效,恶性冲突严重破坏人际关系与团队协作。因此,我们应该善于利用冲突,激发良性冲突,尽量避免恶性冲突,只有这样,才有助于激活团队创新能力。

(二)激发建设性冲突

团队内部良性、正常的冲突有利于团队组织成长。被视为全球企业家典范的前通用电气总裁杰克·韦尔奇就十分重视发挥建设性冲突的积极作用。他认为开放、坦诚、建设性冲突、不分彼此是唯一的管理规则。团队必须反对盲目服从,每一位员工都应有表达反对意见的自由和自信,将事实摆在桌面讨论,尊重不同的意见。韦尔奇称此为建设性冲突的开放式辩论风格。正是这种建设性冲突培植了通用电气独特的企业文化,从而成就了韦尔奇的旷世伟业。

适时适度地激发冲突,是保持团队活力的必要措施。激活良性冲突最基本的条件是,公司和团队要形成“畅所欲言”的气氛,鼓励良性冲突。

(1)高层领导者和团队领袖需要率先垂范,坦然接受冲突。万科集团在文化价值观的表述中明确提出,万科“倡导简单而真诚的人际关系”“鼓励各种形式的沟通,提倡信息共享,反对暗箱操作”“反对任何形式的官僚主义”。

(2)需要有相应的制度来保障鼓励冲突的企业文化。例如:公开表扬那些提出新工作方法或者意见的员工,并予以奖励;在团队中注意营造彼此信任的气氛等。

(3)在有了文化支持和制度保障后,团队可以借助一些技术来激发冲突。例如:在团队中设置“唱反调者”的角色,即每次指定一个人,让其在讨论中专门发起对现有方案的反对意见;借助外力,即从外部引入人员,故意制造冲突,即利用“鲶鱼效应”来激发团队活力。当然,团队还应对成员进行冲突管理的培训,包括如何对冲突另一方的行为进行正确的归因、如何正确有效地倾听、如何发展自己的谈判风格等。只有这样做才会使得冲突不至于演化为恶性冲突。

【案例 5-14】

六个西格玛

摩托罗拉公司的全球执行副总裁兼人力资源总监 Glenn Gienko 认为：领导以身作则、公开的赞扬和讲故事是摩托罗拉激发建设性冲突的三大法宝。他津津乐道的一个故事是，在十几年前公司举办的一次同乐会上，一位经理突然拍案而起，当着众多中高层管理者及其家属的面，痛陈公司在质量管理方面的弊端。他的发言在公司引起了极大的震动，并促成了摩托罗拉如今广为人知的“六个西格玛”的质量管理活动。

（张智慧著：《团队精神Ⅱ》，新华出版社，2007，188 页）

摩托罗拉的案例给了我们这样的启示：如果你的公司或团队表面上太平无事，那么也许到该激发良性冲突的时候了！

三、避免欠缺投入

（一）欠缺投入的原因

在团队中的“投入”由两步组成：一是阐明问题，二是达成共识。优秀的团队可以在很短时间内达成明确共识，大家都同意按照该决定进行工作，他们中间没有一个人对已经做出的决定持怀疑态度，即使先前反对这项决定的人也是如此。

团队当中的欠缺投入，最重要的两个原因就是“追求绝对一致”和“追求绝对把握”。追求绝对一致的代价非常大，往往使讨论陷入僵局而无法达成一致，最终无法做出决定；而追求绝对把握的结果是，因为没有十足把握获得成功而坐以待毙，迟迟不肯做出重要决策。这样看起来可能很谨慎，但却导致团队内部行动迟缓、缺乏信心。

无论是追求绝对一致还是追求绝对把握，都严重影响团队协作。当团队无法全力投入、达成一致时，各个岗位的分工协作就会不那么顺利。欠缺投入的团队一般具有以下表现：

（1）队伍中的指令和主要工作任务模糊不清；
（2）由于不必要的拖延和过多的分析而错过商机；
（3）成员缺乏自信，惧怕失败；
（4）反复讨论，无法做出决定；
（5）团队成员对已经做出的决定反复提出质疑。

（二）全力投入的方法

一个优秀的团队一定是全力投入的团队。其团队能够制定出明确的工作目标和工作重点，能倾听全体成员的意见，能在竞争对手采取行动之前把握商机，必要时果断地调整工作方向，不存在犹豫和过多内疚。全力投入的团队成员还具备勇往直前以及从失误中学习的能力。

团队怎样才能做到全力投入呢？我们可以通过实施一系列步骤来阐明观点，达成共识，克服追求绝对一致和绝对把握的倾向，这样就能够使上下齐心、全力投入。以下是一些简单有效的方法和原则。

1. 统一口径

这是一个所有团队都可以在几分钟内实施，并且没有任何经济投入的极有效的方法。在团队会议结束时，参会者一起回顾会议做出的主要决定以及如何向员工和赞助者传达相关消息。团队领导还可以将会议总结发放给员工，让他们准确了解会议情况。

2. 制定最终期限

确保全力投入的最佳方式之一是确定解决问题的最终期限，在这个期限之前必须做出决定，同时通过纪律和规定让团队成员严格遵守。除了明确最终时间，还需要针对问题的进展和各个步骤规定具体时间，可以提醒团队在解决一个问题上控制所花的时间或精力。

3. 分析意外和不利情况

团队可以简单地讨论应对意外情况的计划，或事先设想可能发生的最不利结果，再根据这些做出决策。这样可以帮助成员克服对于失败的恐惧，让他们知道如果做出错误决定，可能发生的情况并不像他们想的那样糟糕。

4. 低风险激进法

在风险较小的情况下采用激进的方式也是克服团队不能投入的方法，即在团队讨论之后，在调查和分析不足的情况下迅速做出决定。有时候这样做出的决定和经过长时间的调研之后得出的结论并没有太大区别，这主要适用于决策效率较低的团队，以加快决策速度。

作为团队领导，应该比其他成员更能够接受可能做出错误决定的事实，时刻敦促成员们关注实际情况，遵守团队制订的时间计划，不应该把过多注意力放在追求绝对一致以及寻求绝对把握上。

四、切勿逃避责任

（一）责任不容逃避

在团队协作中，逃避责任不仅指成员逃避自身应当承担的职责，也指成员在看到同事的表现或行为有碍集体利益时，不及时给予提醒，这主要是因为不愿指出别人不妥的行为之后，造成人际关系紧张，或者他们倾向于有意避免不快的谈话。当然，知易行难，即使在成员关系很好的团队中也是如此。往往关系很好的团队成员不愿对彼此负责，因为他们害怕这样会损害良好的人际关系。然而，当团队成员由于逃避责任而导致整体效益下降时，他们就会相互怪罪。

【案例 5-15】

“环大西洋”号海轮的消失

巴西海顺远洋运输公司门前立着一块高 5 米、宽 2 米的石头，上面密密麻麻地刻满葡萄牙语。那是关于责任的,让人心情沉重的真实故事。下面刊发的就是石头上所刻的文字。

当巴西海顺远洋运输公司派出的求援船到达出事地点时,“环大西洋”号海轮消失了,21 名船员不见了,海面上只有一个救生电台有节奏地发着求救的摩氏码。救援人员看着平静的大海发呆,谁也想不明白在这个海况极好的地方到底发生了什么,从而导致这条最先进的船沉没。这时有人发现电台下面绑着一个密封的瓶子,打开瓶子,里面有一张纸条,21 种笔迹,上面这样写着。

一水理查德:3 月 21 日,我在奥克兰港私自买了一个台灯,想给妻子写信时照明用。

二副瑟曼:我看见理查德拿着台灯回船,说了句这个台灯底座轻,船晃时别让它倒下来,但没有干涉。

三副帕蒂:3 月 21 日下午船离港,我发现救生筏施放器有问题,就将救生筏绑在架子上。

二水戴维斯:离港检查时,发现水手区的闭门器损坏,用铁丝将门绑牢。

二管轮安特耳:我检查消防设施时,发现水手区的消防栓锈蚀,心想还有几天就到码头了,到时候再换。

船长麦凯姆:起航时,工作繁忙,没有看甲板部和轮机部的安全检查报告。

机匠丹尼尔:3 月 23 日上午理查德和苏勒的房间消防探头连续报警。我和瓦尔特进去后,未发现火苗,判定探头误报警,拆掉交给惠特曼,要求换新的。

机匠瓦尔特:我就是瓦尔特。

大管轮惠特曼:我说正忙着呢,等一会儿拿给你们。

服务生斯科尼:3 月 23 日 13 点到理查德房间找他,他不在,坐了一会儿,随手开了他的台灯。

大副克姆普:3 月 23 日 13 点半,带苏勒和罗伯特进行安全巡视,没有进理查德和苏勒的房间,说了句“你们的房间自己进去看看。”

一水苏勒:我笑了笑,也没有进房间,跟在克姆普后面。

一水罗伯特:我也没有进房间,跟在苏勒后面。

机电长科恩:3 月 23 日 14 点我发现跳闸了,因为这是以前也出现过的现象,没多想,就将阀合上,没有查明原因。

三管轮马辛:感到空气不好,先打电话到厨房,证明没有问题后,又让机舱打开通风阀。

大厨史若:我接到马辛电话,开玩笑说:我们在这里有什么问题?你还不来帮我们做饭?然后问乌苏拉:“我们这里都安全吧?”

二厨乌苏拉:我回答,我也感觉空气不好,但觉得我们这里很安全,就继续做饭。

机匠努波:我接到马辛电话后,打开通风阀。

管事戴思蒙:14 点半,我召集所有不在岗位的人到厨房帮忙做饭,晚上会餐。

医生莫里斯:我没有巡诊。

电工荷尔因:晚上我值班时跑进了餐厅。

最后是船长麦凯姆写的话:19 点半发现火灾时,理查德和苏勒房间已经烧穿,一切糟糕透了,我们没有办法控制火情,而且火越来越大,直到整条船上都是火。我们每个人都犯了一点错误,但酿成了船毁人亡的大错。

(中华讲师网,http://www.jiangshi.org/article/70702.html)

逃避责任的团队具有以下表现：

(1)甘于平庸；

(2)缺乏明确的时间观念；

(3)把责任压在团队领导一个人身上；

(4)对于团队里工作表现突出的同事心怀怨恨。

优秀的团队则能够克服这些顾虑，直接面对存在的问题。优秀团队的成员通过担负责任来促进彼此关系、相互尊重，并对别人的表现抱有较高期待。实际上，要保持团队高效率工作，最有效方式就是同事间相互施加压力。这样做有许多好处，例如不再需要那么多绩效管理及改进计划，害怕辜负同事的期望，这比任何规定和制度都能够促使成员们努力工作。

负责任的团队具有以下表现：

(1)确保让表现不尽如人意的成员感到压力，使其尽快改进工作；

(2)发现潜在问题时毫无顾虑地向同事指出；

(3)尊重团队中高标准要求工作的同事；

(4)免除过多绩效管理及改进计划的措施。

【案例 5-16】

华为最年轻的副总裁李一男

1993 年，华中科技大学少年班的李一男从该校硕士毕业后进入华为研发部，仅 2 天就升任工程师，半个月晋升主任工程师，两年被提拔为华为公司总工程师/中央研究部总裁，27 岁坐上了华为公司副总裁宝座。究其根源就在于这个年轻的工程师对技术发展趋势非常敏锐，总能够给总裁任正非提供许多前瞻性建议。他还是技术能手，在技术开发团队中勇于承担责任，想方设法解决技术难题。当别的员工还在为一个产品在市场中的成功而陶醉时，李一男已经给任正非提出新的建议并着手开发下一代产品了。当任正非考虑到某些问题时，他总是发现李一男早就开始着手解决了。

（李金玉著：《团队精神全集》，海天出版社，2009，192 页，略改）

(二)克服逃避责任

美国前教育部部长威廉·贝内特曾说："工作是我们用生命去做的事。"我们应该尽自己最大努力，尽到责任，把工作做到完美。那么，团队成员之间怎样做到彼此负责呢？

1. 公布工作目标和标准

目标和职责模糊不清是责任的大敌，即使团队已经就工作计划和行为规范达成共识，也应该公开强调这些共识，以免被大家忽视。公布团队工作目标，明确每位成员应该负责的工作以及大家为取得成功而需要做的事，是使团队成员更易于对彼此负责的好办法。

2. 定期对成果进行简要回顾

利用回顾制度来敦促大家对别人的表现给出反馈。团队成员应定期采用口头或书面方式相互交流，针对同事在既定工作目标和工作任务上的进展做出评价，如果不采取制度约束，完全靠自觉，就会埋下逃避责任的祸根。必要的制度可以督促人们做他们本不愿意去做的事。

3. 团队嘉奖

设立各种团队成果奖，并将个人表现的奖励转为团队成果奖，以此来培养负责任的风气，使得一个团队不会因个别成员没有尽到责任而丧失斗志、坐等失败。

在培养负责任的习惯之后，当团队责任机制失效时，团队领导还应该担负起仲裁人角色，必要时出面干预并解决问题，要让所有成员了解，责任是需要大家来共同承担的。

五、不可无视结果

（一）无视集体成绩的团队无法获得成功

一滴水只有将它放进大海里才不会干涸。这句话充分说明了个体离不开集体，集体是由无数个体组成的，每个个体又是独立的，每个人的个人利益影响着整个集体的利益，个人成绩与集体成绩息息相关。

在以资本为导向的经济环境中，许多企业或组织将利润、收入、股东权益等经济上的指标作为最终衡量工作成果的标准，这种衡量标准容易对团队成员齐心协力、坚持不懈地追求特定目标与结果造成一定影响，即团队成员会将工作成果作为衡量业绩表现的唯一标准。在团队中，这种以成果为导向的业绩表现，包括集体成绩和个人成绩两项。

集体成绩是指每一个团队成员成绩的有机统一。个人成绩是指人们专注于提升自己的职位或职业前途而牺牲集体利益。一支优秀团队是有高度凝聚力的，一名优秀的团队成员一定是把集体利益放在个人利益之上的。然而有些团队成员自我意识较强，他们可能希望达到一些特定的目标，但他们不愿承担改变而带来的一些不便，集体成绩的动力不足以使他们做出大的牺牲，这种不重视集体成绩的团队是缺乏相互信任、无法达成共识的，其团队成功的希望亦会更加渺茫。

不重视集体成绩的团队具有以下表现：

（1）无法取得进步；

（2）无法战胜竞争对手；

（3）失去得力的员工；

（4）鼓动团队成员注重个人职业前途和目标；

（5）很容易解体。

（二）克服无视集体成绩

一个团队怎样确保成员们把重点放在集体成绩上呢？可以明确界定集体的工作成绩，并奖励为集体成就贡献力量的成员。

1. 公布工作目标

在足球或篮球教练意识中，球队成员擅自公开表示他们一定要赢得比赛是最糟糕的了。因为对于体育竞技来说，这样做会招致对手注意。而在一般团队中，公开希望取得成功的想法则是有益的。向公众承诺获取成功的队伍具有工作热情，希望取得相关成就，而仅仅声称“我们会尽力而为”的团队，则无意识地、微妙地为失败做好准备。

树立目标的目的是激发员工工作热情。目标具有把团队集体力量集合起来的魔力,可以有效协调团队成员的行为。如果没有目标作为协调,就需要通过无数次会议、指示、命令才能达到同样作用,办事速度将大大降低,办事成本也会增多。所以,鉴别一个团队是平凡还是一流,就看它有没有明确的而且能令所有团队成员兴奋起来的目标。

【案例 5-17】

超越昨天

零售行业的一大领头羊沃尔玛,在其发展初期就提出了极具挑战性的目标:"截至 1980 年要达成 10 亿美元的销售额!"

为了达成这个目标,沃尔玛靠"beat yesterday(超越昨天)"的图表,将今天的成果与一周之前、一年之前的成果进行比较。这种做法使得其整体业绩相较于预期的水平线越来越高,从而越能激发员工为达成目标而积极向上、持续不断地努力。

(杨立军编著:《打造伟大的团队精神》,学林出版社,2007,116 页)

2. 奖励集体成就

激励团队成员追求集体成就的有效方法之一,就是将他们的奖励,尤其是奖金,与特定工作成绩联系在一起,不过只借助于这一点将会产生问题,因为这样使得经济奖励成为他们工作的唯一动力,因此需要配合其他方式,尤其是精神上的奖励。奖励必须以工作成果为标准,如果仅仅让员工以"努力工作"的名义取得奖励,就等于传达了一种是否取得成果也无关紧要的信息。

【案例 5-18】

松下公司的三重激励

每个季度,松下公司都会召集部门经理参加讨论会,以便了解彼此的经营成果。开会前,高层会将所有部门按完成任务的情况从高到低分别划分为 A、B、C、D 四级。会上,由 A 级部门首先做报告,其次是 B、C 级,D 级被安排在最后。这种做法充分利用了人们争强好胜的心理,谁也不愿意排在最后。

此外,松下公司对各部门所完成的利润采取百分之四十留存自行支配的做法,利润留存主要用于本部门员工的福利、设备更换或扩充等。因此,各部门完成的利润越多,留存的利润也就越多。这种付出与所得紧密联系的内部管理方法促使各部门为了各自利益拼命工作。

松下公司在发展过程中曾发出号召:如果 5 年内生产率倍增,那么职工工资也将实现倍增,保证 35 岁以上职工有自己的住房——这样的许诺极大地激发了全体职工的生产积极性,大家情绪高涨、努力工作,使得在规定时间内这些目标全部得以实现——其中住宅是通过向职工提供分15年还清的低息贷款来实现的。

（杨立军编著:《打造伟大的团队精神》,学林出版社,2007,140页）

松下公司通过这样的激励法将员工的心凝结在一起共同奋斗,终于发展成为日本最大的电器公司。如果团队成员存在无视集体成绩现象,团队领导应该强调注重集体成就。团队成员感到领导最重视的问题不是集体成绩,他们会去效仿。团队领导必须克服自我主义,秉持客观态度,奖励那些真正为集体利益做出贡献的成员。

【自我测试】

协作能力自测

以下测试能帮助你检查自己是否具有团队精神。下面每一项都陈述了一种团队行为,根据自己的实际表现进行打分:总是这样(5分),经常这样(4分),有时这样(3分),很少这样(2分),从不这样(1分)。

当我是小组成员时,存在如下情况。

1. 我带给小组活力,鼓励小组成员努力工作以完成我们的目标。(鼓舞者)

2. 我从其他小组成员那里征求事实、信息、观点、意见和感受以帮助小组讨论。(寻求信息和观点者)

3. 我要求他人对小组的讨论内容进行总结,以确保他们理解小组的决策,并了解小组正在讨论的材料。(理解情况检查者)

4. 我集中小组成员所提出的相关观点或建议,并总结、复述小组所讨论的主要论点。(总结者)

5. 我提供事实和表达自己的观点、意见、感受和信息,以帮助小组讨论。(提供信息和观点者)

6. 我提出小组后面的工作计划,并提醒大家注意完成的任务,以此把握小组的方向。我向不同的小组成员分配不同的责任。(方向和角色定义者)

7. 我热情鼓励所有小组成员参与,愿意听取他们的观点,让他们知道我珍视他们对群体的贡献。(参与鼓励者)

8. 我观察小组的工作方式,利用我的观察去帮助大家讨论小组如何更好地工作。(进程观察者)

9. 我促成有分歧的小组成员进行公开讨论,以协调思想、增进小组凝聚力。当成员们似乎不能直接解决冲突时,我会进行调停。(人际问题解决者)

10. 我会讲笑话,并会建议以有趣的方式工作,借以减轻小组中的紧张感,并增加大家一同工作的乐趣。(释放压力者)

11. 我利用良好的沟通技巧帮助小组成员交流,以保证每个小组成员明白他人的发言。(促进交流者)

12. 我向其他成员表达支持、接受和喜爱,当其他成员在小组中表现出建设性行为时,我给予适当的赞扬。(支持者与表扬者)

说明：

以上1~6题为一组，7~12题为一组，将两组的得分相加对照下列解释。

(6,6)只为完成工作付出了最小的努力，总体上与其他小组成员十分疏远，在小组中不活跃，对其他人几乎没有任何影响。

(6,30)你十分强调与小组保持良好关系，为其他成员着想，帮助创造舒适友好的工作气氛，但很少关注如何完成任务。

(30,6)你着重于完成工作，却忽略了维护关系。

(18,18)你努力协调团队的任务与维护要求，终于达到了平衡；你应继续努力，创造性地结合任务与维护行为，以促成最优生产力。

(30,30)祝贺你，你是一位优秀的团队合作者，并能领导一个小组。

当然，一个团队的顺利运行除了以上两种行为外，还需要许多别的技巧，但这两种最基本，且较易掌握。

（穆学君，英宝有编著：《高职学生职业素质培养》，高等教育出版社，2009，130页）

【拓展训练】

一、坐地起身

四个人一组，围成一圈，背对背坐在地上，不用手撑地站起来。随后依次增加人数，每次增加2个直至10人。

活动目的：考察团队之间的配合，让大家明白协作的重要性。

场地要求：室内或室外空阔场地。

游戏时间：20~30分钟。

二、齐眉棍

全体分两队，相向站立，共同用手指将一根棍子放到地上，手离开棍子即失败。

活动目的：考察团队是否同心协力、协调配合。

游戏人数：10~15人。

场地要求：室内或室外空阔场地。

需要器材：3米长的轻棍。

游戏时间：10~20分钟。

三、疯狂设计

小组派代表抽签确定任务(26个字母、英文单词、中文汉字等)，然后用最短的时间摆出这个字母或汉字。

活动目的：增强组员的协作能力。

游戏人数：至少2个小组，每组10人左右。

场地要求：室内或室外空阔场地。

游戏时间：10~20分钟。

四、人椅

所有学员围成一圈，每位学员都应该将他的手放在前面学员的肩上；在教师统一指挥下，每位学员徐徐坐在其后面学员的大腿上；坐下之后，教师喊出相应的口号，例如："齐心协力、勇往直前”。看哪个小组可以坚持最久,获胜的小组可以要求失败的小组表演节目。

活动目的:体验团队精神。

游戏人数:20～25人。

场地要求:室内或室外空阔场地。

游戏时间:10～20分钟。

五、地雷阵

把两根绳子平行放在地上,绳距约为10米(可根据场地自行调整绳距)。这两根绳子标志着地雷阵的起点和终点。在两绳之间尽量多铺上一些饮料瓶。每个队员找一个搭档,然后给每对搭档发一块蒙眼布,每对搭档中有一个人要被蒙上眼睛。被蒙上了眼睛的队员需要排除外界干扰,清晰地聆听来自同伴的指令,从起点到终点,完成穿越地雷阵,游戏结束。

活动目的:建立小组成员间的相互信任,促进沟通与交流。

游戏人数:至少12人。

场地要求:室内或室外空阔场地。

所需器材:每对参赛者一块蒙眼布、两根约10米长的绳子(30英尺)、一些饮料瓶。

游戏时间:10～20分钟。

模块六　礼仪修养

【情境导入】

修养也是一门课

一批应届毕业生，实习时被带到某部委实验室参观。在会议室里等待部长到来时，有秘书给大家倒水。同学们表情木然地看着她忙活，其中一个还问了句："有绿茶吗？"轮到一个名叫林晖的同学时，他轻声说："谢谢，大热天的，辛苦你了。"秘书抬头看了他一眼，满含着惊奇。

门开了，部长走进来和大家打招呼，但却没有回应。林晖左右看了看，犹犹豫豫地鼓了几下掌，同学们这才稀稀落落地跟着拍手。部长挥了挥手："我看同学们好像都没带笔记本，这样吧，王秘书，请你去拿一些我们部里印的纪念手册，送给同学们作纪念。"接下来，更尴尬的事情发生了，大家都坐在那里，很随意地用一只手接过部长用双手递过来的手册。部长的脸色越来越难看，走到林晖面前时，林晖礼貌地站起来，身体微倾，双手接过手册，说了一声"谢谢！"部长眼前一亮，伸手拍了拍林晖的肩膀："你叫什么名字？"

两个月后，毕业分配表上，林晖的去向里赫然写着该部委的实验室。有几位颇感不满的同学找到导师："林晖的学习成绩最多也就算个中等，凭什么选他而没选我们？"导师说："是人家点名来要的，其实你们的机会是完全一样的，但是除了学习以外，你们需要学习的东西太多了，修养也是一门课。"

（中华励志网，http://www.zhlzw.com/lz/jl/107819.html，略改）

第一节　礼仪修养概述

礼仪是人类文明的结晶，是人们进行交往的行为规范和准则，被誉为步入社会的"通行证"，沟通人际关系的"立交桥"。

一、礼仪的涵义

礼，《说文》解释说："履也，所以事神致福也。"仪，《说文》解释说："度也。""礼仪"的本义是"敬"，敬神求福的法度、准则和方式。由于礼仪表示的是敬意，并且针对不同对象表示不同程度、不同形式的敬意。因此，礼仪不仅表示了不同对象的不同地位，规定了种种不同关系，而且成了调整、处理不同关系的一种手段。

现代礼仪的涵义就是从尊重对方出发，调整并处理不同关系的一种约定俗成的形式，是人们进行社会交往的行为规范与准则。具体表现为礼貌、礼节、仪表、仪式等。

(1)礼貌是指人们在交往过程中表示敬重、友好的行为规范，如尊老爱幼、热情待客等。

(2)礼节是指人们在交际活动中待人接物的形式，如拜会、回访、挥手致意等。

(3)仪表是指人的外表，如容貌、服饰、表情、姿态等。

(4)仪式是指在一定场合举行的具有专门程序的活动，如开业典礼、迎送仪式等。

礼仪体现的宗旨是尊重，既是对人也是对己的尊重，这种尊重总是同人们的生活方式有机、和谐地融合在一起，成为人们日常生活、工作中的行为规范。这种行为规范包含着个人的文明素养，也体现出人们的品行修养。

二、礼仪的特点

(一)共同性

共同性是指礼仪是全社会的约定俗成，是全社会共同认可、普遍遵守的准则。人们追求真善美的愿望是一致的，礼仪是社会各阶层人士所共同遵守的准则与行为规范。每个人都要依礼办事，全人类都以讲礼为荣。一般来说，礼仪代表一个国家、一个民族、一个地区的文化习俗特征，但不少礼仪是全世界通用的，具有全人类的共同性。例如问候、打招呼、礼貌用语、各种庆典仪式、签字仪式等，大体是世界通用的。

(二)规范性

所谓规范性，主要是指它对具体的交际行为具有规范性和制约性。这种规范性本身所反映的实质是一种被广泛认同的社会价值取向和对他人的态度。无论是具体言行还是具体的姿态，均可反映出行为主体的包括思想、道德等内在品质和外在的行为标准。

(三)差异性

由于地域的不同、民族的不同、文化背景的不同，礼仪除了共同性特点之外，还带有本地域民族的自身特点，这就形成了礼仪表现形式上的差异性。例如：有一种手势，大拇指和食指环成圆圈，其余手指伸展，意思是“OK”，这种手势在美国表示“赞同”“了不起”，但是在巴西则是指责别人行为不端。所以礼仪除了具有一定的固定形式与规范外，还要注意因时因地因对象的不同，而“入乡随俗”。

(四)沿习性

沿习性是指礼仪形成本身是个动态发展过程，是在风俗和传统变化中形成的行为规范。在这种发展变化中，礼仪不断得以继承和发展。礼仪一旦形成，就有一种相对独立性。我们今天的礼仪形式就是从昨天的历史中继承下来的，有不少优秀的还要继续传承下去。礼仪虽然有较强的相对独立性和稳定性，但它也毫不例外地随着时代的发展而发展变化。

【案例 6-1】

绝缨会

公元前 606 年，楚庄王为了庆贺战功，在渐台宴请群臣，并召来妃嫔与群臣同席宴饮。君臣兴致很高，直喝到日落西山，还没尽兴。楚庄王又命人点起蜡烛夜宴，并让宠妃许姬斟酒助兴。

忽然，一阵大风刮来，把蜡烛都吹灭了。黑暗中，一个人趁着混乱竟然拉住了许姬的衣袖，去捏她的手。许姬恼怒，挣扎中衣袖被撕破，直到她扯断那人帽子上的缨带，那人才惊慌溜掉。

调戏君王的宠姬无疑是对君王的羞辱。许姬请庄王查办那个色胆包天之人。庄王听罢，吩咐左右先不要点蜡烛，命众卿解开缨带，摘下帽子，尽情畅饮。待群臣纷纷解缨摘帽后，庄王才命令掌灯点烛。烛光之下，再也无法辨认谁的缨带被扯断了。

几年后，庄王出兵伐郑，命襄志为前军统帅。襄志召集部下商量战策，部将唐狡请命，愿为大军开道。由于唐狡骁勇善战，杀得郑军落荒而逃。

庆功宴上，庄王召见唐狡，并当众宣布予以重奖。谁知唐狡慌忙跪下："臣受君王之恩赐已经很厚了，岂敢再领赏？"庄王惊讶："寡人并不识卿，怎说受过我的赏赐？"唐狡羞愧满面："绝缨宴上扯住美人衣袖的就是罪臣。蒙大王昔日不杀之恩，末将今日才舍命相报啊！"

（新浪读书，http://book. sina. com. cn）

三、礼仪的作用

荀子说的"人无礼则不立，事无礼则不成，国无礼则不宁"，指出礼仪在社会生活中具有重要作用。

(1)礼仪是个人美好形象的标志。个人形象是指个人在交往中留给他人的整体印象以及由此而使他人对其所形成的评价整体和总的看法。完整的个人形象是从内在品质、仪容仪态、服饰表情、言行举止等方面塑造和展示的。礼仪是一个人内在素质和外在形象的具体体现，也是个人、心灵净化、身心愉悦、修养提升的保障。

(2)礼仪是家庭美满和睦的根基。家庭是以婚姻和血缘为纽带的社会关系，礼仪是维持家庭生存和实现幸福的基础。"父子和而家不败，兄弟和而家不分，乡党和而争讼息，夫妇和而家道兴"，"和"就是相互谦恭有礼的意思。礼仪可以使夫妻和睦、父慈子孝、家庭幸福，也有助于社会安定、国家发展。

(3)礼仪是人际关系和谐的基础。社会是不同群体的集合，群体是由众多个体汇合而成，而个体的差异性是绝对的，例如性别、年龄、贫富、尊卑等。礼仪是社会交往的润滑剂、黏合剂和灭火剂，使不同群体之间相互敬重、相互理解、求同存异、和谐相处。

(4)礼仪是各项事业发展的关键。职业是人们在社会上谋生、立足的手段。讲究礼仪可以促进全体员工团结互助、敬业爱岗、诚实守信，可以增强人们的交往和竞争实力，从而推动各项事业的发展，帮助人们实现理想、走向成功。

四、礼仪的原则

礼仪的原则是指人们处理相互交往关系时的出发点和应遵从的指导思想。

(一)尊重原则

尊重是交际礼仪的灵魂。古人云："敬人者，人恒敬之。"只有相互尊重，人与人之间的关系才会融洽和谐。所以，在人际交往中既要自尊又要尊重他人，既要尊重他人的人格、劳动和价值，又要尊重他们的思维方式和生活习惯，不应强求他人按照自己的标准来生活、行事。尊重他人就要在交往中换位思考、善解人意，努力做到以对方为中心。

（二）平等原则

平等是人们之间建立情感的基础，是保持良好人际关系的诀窍。礼仪的平等原则是指在人际交往中，既要以礼待人，有来有往，不盛气凌人，不卑躬屈膝，不以职业、地位、权势压人，也要对交往对象一视同仁，不厚此薄彼，不以貌取人，而是给予同样的礼遇，时时处处谦虚、友善待人。

（三）宽容原则

宽容就是允许别人自由行动或判断，耐心而毫无偏见地容忍与自己的观点或公认的观点不一致的意见。“海纳百川，有容乃大。”能设身处地为别人着想，原谅别人的缺点与过失是一种美德，也是基本的礼仪素养。俗话说：“金无足赤，人无完人。”表现在礼仪上，有的人擅长礼仪交际，说话办事滴水不漏；有的人不熟悉礼仪规则，行为举止粗俗。对后者，我们要理解、宽容，不可求全责备。

（四）适度原则

适度是指施行礼仪过程中，按照礼仪规范，把握好与特定环境相适应的人们彼此间的感情尺度、言语尺度和行为尺度，以建立和维持健康、持久的人际关系。在与人交往时，既要彬彬有礼，又不能低三下四；既要热情大方，又不能轻浮谄谀；要自尊而不能自负；要坦诚但不能粗鲁；要信人但不能轻信；要谦虚但不能拘谨；要老练持重，但又不能圆滑世故。

（五）从俗原则

由于国情、民族、文化背景等不同，我们必须坚持入乡随俗，与绝大多数人的习惯做法保持一致，切勿目中无人、自以为是。如中东一些国家，受宗教信仰影响，禁止女性向家庭成员以外的男人裸露肌肤、严格讲究男女授受不亲，去这些国家访问做客，就应尊重他们的礼仪规范。

（六）自律原则

礼仪不是法律，自律是其最高境界。自律是指人们在没有任何监管的情况下，能够自觉按照礼仪规范约束自我、管理自我。我们要通过礼仪教育与训练，在内心树立起高尚的道德信念和行为准则，养成“非礼勿视，非礼勿听，非礼勿言，非礼勿动”的自觉性，在人际交往中自觉遵从礼仪规范，使自己成为一个彬彬有礼并受人欢迎的人。

【案例6-2】

让座

美国第25任总统威廉·B.麦金利一直为任命一个重要的外交职务而犯难，他要在两个同样有才干的候选人中选出一个。正在举棋不定之时，他突然回忆起一件事：一个风雨交加的夜晚，总统搭乘一辆市内有轨电车，坐在后排最后一个位子上。电车停了，上来一位洗衣老妇人，手提一个沉重的篮子，孤零零站在车厢过道上。老妇人面对着一位看上去很有绅士风度的男子，该男子举着报纸将脸挡住，似乎故意装作没看见。总统从后排站起来走到老妇人面前，将老妇人引到自己的座位上坐下，该男子仍然举着报纸。总统瞅了男子一眼，那张脸深深地印入了脑海。这不正是自己要任命的两位候选人之一吗？总统暗下决心，取消此人任命资格，而另一位则理所当然地成为了外交官。

（湖南省烟草职工培训中心网，http://www.xtyx.com/viewzzjy.jsp? id=2016，略改）

第二节　个人形象礼仪

心理学家做过一个试验，分别让一位戴金丝眼镜、手持文件夹的青年学者，一位打扮入时的漂亮女郎，一位挎着菜篮子、脸色疲惫的中年妇女，一位留着怪异头发、穿着邋遢的男青年在公路边搭车。结果显示：漂亮女郎、青年学者搭车的成功率很高，中年妇女稍微困难一些，打扮怪异的男青年很难搭到车。这个试验说明，不同的礼仪形象会有不同的际遇。得体的个人形象不仅使自己更易于被他人接受，为自己赢得机会，还有助于维护所在单位的良好形象。外表是有形的，气质是无形的，无形的气质可以通过有形的外表表现出来。有形的外表主要包括三个方面：仪容、仪表、仪态。

一、仪容

仪容主要是指人的外观、容貌，其中重点是指人的容貌。不论是在日常交往还是在职场交往中，每个人的仪容都会引起交往对象的特别关注，并影响到其对自己的整体评价。

在人的外表形象中，发型是应该首先被重视的一个部分，不仅因为发型与脸部相连，而且发型对于人体比例、服装的搭配、表现气质与个性等都是一种无声的语言，发型对整体形象塑造起着不可替代的作用。

（一）发型

1.发型设计与发质

发质，一般是指头发的生理性质。在设计发型之前，必须要首先了解自己的发质。发质的好坏从外表上可以非常容易地判断，头发的量多、发丝粗、顺滑、黑亮、光泽是质地良好的主要标准。而稀疏的发量、细软的发丝、枯黄的色泽是不太理想的发质。除了这些外表特征之外，头发还有油性、干性、中性之分：油性头发的特点是经常洗头依然还是出油，头发容易脏，容易黏连；干性头发则相反，总是干枯无光泽，而且容易开叉；中性头发的特点介于油性和干性之间。

我们在设计发型的时候，首先要对自己的发质有所了解，因为头发的软硬会影响造型的效果。比如：特别细软的头发在吹风造型的时候很容易成型，但保持的时间却很短，尤其是遇到潮湿的空气就会使发型疲软变形；而硬直的头发在吹风造型时需要很长时间，但成型后保留的时间比较长。另外，如果想把造型后的样式保持长久一点，可以用定型水或定型胶。

（1）洗发护发用品的选择。市场上洗发护发的产品很多，在选择的时候要注意以下几方面：①根据自己的头发性质来选择相适应的产品；②选择著名品牌和优质的产品；③不要一直使用同一种洗发护发产品，可以不定期地更换洗发护发产品。

（2）经常保持头发的干净。任何一个健康的人，头发都会随时产生各种分泌物；此外，头发还会不断吸附灰尘，与分泌物或汗液混杂一起会产生不雅气味。保持头发干净清洁的基本方法是按时认真的清洗。要洗好头发，注意以下几条：①注意水的温度，使用38～40 ℃的温水；②注意一定要将洗发剂冲洗干净后再用护发素保养；③洗发之后，最好令其自然晾干；④重视头发的梳理，令其线条分明、层次清晰、一丝不苟，是极为重要的；⑤注意避免在阳光下暴晒，尽可能少烫发、少染发，注意从饮食中汲取对头发有益的营养。

2. 发型设计与性别

(1)男子发型。男士选择发型的基本原则是“得体”。在高规格的会议、商务活动、社会场合等都要求男士以短发型为主，力求体现雄健豪放的男性美，多选用直线条，体现一定的力度感。多注重轮廓造型的粗犷饱满，而无须过多着眼于细节修饰。

男士的发型要根据自己的身体特点与脸型特点来设计。人的头部和身体的最佳比值是1∶7。如果头部大了，就会缩小这个比例关系。比如：身材高瘦的男子不适合将头发剃得太短；身材不高并且偏胖的男子，不适合留长发；脸型偏短的人，可选择侧发收紧、额发蓬松高耸的发型。

男士发型虽然简洁，但有以下细节需要注意：干净，主要是鬓角和发际的层次干净；头发的干净，任何时候不要让别人看到头发上有头皮屑；整齐，保持每天头发样式的整齐；色泽，保持有光泽度的健康发色。

(2)女子发型。女子选择发型的前提是与服装搭配、符合环境、符合身份，在这个前提之下主要考虑如何使自己的形象更加美丽。

①发型与服装。生活中女子发型样式可以丰富多样，但在职场中，发型的样式是受到一定规范的，主要是由特定的服装样式来决定发型的样式。比如许多服务性行业，长发披肩会带来诸多不便，如空乘人员、窗口行业、餐饮业等。也有许多企业希望员工在工作的时候有一个干练、整洁、精神的形象，在穿正规西服套装时不能披散长发等。在规格较高的社交场合，一般短发较多，而长发女士也需要把头发束扎或盘梳起来，这样可以使自己显得高雅脱俗、气质不凡。

②发型与身材。人的“生理身材”是父母给予的，我们无法选择和改变。但是服装与发型可以改变您的“视觉身材”。一般情况下，头大的人显得身材矮，为了改变这样的感觉，就应该选择简洁的发型、轮廓小的发型、修剪有层次的发型、直发型、短发型。身材瘦小的女士在发型塑造中努力做到“精致”。不太适合大的波浪，也不适合轮廓张扬的发型，要让头部的造型和身材协调，又显得玲珑可爱。矮胖身材的人也不必沮丧，可以将头发设计成干练、简约、清爽、时尚的样式，时时透出一种健康、阳光的气质。

③发型与脸型。发型与脸型相辅相成。选择恰当的发型，既可以为自己的脸型扬长避短，更可以体现发型与脸型的和谐之美。

圆脸型的人，五官集中，额头与下巴偏短，双颊饱满。可选择垂直向下的发型。顶发若适当丰隆，可使脸型显长，宜侧分头缝，以不对称的发量与形状来减弱脸型扁平的特征。面颊两侧不宜隆发，不宜留前刘海。

方脸型的人，面部短阔，两腮突出，轮廓较为平直。在设计发型时，应重点侧重于以圆破方，以发型来增长脸型。可采用不对称的发缝、翻翘的发帘来增加发式变化，并尽量增多顶发。耳旁头发不宜变化过大，以免增加脸型的视觉宽度。额头不宜暴露，不宜采用整齐平整的发廓线，也不适合将头发的长度与腮帮齐平。

长脸型的人,往往会给人以古典感,脸型较美,但是也会显得过于成熟。设计发型时,应重在抑“长”。可适当地保留发帘,在两侧增多发容量,削出发式的层次感,顶发不可丰隆,垂发不宜笔直。

“由”字型脸的人,额窄而腮宽,俗称三角型脸。设计发型时,应力求上厚下薄、顶发丰隆。双耳之上的头发可令其宽厚,双耳之下的头发,则可限制其发量,前额头可用不对称的刘海显露在外。

“甲”字型脸的人,额宽而颚窄,俗称倒三角型脸。宜选短发型,并露出前额。双耳以下发容量宜适当增多,但切勿过于丰隆或垂直。选择不对称式的发型效果通常不错。

六角型脸的人,主要特征是颧骨突出。适于避免直发型,并遮掩颧骨。在做短发时,要强化头发的柔美,并挡住太阳穴。做长发时,则应以“波浪式”为主,发廓轻松丰满。

发型作为整体形象中的一部分,在设计中还要将自己的工作环境、职业特点等因素考虑在内。一般情况下,人们观察一个人往往是“从头开始”。因此,曾有一位商务礼仪专家指出:“每当人们与一位商务人员陌路相逢时,最注意对方的,大都是其发型、化妆、着装、饰品等几点。正因为如此,商务人员更应该在外出应酬时重视上述各点。”

(二)面容

美好的面容是从皮肤护理开始的。首先我们要了解皮肤的三种类型,然后恰当地选择适合自己皮肤的护肤产品。

干性皮肤:这种皮肤红白细嫩,油脂分泌少,经不起风吹日晒,对外界刺激十分敏感,稍有不慎,便极易出现色素沉着和皱纹。

油性皮肤:肤色较深,毛孔粗大,油光满面,易生痤疮等皮脂性皮肤病,但适应力强,不易显皱。

中性皮肤:润泽细嫩,对外界刺激不敏感,适用于各类化妆护肤品。

皮肤的类型是先天的,我们无法自作选择,但通过日常的保护和锻炼,任何一种皮肤都会变得美丽,或延缓老化进程。我们要懂得一些保健皮肤的常识:①保持乐观的情绪是最好的“润肤剂”;②保证充足的睡眠;③养成多喝水的习惯;④注意合理饮食;⑤防晒防吹;⑥肠胃干净;⑦化妆得当;⑧注意表情。

面部的护理除了保持皮肤的清洁外,男士应注意刮净胡须,胡茬会使人显得疲惫无神;注意修剪鼻毛,不能让其露出鼻孔之外,影响美观;注意口腔的修饰,除去口腔的食物残渣,去除口腔异味。女士在上班或参加各种活动时应化妆,适度得体的妆容不仅是为了展现个人的风采,更是职业礼仪的需要。妆容应与时间、场合、对象等因素相协调。例如:日常工作时,应以淡妆修饰展显自然、清新、大方的形象;如果参加正式的晚宴、晚会、典礼等场合,可以浓妆显现庄重、高贵的形象。

这里简要介绍化妆步骤。

1. 清洁皮肤

用清洁类化妆品将脸洗干净,然后涂上适合自己皮肤性质的护肤类化妆品,使皮肤保持干净、滋润的状态。

2. 涂底色

选择与自己皮肤比较接近的粉底液或粉底膏均匀地拍打在脸上,使皮肤状态呈现出光泽、白皙的美感。使用粉底的时候要注意与耳朵、脖子的衔接。

3. 定妆

用与粉底色彩接近的粉或粉饼轻轻拍打脸部，固定粉底，同时吸收脸上的油，使皮肤与色彩关系吻合。

4. 刷胭脂

胭脂可以使脸色显得红润，也可以用来调整脸型。比如：脸型瘦长的人可搽得适当低一点，脸型宽胖的人可搽得高一点。脸部容易泛红的女士不适合在化妆时使用胭脂。

5. 修饰眼睛

画眼线、涂眼影、刷睫毛液，使眼睛变得大而生动。画眼线的方法是在上下眼睫毛的根部画一条细而黑的线，一般是前半部较细，后半部稍粗。涂眼影是在上眼皮涂上一定颜色的眼影，适合东方女性的眼影颜色是咖啡色和灰色。

6. 修饰眉毛

根据自己眉毛的特点采用刮、拔、剪、画、刷、描等不同的方法来修饰眉毛的形与色。

7. 涂唇油、唇膏

在涂唇膏之前先用滋润唇膏涂抹嘴唇，这样可以起到保护嘴唇的作用，然后再根据需要涂上唇彩或者唇膏。

8. 修整

化妆完成之后再检查一下是否有需要调整和修改的地方，尤其要看鼻翼两侧、下巴与脖子衔接的地方、脸与耳朵的交界处是否自然无痕迹。

二、仪表

仪表是指人的外表，一般来说包括人的容貌、服饰、风度等方面。仪表端正体现了一个人的素养、自尊和品位格调，同时也能够增加人的自信、积极奋发、乐观进取的心态。这里重点介绍着装礼仪。

着装必须遵循两个基本原则。

(1)色彩协调原则。服装色彩的搭配是很有学问的，不同的色彩有着不同的象征意义。基本搭配方法有以下三种。

①同色搭配法。既包括上下装同色，也包括同一种颜色按照色系中深浅、明暗度不同进行搭配，以造成一种统一、和谐的审美效果。如墨绿色配浅绿色、红色配深红色等。

②相似搭配法。即相邻颜色进行搭配的方法。这种搭配富于变化，服装更显活泼与动感。如橙配黄、黄配草绿、白配灰、红配橙红等。

③主辅搭配法。就是以一种色彩为整体的基调，再适当辅之以其他色彩的搭配，各种颜色不失各自特点，相映生辉。但在搭配时要注意对比效果，既鲜明又不要太刺眼。

无论哪一种搭配方法，都应该注意协调，协调就是美。

(2)“TPO”原则。“TPO”是英文“Time”(时间)、“Place”(地点)、“Occasion”(场合)三个单词的缩写。就是指人们的穿着打扮要与时间相适应，富有时代特色；要与地点相适应，选择与环境相配、相协调的服饰；要与场合相适应，在不同场合有不同的着装。

（一）男士服装

1. 大礼服

大礼服即晨服、燕尾服，是在特定的礼仪场合和社交场合的装束，有很严格的搭配组合规范。要求穿礼服背心、礼服衬衫、白色领结、黑色袜子、黑色皮鞋、上衣口袋插上白色装饰巾。

2. 正式礼服

正式礼服上装不带燕尾，多用黑色和深蓝色毛料，夏天则采用白色麻料；圆摆、大翻领、裤子侧缝饰缎面、带褶礼服衫，配黑色领结和腰封，穿黑色皮鞋、黑色袜子。

3. 日常礼服

日常礼服指黑色西服套装，有上衣、裤子、背心，扣子一般为1~3粒，单排双排都有。

4. 西服套装

（1）西装的款式。一般有两种，一种是两件套，即上装和下装，包括同色和不同色；另一种是三件套，即上装、下装和背心。其中两件套有三种式样：①单排扣式，造型轻盈，稳重大方，适合青、中、老年人穿着，深色最适合正式场合；②双排扣式，造型端庄、大方，适合中、老年人在正式场合穿着；③改良型，为便装，活泼、年轻、有朝气，适合青、中年人，不论工作、学习、外出都适宜，实用性强，但不那么正式、气派。

（2）西装的质地。西装好的质地不仅表现优雅的个性、尊贵的气度，而且耐穿不易变形。

（3）衬衫的讲究。衬衫的领头要硬实挺括，不能太软，要干净，衬衫的后领应高于西服后领，颜色一般配白色或与西服同色的浅色调，衬衫下摆要系在裤子里面，袖口露出西装袖之外2~3厘米为宜。

（4）系纽扣的讲究。在求职时，纽扣全部系上是比较严谨的一种形象。单排两粒纽扣西装，扣子系上是正规，不系是潇洒，两个都系上是土气，只系下面不系上面是牛气。单排三粒纽扣西装，可以全扣，也可以只扣中间那粒。

（5）系好领带。领带被称为西装的灵魂，正规场合穿西装都要系领带，系领带时要把领带系正，把衬衫的第一个纽扣扣好，把领带推到领口处，做到一丝不落。如果穿着背心，领带放在背心里面；如果没穿背心，用领带夹的话，一般把领带夹夹在衬衫的第二、三个纽扣之间。

（6）配好鞋袜。穿西装一定要穿皮鞋，不能穿旅游鞋、便鞋、布鞋，否则在视觉上给人感觉不伦不类。皮鞋要始终保持清洁光亮。袜子既要与皮鞋搭配，又要与西装的颜色深浅一致为好，不能红红绿绿乱穿一气。另外，配西装一定不要穿白色或透明的袜子。

（7）西装的穿法。一般在正式场合，如庆典、高级会议、正式会见、宴会、婚丧、求职等活动中宜穿深色西装套装，系领带，以示严肃、庄重；在商务活动中，灰色、蓝色、黑色、棕色、紫红色等单色领带都是十分理想的选择。商界男士在正式活动场合中，应尽量少打艳色或是浅色领带，同时切勿使用颜色多于三种的领带；在半正式场合，如办公、一般性会见，宜穿中等色、浅色或较明亮的西装，或有稳重感的单色、条纹、暗小格套装，须系领带；在非正式场合，如外出、游玩、参观则穿着较为随便自由。

(8)西装选择与形体相配。穿西装一定要合身,以充分显示人体的美。年轻人讲究线条和时代感,可以紧身些;身体胖的人可以穿竖线条面料做的西装,在视觉上不显得臃肿;体型瘦的人则相反,应选择横条西装;身材矮小的人可以将上装做得稍长些,颜色稍深些,同样能给人以修长的感觉。

(9)西装的色彩。一般说来,穿西装所建立的是权威、可靠和可亲的形象,西装的颜色愈深,代表的权威就愈大。比如说,黑色西装比深蓝色所代表的权威更大,但一般人平时都喜欢深蓝色。在求职时,如果穿深色调的西装会显得自信、成熟、老练。深蓝色和深灰色的纯色布或条纹布西装给人最可靠的印象。如果不宜过度强调自己的分量,可以穿浅色系的蓝、灰西服,这是最可亲的形象。正式场合慎穿大格子和粗条纹的西服。任何时候都不能穿价格低廉的化纤针织面料的西服。

(10)西装的口袋。严格地说,西装的口袋只是一种装饰,里面什么也不要放。一旦放进去东西,就会破坏这种平整感,既不美观,又有失礼仪,使形象大打折扣。

(二)女士服装

1. 礼服

女士的礼服较为丰富,长礼服是女士最隆重的穿着,比如一些重要颁奖活动,几乎所有的女士都穿长裙。这种礼服高贵典雅,上身造型袒露较多,需佩戴相应的珠宝首饰。另外一种礼服叫做小礼服,裙子的长度可以根据自己的身材来定。还有一种是可以穿着中国旗袍,出席这类典礼别具古典韵味。

2. 套装

套装也称为女性职业装,一般办公室的职业女性以穿套装为主。大的区别是裤子和裙子,小的差别是衣服的样式、长短、面料等。

职业套装的风格是正规、沉着、干练、精神,所以不要佩戴闪光的珠宝首饰或者过于卡通和时尚的休闲首饰。在衬衫的选择上也要慎重,一般以质量上乘的丝绸、棉质等面料为好。

(1)套装的选择。套装的选择主要考虑以下因素。

①面料。套装的面料有很多种,但是以纯天然质地为最好;要有好的手感,以光洁润滑、平整挺括、柔软垂悬、不起皱、不起球、不起毛为最好。

②色彩。套装的色彩基本是上下一色,这样的色彩有整体感,穿着者会显得高挑。

③图案。职业套装虽然也有格子与条纹等图案,但一般正规套装很少选择大而明显或者条纹很粗的图案;在单纯的套装上,女士经常使用漂亮的衬衫、丝巾和别针来增加职业套装的典雅与端庄。

④尺寸。套装中的裙子与上衣会有不同的长短变化,比如,短上衣配长裙,长衣配短裙,短衣配短裙,长衣配长裙等;选择尺寸和服装的长短尺寸,一是要根据穿着的场合,二是要按照自己的身材条件,比如,我们身材不高的女士就不适合选择长裙子,也不适合穿长上衣;在大多数情况下,服装的尺寸以合身最为重要,其次我们在正规场合如果穿太短的裙子会显得不雅观,而过长的裙子则会没有精神,所以短裙的长度最好略过膝,长裙不要超过小腿肚。

⑤造型。女士的套装大约有以下几种类型。

一是A型，即上衣为紧身式，裙子是宽松型的，这样上紧下松的造型，比较适合臀部较大的女性。

二是X型，即上衣为紧身收腰，裙子有点喇叭形，这个造型可以使穿着者线条明显、婀娜多姿。

三是H型，这种款式的套装收腰不明显，裙子也是直筒式，比较适合身材肥胖的女士。

四是Y型，上衣有明显的垫肩，裙子紧身。穿着者如果有很好看的腿型，这样的套装会使人精神、挺拔。但是如果脖子较短或者本身肩膀就较宽的女士不太适合这样的造型。

(2)女士穿着与搭配。

①衬衫。女士套装中的衬衫搭配非常重要，尤其是领口部位常常会起到画龙点睛的作用。面料首选柔软的真丝、舒适的全棉、麻纱等。衬衫色彩的选择，一种是协调色搭配，即衬衫与套装的颜色反差很小，属于一种色系；第二种是色彩选择邻近色搭配，也就是衬衫与套装的颜色虽然属于不同色系，但是反差也不是很强；第三种是对比搭配，比如白色衬衫与黑色套装搭配，浅色衬衫与深色套装搭配，蓝色套装与橙色衬衫搭配，紫色套装与黄色衬衫搭配等，这些都属于对比色搭配。这种搭配方法显得人非常精神，但是需要选择合适的面料和样式。

②内衣。内衣包括胸罩、内裤、腹带、紧身衣等。内衣的穿着是为了支撑和烘托女性线条的优美，在选择时首先要以健康、舒服、贴身为主，面料以纯棉、真丝为好；然后还要考虑对外形的影响，不能让人从外套上看到内衣的轮廓，这样不雅观。

③鞋袜。鞋子与袜子在整体形象设计中的地位不可小觑，在选择的时候要从以下两个方面考虑。一是色彩，与套装搭配的鞋袜最好是单色，比如袜子的颜色以黑色、肉色、浅灰、浅棕为好，白色、红色或者彩色的袜子不能与套装一起穿；皮鞋的颜色主要是与套装颜色保持一致，但要注意颜色鲜艳的皮鞋即使与套装一致也是不适合的，如红色、绿色、明黄、浅紫颜色的鞋子都不太合适，黑色与白色皮鞋是最好的选择。二是样式，与套装搭配的皮鞋与袜子的样式比较简单，袜子应该是连裤袜，要注意不能出现抽丝和破损现象；皮鞋的样式以高跟、半高跟的船式与盖式为好，系带皮鞋、凉鞋、皮靴都不适合与正规套装搭配。

④首饰。工作场合不是表现个性的地方，一切配饰以简约为上。如果出席正式的社交场合，女士佩戴首饰是必要的，首饰的款式要注意与礼服配套，要让首饰成为“画龙点睛”之笔，而不能成为多余的“累赘”。戒指的佩戴是有规定的，通常戴在左手。左手食指上的戒指是代表无偶求爱，戴于中指表示正在恋爱中，戴在无名指上则表示已经订婚或结婚，而戴在小指上是暗示自己是独身主义者。一般情况下，只戴一枚戒指。手镯和手链的佩戴要注意与服装的搭配，以高雅大方为好，不要同时将手镯和手链都戴在手腕上，也不要同时在一个手腕上戴两只手镯或手链。胸针与胸花是装饰服装的，在选择颜色与造型的时候，不仅要看与服装搭配在一起的效果，更要看是否符合个人的气质与风度。胸针与胸花的大小要合适。

⑤包袋。女士一般都会有好多包，颜色与样式也不同。从功能上来看，大包可以把需要的东西都放在里面，上班的时候很用得着。包的另外一种功能是装饰，也就是作为整体造型的搭配，比如很精致的小手提包。出席晚宴和一些高规格的活动中，女士穿着礼服，再配上小而精美的手提包不仅可以把必需的用品如手机、钥匙、钱、粉饼、唇膏等放在里面，而且造型优美的小提包也成为整体服饰中的一个点缀物。

【案例 6-3】

"栽"在镜头前的尼克松

1960 年 9 月 26 日，在哥伦比亚广播公司的电视直播间里，总统候选人理查德·尼克松和约翰·肯尼迪站在摄像机和聚光灯前，进行了美国总统竞选历史上第一次电视辩论。

尼克松当时是美国副总统，肯尼迪不过是马萨诸塞州一名资历尚浅的参议员，此前的历次民意测验中，尼克松都领先肯尼迪。许多人认为，这将是一场一边倒的竞选，经验老到的尼克松肯定会胜出。但当天的电视辩论使尼克松受到致命一击，也因此将肯尼迪送上总统宝座。如果在广播中收听这场辩论，听众会认为两个人旗鼓相当、不分高下。但电视观众看到的却是另一番情景：一脸憔悴的尼克松 PK 阳光活力的肯尼迪。

尼克松并非其貌不扬、精神萎靡之人，但他刚动过膝盖手术，脸色苍白，身体消瘦。更失败的是，他抹了较深色的男用粉底霜，在强烈灯光下，显得面色铁青、神情疲惫。正如历史学家罗杰·巴特菲尔德所形容的："在全世界面前，他看起来好像一个不爱刮胡子和出汗过多的人，忧郁地等待着电视广告告诉他怎样不要失礼。"而肯尼迪不仅在事前进行了练习和排练，还专门跑到海滩晒太阳，积极进行体育锻炼，在电视屏幕里显得身材匀称、健康结实、精神饱满、活力四射，加之服饰得体，看上去神采奕奕、风度翩翩。

最后，肯尼迪以 49.9% 对 49.6% 的得票率战胜了尼克松。有评论称，战胜尼克松的不是肯尼迪，而是肯尼迪的形象设计师。

（人民网，http://history.people.com.cn/n/2012/0719/c198306－18554560.html）

三、仪态

仪态是指人的手势、表情及人体其他部位带有意义的某种活动或姿态。仪态举止是一种无声语言，在职场中，正确掌握各种举止礼仪，是塑造职场形象的关键。仪态语言主要包括三个方面：眼神、笑容、肢体语言。

（一）眼神

眼睛是人与人沟通中最清楚、最准确的信号，是人身上的焦点，能灵敏、充分地表达感情，因而眼睛被称为"心灵之窗"。

1. 目光语言

（1）从眼球的转动和目光的方向上理解目光的含义。眼球向左下方运动是在同自己谈话，眼球向右下方运动是在察觉身体的感觉。眼球向左或向右平视是在弄懂他在聆听的声音的含义，回忆记忆中的声音或想象的声音。正视表示尊重，俯视表示羞涩，对高人的仰视表示敬仰，对和自己差不多高的人仰视则表示自高自大。

（2）从瞳孔的伸缩中体察人的情感。瞳孔扩大，说明人的情绪处于惶恐或兴奋状态。瞳孔缩小，说明人的情感处于消极、气闷之中。

（3）从目光的移动中观察他人的心态。谈话时眼睛看着别的地方，说明他有隐情未告。

与人的眼光相遇就赶紧避开,说明他言不由衷。对说话者直视,说明对说话者的话题感兴趣。说话时望着听众,表明对自己说的话很有把握。

(4)从眼神中看人的欲望。觊觎的、贪婪的欲望能从火炽的眼光中流露出来;险恶的、狡诈的用心能从带着寒光的眼神中表现出来。

(5)从眼光中揣摩他人的品格特征。目光明澈者,心怀坦荡;目光狡黠者,心术不正;目光炯炯者,精神焕发;目光如豆者,心胸狭窄;目光执着者,志怀高远;目光浮动者,轻薄浅陋;目光睿智者,聪明机敏;目光呆滞者,心事重重;目光坚毅者,自强自信;目光衰颓者,自暴自弃。

2. 热诚目光的表达

在职场中,如何使热诚的目光表达得恰到好处呢?

与人交谈时,要正视对方,目光应该是宁静而亲切的。做到这一点的要领是:彻底放松精神,把自己的目光放虚一些,不聚焦于对方的某一个部位,而好像在用自己的目光罩住对面的整个人,这样的目光给人以稳重和安全感。当谈话切入主题时,需要注视对方,加强对对方所说内容的理解。一旦主题结束,要自然移开视线,变为虚视,以缓解交际气氛。当别人彼此交谈时,作为旁听者,眼睛要随着谈话者转动,以示礼貌周全。如果同师长谈话,注视的时间要长一些,以示尊敬、爱戴、敬仰。

社交场上忌讳的五种目光。

(1)盯视。注视时间超过几秒钟,就有盯视之嫌。死盯视某人或某人的某个部位是很不礼貌的,极易引起他人反感。盯视他人,也显得本人神情呆滞、形象不美。

(2)眯眼看人。这是一种意味深长的眼光,给对方带去的是不友好或居心叵测之感。

(3)东瞟西看。这样显得漫不经心,给对方带去的是受轻视之感。

(4)轻易让情感从眼光中流露出来。一个有教养的人最重要的是能够控制自己的情感,即使是对自己不喜欢的人,也不要轻易做出鄙视或不屑的眼神。

(5)咄咄逼人的眼光,这样的目光使人感到威胁。

(二)笑容

美国艾文·格兰特博士认为人有五种基本笑容:①微笑,笑的时候唇部呈向上的弧形,不露牙齿;②轻笑,或称"招呼朋友的笑",常用它作为朋友相遇、亲人相见时一种欣喜的招呼,笑时嘴巴通常只微微张开,只有上牙齿露出来;③大笑,嘴巴张开,上下牙齿均能看见,有"哈哈"声音发出;④抿嘴而笑,和轻笑类似,只是下唇含在牙齿中;⑤皮笑肉不笑,这种笑不是发自内心的。

笑最重要的是自然、大方。微笑、轻笑、大笑都要出于自然。如果对任何人都抱以轻笑,会使人误解这种笑的含义,使人感到莫名其妙或被嘲弄。如果不停地大笑,会被认为精神不正常。微笑则最被人们欣赏和接受。英国诗人雪莱说:"微笑,实在是仁爱的象征、快乐的源泉、亲近别人的媒介,有了微笑,人类的感情就沟通了。"微笑是人际交往的润滑剂,是消除芥蒂、化解矛盾、排遣紧张、缓解压力、慰藉他人、关怀备至、广交朋友、友善待人的有效方式。亲切、温馨的微笑能迅速缩小彼此间的心理距离,创造出交流与沟通的良好氛围。

【案例6-4】

微笑永远是顾客的阳光

1919年,美国“旅馆大王”希尔顿把父亲留给他的1.2万美元连同自己挣来的几千美元投资出去,开始了他雄心勃勃的经营旅馆生涯。当他的资产从1.5万美元奇迹般地增值到几千万美元时,他欣喜地把这一成绩告诉母亲。不料母亲却淡然地说:“依我看,你跟以前根本没有什么两样……事实上你必须把握比5 100万美元更值钱的东西,除了对顾客诚实之外,还要想办法使来希尔顿旅馆的人住过之后还想再来住,你要想出简单容易又不花钱并行之久远的办法去吸引顾客。这样的旅馆才有前途。”

希尔顿冥思苦想,找到了具备母亲说的“简单、容易、不花钱而行之久远”四个条件的东西,那就是:微笑服务。从此,希尔顿每天上班对员工说的第一句话就是“你对顾客微笑了没有?”为了让微笑经营这一理念深入到每一个员工的内心,希尔顿要求每一个员工每天来酒店上班的第一件事就是集体唱微笑歌,每一个人都不例外,从希尔顿到每一个员工。微笑经营理念成了希尔顿酒店文化的精髓,每一个希尔顿人都在用微笑传承着这一理念,用微笑走向世界。

(新浪网,http://finance.sina.com.cn/roll/20040206/0810619786.shtml,略改)

(三)肢体语言

我们身体上的肩、腰、臂、腿、足、手等部位的动作称为身段表情,它能反映一个人的内在心理活动,具有传递信息的作用。一个讲究礼仪的人就要学会运用体态语言表示自尊和尊重他人。

这里介绍三种常用基本举止礼仪:站姿、坐姿、走姿。

1. 站姿

(1)站姿语言。如果一个人面对你而站,却把双臂交叉在胸前,说明他对你的不信任。如果人在站立时总习惯倚个东西,如桌子或椅子、墙壁什么的,说明他自信心不强,不相信自己的能力而希望被支持,这样的人行为处世比较保守。喜欢把侧面对人的人,有逃避现实的心理。侧面看上去垂头、屈膝、弓背、驼腰者,说明他处于一种沮丧的松弛状态,一种无可奈何的不如意,把精气神给吞没了。如果一个人采用挺胸直背、身体后仰、双腿绷直而立的姿势,说明他具有不屈于现实,不达目的誓不罢休的雄心壮志。

(2)优美的站姿,分为男士站姿和女士站姿。

①男士站姿,包括一位、二位、三位、四位、五位、六位站姿。

一位站姿:两脚并拢,两膝并严,提髋立腰,吸腹收臀,挺胸抬头,下颌微收,双目平视,两手自然下垂。

二位站姿:左脚向左横跨迈一小步,两脚之间距离不超过肩宽,以20厘米为宜,两脚尖和脚跟的距离相等,两手在腹前交叉,身体直立,注意不要挺腹或后仰。

三位站姿:两脚跟并拢,脚尖展开60°~70°,两手在身后交叉,挺胸立腰,下颌微收,双目平视。

四位站姿：两脚尖展开90°，左脚向前将脚跟靠在右脚内侧中间位置，成左钉子步，左手后背，右手下垂，身体重心于两脚上。

五位站姿：两脚尖展开90°，左脚向后将脚内侧贴于右脚跟处，左手臂下垂，右臂肘关节屈，右前臂抬至横膈膜处，右手心向里，手指自然弯曲，身体重心于两脚上。

六位站姿：两脚尖展开90°，左脚向后将脚内侧贴于右脚跟处，右手下垂，左臂肘关节屈，左前臂抬至横膈膜处，左手心向里，手指自然弯曲，身体重心于两脚上。

②女士站姿，包括一位、二位、三位、四位站姿。

一位站姿：两脚并拢，两膝并严，双腿后压，挺胸拔背收小腹，下颌微收，双肩后展，双目平视，眼神内敛，两手自然下垂。

二位站姿：两脚并拢，两膝并严，双腿后压，挺胸拔背收小腹，下颌微收，双肩后展，双目平视，眼神内敛，两手体前相握，握四指。

三位站姿：两脚并拢，两膝并严，双腿后压，挺胸拔背收小腹，下颌微收，双肩后展，双目平视，眼神内敛，两手臂相叠，右手放在左手臂的肘关节弯曲处，大拇指指内插在关节里面，无名指和小手指略微翘起。

四位站姿：两脚尖展开90°，左脚向前将脚跟靠在右脚内侧中间位置，成左钉子步，双手体后相握，握四指，身体重心于两脚上或右脚上。

2. 坐姿

【案例6-5】

坐姿"定乾坤"

某报曾报道了这样一件事：中国某国家级的科研机构派人去北京某大学招聘一名应届毕业生。该大学推荐了两个候选人，一位是学生会主席，另一位是普通的学生，两位都是该校的优秀学生。招聘者提出先面试学生会主席，小伙子穿着打扮无可挑剔，言谈也很得体，然而一坐下二郎腿就翘起来了。面试者要求面试第二位候选人。这位学生此时正在球场上打球，听说有人找，就急忙跑来，一身汗水，衣冠欠洁。得知事情的原委之后，他马上对自己的着装表示道歉。招聘者笑言："没关系，坐下来随便谈谈。"该生道谢后坐下，双腿微拢，双手放于腿上，上身挺拔端正。端庄的坐姿，给人以谦逊和严谨的印象，颇得招聘者的好感。最后这位学生竞聘成功，而那位学生会主席落选了。

（豆丁网，http://www.docin.com/p-371451575.html）

(1)坐姿语言。正襟危坐，表示尊重，这种人处世比较严谨，为人谦和。谈话中间，身体突然向椅背一靠，并把双腿往前伸，表示对目前的话题已经厌烦。跨骑椅子的人，表示对对方话题的厌烦，或者是以显示自己优越的地位，习惯如此坐姿的人往往唯我独尊，很难与人和睦相处。身体坐直并跷起二郎腿，这是尊者的姿态。身体前倾，跷起二郎腿，并把脚尖对着讲话对象，表明对说话者的兴趣浓厚。坐姿笔直且双手紧握椅子的扶手，扣着脚踝，说明他正在压抑自己，不愿情绪流露出来，这样的人防御心理很强。身体向前倾，双腿分开，把双手放在膝盖上，表明此人急切地盼望尽快结束这次谈话。身体向后倾，双手握椅子把手，双脚不断抖动，表示对谈话非常不耐烦。

(2) 文雅的坐姿，分男士坐姿和女士坐姿。

①男士坐姿，包括以下七种。

一并式：坐正立腰，双膝双腿并拢，小腿略向前，两手臂扶于椅子两侧的扶手上或两手相叠平放在桌子上。

开膝合手式：两膝部展开不超过肩宽，小腿垂直于地面，两手合握于腹前。

交叉式：两小腿前伸，双脚大踝关节处交叉，两手扶于椅子扶手上。

开关式：两小腿左右分开，两膝并严，双手交叉于两腿间。

曲直式：左小腿曲回脚掌着地，右脚前伸，左臂肘关节支撑，左手托腮，右手扶于右腿上。

转体交叉式：双腿前伸，两脚交叉，上身左倾右转，左前臂支撑扶手上，右手扶于右侧扶手上，目视右侧。

前倾式：两腿分开，小腿垂直于地面，上身前倾，两肘分别支撑于两腿上，双手合托下颌。

②女士坐姿，包括以下十种。

垂直式：坐下之前，要站在椅子前面合适的位置，将左脚跟靠于右脚内侧中间部位，两脚尖展开45°，两膝并拢；向下坐时，上身略向前倾，两手（或用一只手）将后面的衣裙拉好，坐下后，腰挺直，膝紧靠，两小腿垂直于地面，两手在腹前交叉。

前伸式：按照垂直式的坐姿，两小腿向前伸出45°，脚尖不要翘起。

前交叉式：按照前伸式坐姿，右脚置于左脚之上，两踝关节处交叉，两脚前端外侧着地，膝部可略展开，不要过大。

曲直式：左腿前伸，右小腿屈回，用脚掌地，大腿靠紧，两脚前后要在一条线上。

后点式：双小腿向后屈回，用脚掌着地，膝盖略打开。

左侧点式：两膝并拢，两小腿向左斜伸出，左脚跟靠于右脚内侧中间部位，左脚掌内侧着地，右脚脚跟提起、脚掌着地，头向左转45°，肩、胸略向左侧转。

右侧点式：姿态与左侧点式相反。无论是左侧点式，还是右侧点式，都要注意大腿与小腿要成90°角，小腿不要往回屈，要充分显示小腿的长度。

右侧挂式：在右侧点式的基础上，右小腿稍向回屈，右脚绷直，脚掌内侧着地；右脚提起，挂在左脚踝关节处；两脚并严，上身左转45°，胸部挺起，下颌稍向上翘起。

侧身重叠式：髋部左转45°，头、胸向右转，左小腿垂直于地面，右腿重叠于左腿上，右小腿向里收，脚尖向下。

正身重叠式：身坐下，腿向正前方，左小腿垂直于地面，全脚支撑，右腿重叠于左腿上，小腿向里收，脚尖向里收；上身稍前倾，可将两手臂交叉支撑于腿上，也可以用一只手臂支撑，一只手臂向上托腮。

注意：两腿交叉重叠式坐姿在正规的社交场合被视为不雅的姿势。实际上，您只要注意将小腿往回收，并将脚尖向下压，还是很美的姿态。但面对尊长时，不宜采用这种坐姿。

3. 走姿

(1) 走姿语言。走路步履坚实，节奏感强，步伐频率较快，双臂摆动自然的人，有坚强的性格、坚定的行为目标，并有锲而不舍的追求精神，往往表明他是个事业的强者。走路步履坚实，节奏感强，而步伐频率较慢，这是一种运筹帷幄的心理姿态，这种人老谋深算、城府颇深。习惯走路双手插在口袋的人，可能内心有秘密，并往往爱挑剔别人的毛病，这种走姿常常显得玩世不恭。双手紧紧相握，背在背后，垂头走路的人，肯定心事重重。昂首挺胸且面庞向右上方倾斜，脚步夸张之人，具有傲慢的特性。从背后看人的走姿，如果他的脖颈筋和身子朝着两个方向拧劲，说明他有固执己见的特性。

(2)走出风韵。走姿最能反映一个人的精神风貌。正确的走姿应上身保持站立的姿势，表情自然，双目平视，手臂伸直放松，手指自然弯曲；摆动时，以肩关节为轴，上臂带动前臂，向前摆动时，手臂摆直线，肘关节略屈，前臂不要向上甩动，向后摆动时，平臂外开不超过30°，前后摆动的幅度为30～40厘米。且走路的速度要适中，男士的步幅一般在40厘米左右，女士的步幅在30厘米左右。步行中，要注意重心准确。挺胸收腹的正确步态，使您的重心处在脊柱的前方，重心稍向前，在心理上就是一种前进感。

男士走姿是以阳刚之气赢人。要领有二：一是开阔心胸；二是走姿的稳定感和节奏感，特别是身着西装时，必须以这样的走姿才会既有气概，又不失儒雅。

女士走姿既要走出端庄美又要有轻盈感。女生优美走姿衡量的标准是：头顶一本书走路时，书不会掉下来，说明您走得比较平稳，颈部、头部要求稳定，腰部一定要拔直，髋部不能左右摆动。特别是穿职业装时，步履不要太大，注意头和身体协调配合，保持微笑、含蓄。

第三节　职场社交礼仪

一、见面礼仪

见面通常是职场社交乃至一切交往中迈出实质进展的第一步，电话和书信都无法代替面谈的地位，大家都明白第一印象的重要性，不论处在哪种情况下，都不要小视初次见面的作用。

见面通常包括称呼、介绍、握手、接递名片等几个部分，每个部分都有相应的礼仪要求。

(一)称谓礼

在人际交往中，礼貌得体的称谓是个人良好礼仪风貌的体现，也是人际交往的一个重要开端。

一般社交场合，要准确地掌握传统称谓语言。如称自己的父母为高堂、双亲；称别人的父母为令尊、令堂；称师之妻为师母；称同学为同窗、校友等。同时，还要正确地选择和使用现代称谓。如以职务相称、以职业相称、以学位相称、以师生关系相称、以辈分相称、以交易关系相称、以同辈和同学关系相称等。那么，称谓中有哪些注意事项呢？

1. 称长为尊，注意人的心理需求

交际对象若是长辈、长者，尊称“老爷爷”“老奶奶”“大叔”“您老”。对有影响的老前辈，在其姓氏后加上“老”字，尊重的意义就更进一步，如“刘老”“张老”。

我们按照“称长为尊”的原则称呼他人的时候，同时也要考虑人的心理因素，有选择地使用，切不可一概而论。比如，对未婚的大龄女子或男子，最好不用“老”或“大”来称呼，如

“老李”“大刘”等，因为他们希望自己在他人眼中能更年轻些。此时，如果在其姓氏前加上“小”字，大概更能使其欣慰。同样，对于一些要强好胜、不服老的老年人，不妨用较之实际年龄更年轻些的称谓去称呼他，比如本该叫其“老大爷”可以改称为“大叔”。这样的称呼虽不符合实际年龄，但却更符合其心理要求，于是彼此的情感会更加亲密融洽。

2. 以职业、职称相称

在工作场合，上级下级之间互相称呼对方的职务，这样称呼有两个目的：一是使彼此都有被尊重的感觉；二是各自对其所负职责的再提醒，如称其为“刘秘书”“李医生”等，能增强其责任感。在非正式场合，上级可以对年龄与己相仿或稍大些的，并且关系很熟的人直称其名字，但不要加上姓氏，这样直呼人的姓名，显得生硬、不礼貌。下级一般不要如此称呼领导。

3. 审时度势，因地制宜

在不同的场合，对人的称谓也要有所改变。如在公众场合向人介绍自己的长辈，称“父亲”“母亲”，而在私下场合则该称“爸爸”“奶妈”更亲切自然。在工作场合，要称亲人的职务，如哥哥在学校是老师，就要叫“老师”，回到家里还是叫“哥哥”好。当到同学和同事家拜访，对其父母就不能称职务或同志，应当称“伯父伯母”或“叔叔阿姨”。

4. 称谓要分清主次

社交中遇有同时需要对多人称呼时，在选择和使用称谓语言上要以先长后幼、先上后下、先疏后亲为宜。比如在给老人祝寿时，应该先称呼寿星，然后再按辈分依次进行称谓。在一些社交场合，总要先对长者、领导称谓，然后才是同事间的彼此称呼，这样的称谓顺序，礼貌而得体。

(二)介绍礼

所谓介绍，一般是指人际交往中，使他人了解、熟悉自己，或令陌生的双方相互结识的一种做法。在见面场合，介绍分为自我介绍、介绍他人和集体介绍三种。

1. 自我介绍

自我介绍的语言与行为设计如下。

A 先生：“先生(女士、同志)，你好，打搅了！我叫 × × ×，是某单位部门的科长(职务、职称)。”同时，递上自己的名片，以强化对方对你的认识，口称：“这是我的名片，请关照。”

A 先生接着询问对方：“请问您贵姓？”

B 先生回答：“免贵姓张，张少华。”

A 先生伸出手与对方热情握手：“张先生，认识您很高兴！”

如此设计，一句话，说清了自己，也认知了对方。简单、明了、大方、稳重、有序，会给对方留下深刻的印象。

自我介绍需要注意以下四点：①把握好时机，必须是对方比较方便和从容的时候；②名片要在介绍之后再递；③注意控制好时间，一般要将单位、部门、职务和姓名四个部分一气呵成介绍完；④态度要谦虚，不能自我吹捧，如果你担任领导职务，只要说出在某某单位工作就可以了，初次见面时过分表现自己容易引起对方的反感。

2. 介绍他人

对他人进行介绍的语言与行为设计如下。

C 是介绍人,需要对 A 和 B 进行介绍,C 站在 A 和 B 之间,掌心朝上,五指并拢,指向被介绍者 B,眼睛对着 A 说:“A 先生好,我来介绍一下,这位是 B 先生。”然后,回身面向 B,此时把手掌再伸向 A,说:“B 先生好,这位是 A 先生。”A 和 B 伸手相握,介绍结束。

介绍他人需要注意以下三点。

(1)谁当介绍人。首先有一个公私之分,如果是在家里,那么女主人就是介绍人;如果是在单位里,公关人员、文秘、办公室主任等就是介绍人。

(2)了解双方的意愿。作为一个介绍人,必须明了双方的意愿。有可能一方并不想结识另一方,这就需要在正式介绍前有一个预先的简单扼要介绍,这时候介绍人本身的地位和分量就会起作用。

(3)注意介绍顺序。有两种顺序:一种是“尊者居后”,即先把身份低、年纪轻的人介绍给身份高、年长者,把男子先介绍给女子;另一种是“先主后宾”,陪同或接待人员如果要将客人介绍给公司董事长和总经理,考虑到客人的优先知情权,应先介绍主人,介绍主人时,按职务高低介绍,然后再将客人介绍给主人,这时候可不分男女,不分老幼职务。

3. 集体介绍

被介绍的一方不止一个人时,就是集体介绍。一般分为单向式和双向式两种。集体介绍必须照顾“点”和“面”。

(1)单向式就是一方是一人,另一方是集体。通常只需要把个人介绍给集体,此时不需要把集体一一介绍给个人,如果这个集体中有人想要和个人做进一步交流,则可以让他们自行决定。如果确有必要把多人介绍给一人时,最好介绍人用手掌斜伸向被介绍者,顺时针依次介绍;作为个人,需要一一问候,握手致意即可。

(2)双向式就是被介绍的双方都是集体时使用的。这种情况下,由主方负责人出面按照具体地位和身份从高到低地介绍,然后客人方面也按照这样的次序进行介绍。被介绍的双方握手或点头行礼,并伴随以口头问候即可。

(三)握手礼

握手礼是许多国家的一种常用礼。握手的标准方式,是行礼时行至距握手对象约 1 米处,双腿立正,上身略向前倾,伸出右手,四指并拢,拇指张开与对方相握。握手时应用力适度,上下稍许晃动三四次,随后松开手来,恢复原状。具体来说,握手时应加以注意的问题如下。

1. 握手的神态

与人握手时,应当神态专注、热情、友好、自然。在通常情况下,与人握手时应面含笑意,目视对方双眼,并且口道问候。在握手时切勿显得自己三心二意、敷衍了事、漫不经心、傲慢冷淡。如果在此时迟迟不握他人早已伸出的手,或是一边握手,一边东张西望,目中无人,甚至忙于跟其他人打招呼,都是极不应该的。

2. 握手的姿势

向他人行握手礼时,只要有可能,就应起身站立,坐着与人握手是不合适的。握手之时,双方彼此之间的最佳距离为 1 米左右,因此握手时双方均应主动向对方靠拢。若双方距离过大,显得像是一方有意讨好或冷落对方。若双方握手时距离过小,手臂难以伸直,也不大好看。最好的做法是双方将要相握的手各向侧下方伸出,伸直相握后形成一个直角。

3. 握手的力度

握手之时，为了向交往对象表示热情友好，应当稍许用力，大致握力以在 2 千克左右为宜。与亲朋故旧握手时，所用的力量可以稍为大一些；而在与异性以及初次相识者握手时，则千万不可用力过猛。总之，在与人握手时，不可以毫不用力，不然就会使对方感到缺乏热忱与朝气；但也不宜矫枉过正，要是在握手时拼命用力，将对方握得龇牙咧嘴，则难免有示威挑衅之嫌。

4. 握手的手位

（1）单手相握。以右手单手与人相握，是最常用的握手方式。不过进而言之，单手与人相握时，左手常垂直于地面最为适当，它被称为“平等式握手”，表示自己不卑不亢。与人握手时掌心向上，表示自己谦恭、谨慎，这一方式叫做“友善式握手”。与人握手时掌心向下，则表示自己感觉甚佳、自高自大，这一方式叫做“控制式握手”。

（2）双手相握。即用右手握住对方右手后，再以左手握住对方右手背。这种方式，适用于亲朋故旧之间，可用以表达自己的深厚情谊。一般而言，此种方式的握手不适用于初识者与异性，因为它有可能被理解为讨好。这一方式，有时亦称“手套式握手”。双手相握时，左手除握住对方右手手背外，还有人以之握住对方右手手腕、握住对方右手手臂、按住或拥住对方右肩，这些做法除非是面对至交，否则不要滥用。

5. 握手的时间

在一般情况下，与他人握手的时间不宜过短或过长。大体来讲，握手的全部时间应控制在 3 秒钟以内。但若是老友重逢，握手时间则可以适当延长。握手时两手稍触即分，时间过短，好似在走过场，又像是对对方怀有戒意。而握手时间过久，尤其是拉住异性或初次见面者的手长久不放，则显得有些虚情假意，甚至会被对方疑为“想占便宜”。

6. 伸手的秩序

上下级之间，上级伸手后，下级才能伸手接握；长辈与晚辈之间，长辈伸手后，晚辈才能伸手接握；男女（年龄、身份相同时）之间，女士先伸手后，男士才能伸手相握。如果男士是老师或学长，仍然遵循上下级或长幼握手礼的原则；作为主人，在接待客人时，要主动伸手相握，以示欢迎；作为客人，在告别时，要主动在分手之处，先伸手与主人相握，以示请留步、再见。

7. 握手的禁忌

（1）不要拒绝与他人握手，在任何情况下，都不能这么做。

（2）不要用左手与他人握手，尤其是在与少数民族人士或外国人士打交道时更要牢记此点，因为在他们看来左手是不洁的。

（3）不要在握手时面无表情、不置一词，好像根本无视对方的存在，而纯粹是为了应付。

（4）不要在握手时争先恐后，而应当遵守秩序、依次而行。特别要记住，与基督教信徒交往时，要避免两人握手时与另外两只相握的手形成交叉状，这种形状类似十字架，在基督教信徒眼中是很不吉利的。

（5）不要在握手时戴着手套或将另外一只手插在衣袋里，也不能在握手时另外一只手依旧拿着东西而不肯放下，例如仍然拿着公文包、行礼、报刊、香烟等。

(6)不要在握手时戴着墨镜,只有患有眼疾或眼部有缺陷者方可例外。

(7)不要在握手时长篇大论、点头哈腰,显得过分客套。过分客套不会令对方受宠若惊,而只会令对方不自在、不舒服。

(8)不要在握手时仅仅握住对方的手指尖,好像有意与对方保持距离。也不要在握手时只递给对方一截冷冰冰的手指尖,像是迫于无奈似的。正确的做法是要握住整个手掌,即使对异性,也要这么做。

(9)不要以肮脏不洁或患有传染病的手与他人相握,更不能在与人握手之后,立即擦拭自己的手掌,好像与对方握一下手就会使自己受到"污染"似的。

(10)同时和几个人见面时,不要只同一个人握手,应和每个人握手,握手时间应该大致相等。

(四)名片礼

名片是现代人的自我介绍信与社交联谊卡。一张名片将我们的姓名、工作单位、职务、社会身份都写的一清二楚,起到与他人联系的作用。互递名片是相互的交往行为,"有来无往非礼也",没有名片的朋友要尽快准备好,有名片的朋友要不失时机地与人交换,没准一张名片会带给你一个机会。

【案例6-6】

名片象征着身份

乔·吉拉德是吉尼斯世界汽车销售冠军,他在未成名前曾做过某公司采购部经理。有一次,他负责采购一批金额约300万美元的办公设备。本来他已经决定向S公司购买了。一天,S公司的销售负责人打来电话,说要来拜访他。他心想,当对方来时就可以在订单上盖章了。

不料对方提前来访,原来是因为对方打听到吉拉德所在公司的子公司打算更新办公设备,希望子公司需要的各种设备也能向S公司购买,所以S公司的销售负责人带着一大堆资料,摆满了桌子。

见面后,吉拉德有事,便请对方稍等一下。待他回来时,发现对方在收拾资料准备离去时不小心将他的名片落在地上,而且上面留下了清楚的脚印。不仅如此,那位销售负责人捡起名片后,随手塞进了裤袋。吉拉德取消了签订合同的计划。

(中华礼仪培训网,http://sell. liyipeixun. org/jiaojiliyi)

名片礼仪要注意以下五个环节。

1. 名片的设计

名片的内容要简洁。名片的版面设计要突出你的个性特征,使你的名片留给他人独特的印象。一般可以在字体、色调和图形设计上做文章,为了彰显个性,还需要一番苦心设计。

2. 名片的存放

名片要放在合适的地方。一般应该放在专用的名片夹或名片盒里,不能随便放在衣兜里与手帕、钱币等杂物混在一起，这是对自己的不尊，也是对他人的不敬，也容易在递名片时与钱物同时掏出有伤大雅。

3. 递名片的时机

如果你和对方相互不认识，在见面之初，可以做自我介绍并递上名片，以加深彼此的印象；相互较为熟悉的人，当你的住址、工作有所变化时，可以在离别前递上自己的名片，以示更正。递名片的场合最好在单独与某人交流时互递，以示对对方的信任和尊敬。一般不宜在宴会场合、会议场合当众递名片于某人，而忽略了其他人，更不宜每人都发一张，显得不自尊。

4. 递名片的动作

递名片时要立正站好，绝不能坐着递名片。双手握住名片的两侧，或拇指与食指夹住名片的中间位置，把名片的文字正面对着对方，身体向前躬15°，面带微笑，递于对方，同时要附以礼仪语言。如果对方是上级、长辈，未来有事相求，要说“这是我的名片，请多关照”，如果是一般关系，可以说“有事请常联系”。

递名片的礼仪顺序：递送名片时一般是地位低的人先向地位高的人递名片，男性先向女性递名片；当面对许多人时，应先将名片递给职务较高或年龄较大者，如分不清职务高低和年龄大小，则可先和自己对面左侧方的人交换名片。

5. 接名片的动作

被赠于者要起立双手接名片，口称“谢谢”，然后认真看清楚名片上的信息，最好同时念出名片上的名字、职务等内容，这样做一方面加深对名片内容的记忆，另一方面也显示出你对递名片者的兴趣很浓，更是一种尊重的表示。如果对方是小有作为者，可适当地赞美几句，如“认识您深感荣幸”等。最后还要说声“谢谢”，把名片规规矩矩地收藏好。

如果自己没有名片或没带名片，就应当首先向对方表示歉意，再如实告知，这种情况下如果实在想把自己的联系方式留给对方，可以用洁净的纸张写上自己的个人资料代替名片，以便日后联系。

二、交谈礼仪

（一）话题选择

1. 宜谈双方拟定的话题

双方拟定的话题，就是正式场合所应该谈论的话题。比如我打算买你的车，当然就要围绕着车的话题展开与你的谈话。谈话时，往往必须就事论事。

2. 宜谈格调高雅的问题

与别人交谈时，最好选择一些能够体现自己的见识或阅历的话题，选择有文化、有品位的话题谈。比如文学的、历史的、哲学的、政治热点等问题，都是格调高雅的话题。

3. 宜选轻松愉快的话题

以轻松的话题作为交谈的切入点总是适宜的，比如天气、电影电视、名胜风光、烹饪小吃、休闲方式等。

4. 宜谈对方所擅长的话题

闻道有先后，术业有专攻。在交谈中，自己感兴趣的东西，对方未必感兴趣，你向对方请教他所擅长的问题，既给了对方一个表现他的特长的机会，又显得自己虚心好学，比较容易营造融洽的交谈氛围。

(二)交谈禁忌

1. 涉及他人隐私

关心有度，交谈有度。保护个人隐私可以概括为“五不问”：不问收入、不问年龄、不问家事、不问健康、不问经历。

2. 涉及国家机密和行业机密

国家机密和行业机密是不能随便打探的。我国有相关国家安全法和保密法。信口开河，会给别人留下不可信的感觉，而打探机密则是违法乱纪。

3. 非议交往对象

也就是说，不能随便讲他人的坏话。不在别人面前谈诋毁家人、同行、同事的内容。

4. 不时插嘴

插嘴是指在交谈过程中，随意打断别人说话，或抢着替他人把话说完，或用不相关的话题或评论打断别人说话的次序及思路，以致让别人扫兴而不愿说下去的行为。

5. 过多表白自己

交谈中时不时地突出“我”，不断地表白自己，不厌其烦地唠叨自己的“光辉事迹”，也是不合适的交谈行为。

三、餐饮礼仪

宴请和赴宴是职场经常进行的活动。宴会种类很多，可以是早茶、午宴、晚宴、自助餐，或者是茶话会、酒会等。宴会有中式和西式两种，这里着重介绍中式宴请礼仪。

(一)巧定时空

宴请首先要考虑宴请的时间和地点。

1. 时间选择

宴请时间应主要统筹兼顾三个因素：民俗惯例、主随客便、时间控制。尽量避开宾主双方不方便的时间，如重要的活动日、纪念日、节假日等。用餐时间也需控制，既不能匆匆忙忙走过场，也不能拖拖拉拉耗时间。一般来说，正式宴会用餐时间应在 2 小时以内，非正式宴会用餐时间应为 1 小时左右。

2. 地点选择

宴请活动的地点要根据宴请目的、性质、规格、形式以及主人意愿和实际可能状态进行恰当选择，一般应着重注意三个方面：环境优雅、卫生放心、交通便利。

(二)慎排席位

席位安排是宴请重要事项，它关系到来宾身份和主人给予对方的礼遇。席位排列包括桌次排列和位次排列,桌次是指参加宴请人员达到两桌及以上时不同餐桌的排列次序,位次则指同一餐桌上不同人员所坐的位置。

1. **桌次排列**

在中餐宴请活动中,一般采用圆桌布置菜肴、酒水。中餐宴会桌次的安排,不论是两桌,还是多桌,其排列原则大致相同。即主桌排定后,其余桌次的安排以离主桌的远近而定。离主桌越近,桌次越高;离主桌越远,桌次越低;平行桌以右为高、左为低。

具体来说,有以下几条排列规则:

(1)以右为上,当餐桌分左右时,以面门为据,居右之桌为上(图6-1);

(2)以远为上,当餐桌距离餐厅正门有远近之分时,以距门远者为上(图6-2);

(3)居中为上,多张餐桌并列时,以居于中间者为上(图6-3);

(4)在桌次较多的情况下,上述排列规则同时使用(图6-4)。

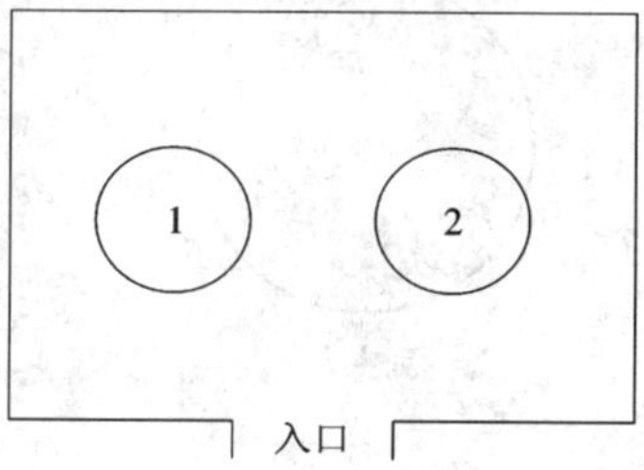

图6-1

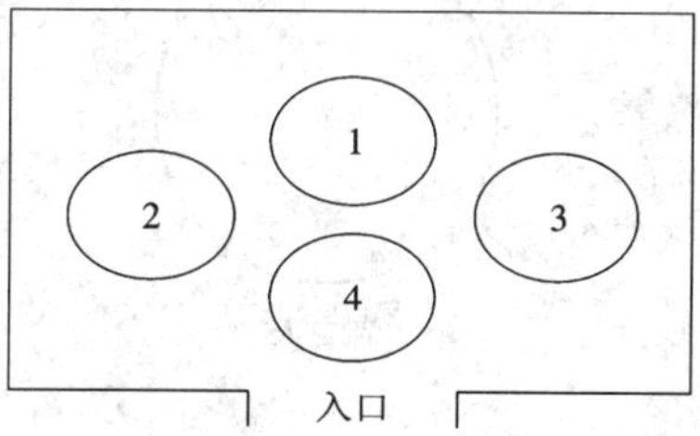

图6-2

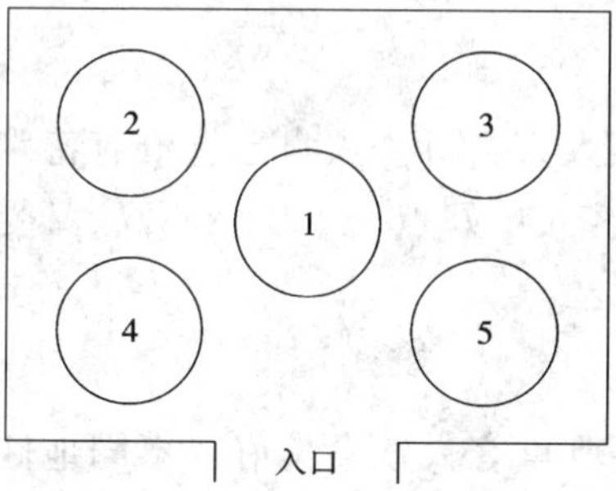

图6-3

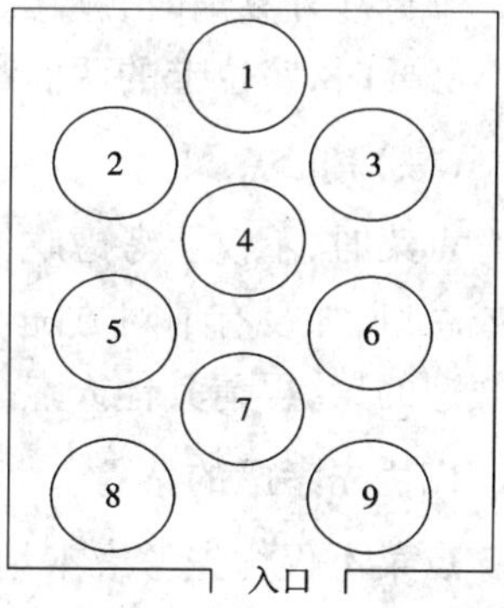

图6-4

安排桌次时,所用餐桌的大小、形状要基本一致。除主桌可以略大外,其他餐桌都不要过大或过小。为了确保赴宴者准确地找到自己的桌次,可以在请柬上注明桌次、在宴会厅入口张贴桌次排列示意图、在每张餐桌上摆放桌次牌(用阿拉伯数字书写)、安排引位员引导来宾按桌就座。

2. **位次排列**

排位次是宴请重要事项,它关系到来宾的身份和主人给予对方的礼遇,一般遵循以下四个原则:

(1)面门为上,即面对正门者是上座,背对正门者是下座;

(2)右高左低,两人一同并排就座,通常右为上座,左为下座;

(3)中座为尊,三人一同用餐,坐在中间的人位次高于两侧人的位次;

(4)特殊原则,高档餐厅里,室内外往往有优美的景致或高雅的演出供用餐者欣赏,这时观赏角度最佳的座位是上座,在某些中低档餐馆用餐时,通常以靠墙的位置为上座,靠过道的位置为下座。

就主客身份而言,一般来说主人在主桌面对正门而坐。同一桌上位次的尊卑根据距离该桌主人的远近而定,以近为上,以远为下,以右为尊。每桌只有一个主位时,主宾紧靠主人右边就座;每桌有两个主位(主人和副主人)时,1 号主宾在主人右边就座,2 号宾客既可在主人左边就座,也可在副主人右边就座,其余人员依此类推(图 6-5)。当主宾身份高于主人,为表示尊重,也可安排主宾在主人位子上就座,而主人则坐在主宾位子上。

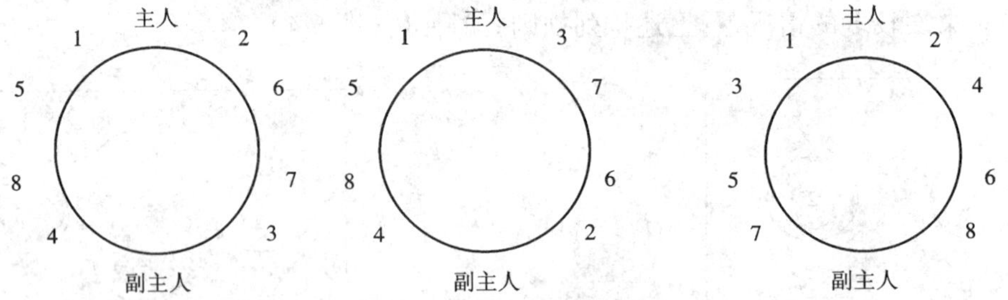

图 6-5

为便于来宾准确无误地在自己位次上就座,招待人员和主人要及时引导,也可设座位卡。举行涉外宴请时,座位卡应以中、外两种文字书写。我国的惯例是,中文在上,外文在下。必要时,座位卡的两面都书写用餐者的姓名。

(三)精心点菜

点菜时,不仅要考虑吃饱、吃好,而且要量力而行。客人宜告诉主人自己有没有特殊要求或忌口,如没有请对方随便点。如果主人请客人点菜,客人最好点一个价格不高、又受大家欢迎的菜,再请其他人点。对别人点的菜不要挑三拣四。

1. 优先考虑的菜肴

点菜不仅优先考虑本地特色菜、本酒店看家菜,还要尊重客人饮食偏好。不同地区的人饮食习惯差异较大,例如北京人主食以面制品为主,有饺子、烙饼、面条等,也比较喜欢吃猪肉、牛肉、羊肉及鸡鸭等;天津主食以大米为主,爱吃羊肉及鱼、虾等海产品,喜欢咸中略甜,有饭前先喝汤的习惯;江浙一带人喜欢甜食,口味清淡;湖南人喜欢吃辛辣食物,少吃甜食;四川人的口味特点是尤喜麻辣,烹制菜肴习惯用三椒(花椒、辣椒、胡椒);港澳同胞的饮食习惯与广东人相似,喜口味清淡、香脆的菜肴,特别喜欢吃海鲜、野味、新鲜蔬菜,还有烤炸类的乳猪、鸡、鸭、鹅等;台湾同胞的饮食习惯与福建相似,口味清淡,重酸甜,喜吃各类蔬菜、水果,主人要尊重客人的饮食习惯。

2. 不宜选择的菜肴

安排菜单应该回避来宾饮食禁忌。

(1)个人饮食禁忌。如患有胃肠炎、胃溃疡等消化系统疾病的人不合适吃甲鱼;肝炎病人忌吃羊肉和甲鱼；高血压、高胆固醇患者，不宜多喝鸡汤；心脏病、脑血管、动脉硬化、高血压和中风后遗症的人，不适合吃狗肉等。

(2)职业饮食禁忌。如国家公务员在执行公务时不准接受吃请，在公务宴请时不准大吃海喝，不准超过国家规定的标准用餐；再如驾驶员工作期间不得喝酒等。

(3)宗教饮食禁忌。如回族人不吃猪肉、不喝酒，国内佛教徒不吃荤腥食品等。

(4)地区饮食禁忌。如英美国家的人通常不吃宠物、稀有动物、动物内脏、动物的头部和脚爪等。

一顿标准的中餐大菜，上菜次序通常是这样的：先上冷盘，紧接着是热炒，随后上主菜，其次是点心和汤，最后上果盘。咸点心讲究上咸汤，甜点心则搭配甜汤。

(四)节制饮酒

无酒不成宴。如果是喝白酒，讲究“酒满为尊”，即将酒杯斟满，但若客人不喝酒或不胜酒力则另当别论。在宴会上，主人有敬酒之举，你也必须回敬一杯。如果是大规模的宴会，主人将依次到各桌敬酒，各桌应派代表到主人桌回敬主人。祝酒时众人都要起立。祝酒一般由主人和主宾先碰杯，再由主人和其他客人一一碰杯，也可以同时举杯示意。客人在主人或其他客人祝酒时须注视祝酒者，停筷静听，不可埋头吃喝。

被敬酒时不要东躲西藏，更不要把酒杯翻过来，或将他人所敬酒悄悄倒掉。敬酒要适可而止，不要成心把别人灌醉。一般情况下，饮酒应控制在本人酒量的三分之一以内，饮酒过量容易失言，甚至失态。如果不胜酒量，或根本不会喝酒，可以拒绝他人敬酒，通常有三种方法：主动要一些非酒类的饮料，并说明自己不饮酒的原因；让对方在自己面前的杯子里稍许斟一些酒，然后轻轻以手推开酒瓶；当敬酒者向自己的酒杯里斟酒时，用手轻轻敲击酒杯的边缘，这种做法的含义就是“我不喝酒，谢谢。”

(五)文雅用餐

1. 餐巾放膝上

进餐前先将餐巾打开铺于膝上，餐巾只能擦嘴，不能用来擦面、擦汗。用时一手捏在一面的上端，另一手相助。用餐完毕，叠好放在盘子右手边，不能放在椅子上。服务员送的香巾(方巾)用来擦面或擦手，用后放回原来的盛器内(香巾盘)。

2. 水盂湿手指

宴会上，如吃烤鸡、羊排、龙虾等腥腻并需用手的食物时，服务员会送上水盂(洗手盅)，多用铜质、瓷制或水晶玻璃盅，水面漂有玫瑰花瓣或柠檬片起点缀、去腥作用。洗时两手轮流沾湿手指，轻轻搓洗，然后用纸巾或小方巾擦干。

3. 让菜不夹菜

主人可以热情介绍菜肴，建议品尝，一般不给别人夹菜，让大家各取所需。如果要表示热情好客，可以用公用餐具给别人夹些菜肴，分量不要太多，不能用自己的食具为别人夹菜。遇到他人喜欢吃的菜，自己少吃，礼让他人。取食动作要快，不要在菜盘里乱翻，一次夹菜不宜过多。不可专挑爱吃的菜，筷子不可伸到他人面前。

4. 用公筷母匙

提倡用公筷母匙。筷子、汤匙不要整段塞进口里。筷子夹菜送到牙齿，汤匙仅沾唇边，既卫生又文雅。掉至碟外的菜,可置于盛残渣的碟中,不可重放于原碟。

5. 餐桌少异响

不可敲打或玩弄餐具。餐具应轻拿轻放,不要拿在手中挥舞。有转盘的桌子,要顺时针转动。用汤匙舀汤,不可舀得太满,以免倾洒。进食时,不可伸颈向前接食,应闭嘴咀嚼,不让他人听到咀嚼和吞咽声。进餐时不宜高谈阔论。万一打喷嚏或咳嗽,应立即掉头向后,拿手巾掩口,如果伤风咳嗽,最好不去赴宴。

6. 当众不吸烟

宴席是公众场合,烟味不但有损料理香味,而且会让他人感到不愉快,让不吸烟的人忍受烟味是对别人的不尊重。实在想吸,需到吸烟区。

7. 茶水轻啜饮

喝茶(或咖啡)时,应用右手捏杯柄,左手端盛杯的小碟,轻轻啜饮。喝咖啡时,牛奶白糖通常均用单独器皿盛放或袋装,如需添加时,可自取加入,而后用小匙搅拌。

8. 散席有礼貌

用餐完毕,应该等到大家都放下筷子以及主人示意可以散席方可离开。如果主人没有其他安排,此时便可告辞。应该走到主人面前,真诚向主人致谢和话别。

第四节　日常办公礼仪

一、会议礼仪

会议礼仪是召开会议前、会议中、会议后及参会人应注意的事项,懂得会议礼仪对会议精神的执行有较大的促进作用。

(一)会前准备

会议能否取得圆满成功,很重要的一点就是会前细致、周密的准备工作,在决定正式办会后,一般包括会议时间、地点的选定,与会人员的邀请,会议文件材料的准备,会前的接待工作等。

1. 确定会议时间

在确定会议时间之前,应做好调研工作,勿将会议的时间定在其他重大会议的举办时间中,否则很可能会导致许多受邀人员都无法到场;同时也要考虑与会人员的总体日程安排,尽量选择大多数人都能参加的时间。

2. 选定会议地点

会议地点的选择,视会议的重要程度、规模、出席人员的层次而定,一般应选择在交通便捷、各项设施完备、离与会者下榻宾馆较近的商务中心、新闻中心或酒店宾馆的会议厅中。

3. 制作会议请柬

很多会议,主办方会对参会对象发出会议通知,参与者回复回执确认是否参会。有些会议主办方会制作和发出请柬,请柬要做到以下事项。

(1)称呼确切。确定收信人的姓名没有写错,而且也要确认他的单位、职务或职称。如果不很确定,应当打电话到他的单位询问。

(2)内容简洁明了。在具体告知对方会议举办的目的、时间、地点、议程、回函联系方式等相关事宜,内容要简洁明了、谨慎编辑、书写工整,同时要保持信函干净,笔误、涂改或拼错字都是最忌讳的。

(3)结尾用语。在商业信函的结尾,只要写上"谨上"即可。

(4)签名便于辨认。在商业信函中,用打字机打出的签字已经相沿成习。

(5)使用好品质的信笺。使用漂亮的信封,吸引收信人的目光。

(6)收集回函。在一个重要会议的前一个月,主办单位的专人每天都坐在电话机旁,打电话给每一个收到邀请的人,询问他们是否参加。

作为受邀方,收到请柬受应当如何做呢?

(1)受邀请应及时答复,是起码的礼节。复信要写得热情、诚恳、简洁。书面答复时,通常用第一人称,要签名,内容分成几小段,包括感谢对方的邀请、愉快地接受对方的邀请、表示期待应邀赴约的心情。

(2)如果受邀者无法参加会议,也应当用委婉的方法拒绝邀请,其内容包括:感谢对方盛情邀请,并对不能应邀赴约表示遗憾;简单陈述不能应邀的理由;表示相信今后一定会有机会见面,或向邀请人致以问候。

4. 安排会议座次

(1)环绕式。就是不设立主席台,把座椅、沙发、茶几摆放在会场的四周,不明确座次的具体尊卑,而听任与会者在入场后自由就座。这一安排座次的方式,与茶话会的主题最相符,也最流行。

(2)散座式。散座式排位,常见于在室外举行的茶话会。它的座椅、沙发、茶几四处自由地组合,甚至可由与会者根据个人要求而随意安置。这样就容易创造出一种宽松、惬意的社交环境。

(3)圆桌式。圆桌式排位,指的是在会场上摆放圆桌,请与会者在周围自由就座。圆桌式排位又分为两种形式:一是适合人数较少的,仅在会场中央安放一张大型的椭圆形会议桌,而请全体与会者在周围就座;二是在会场上安放数张圆桌,请与会者自由组合。

(4)主席式。这种排位是指在会场上,主持人、主人和主宾被有意识地安排在一起就座。

5. 准备会议物品

现代化的会议离不开各种辅助器材,在召开会议之前,就应该把各种辅助器材准备妥当。如:桌椅、名牌、茶水;签到簿、名册、会议议程;黑板、白板、笔;各种视听器材;资料、样品,等等。

(二)参会礼仪

1. 会议主持人礼仪

各种会议的主持人,一般由具有一定职位的人来担任,其礼仪表现对会议能否圆满成功有着重要的影响。对会议主持人的一般要求如下。

(1)主持人应衣着整洁,大方庄重,精神饱满,切忌不修边幅、邋里邋遢。

(2)走上主席台应步伐稳健有力,行走的速度因会议的性质而定。

(3)入席后,如果是站立主持,应双腿并拢,腰背挺直。单手持稿时,右手持稿的底中部,左手五指并拢自然下垂。双手持稿时,应与胸齐高。坐姿主持时,应身体挺直,双臂前伸,两手轻按于桌沿。主持过程中,切忌出现搔头、揉眼、颤动腿等不雅动作。

(4)主持人言谈应口齿清楚,思维敏捷,简明扼要。

(5)主持人应根据会议性质调节会议气氛,或庄重,或幽默,或沉稳,或活泼。

(6)主持人在主持期间对会场上的熟人不能打招呼,更不能寒暄闲谈,会议开始前或会议休息时间可打招呼、点头、微笑致意。

2. 与会者礼仪

参加会议者应衣着整洁,仪表大方,准时入场,进出有序,依会议安排落座。

坐在主席台上的人应按要求就座,姿态端正,不要交头接耳,不要擅自离席,当听众鼓掌时也要微笑鼓掌。

与会者即使对发言人的意见不满,也不可吹口哨、鼓倒掌、喧哗起哄,因为这些行为极其失礼。与会者注意事项如下:

(1)发言时不可长篇大论,滔滔不绝;

(2)不可从头到尾沉默到底;

(3)不可取用不正确的资料;

(4)不要尽谈些期待性的预测;

(5)不可进行人身攻击;

(6)不可打断他人的发言;

(7)不可不懂装懂,胡言乱语;

(8)不可对发言者吹毛求疵;

(9)不要中途离席。

3. 会议发言礼仪

会议发言有正式发言和自由发言两种,前者一般是领导报告和专题发言,后者一般是讨论发言。

正式发言的人,仪态要落落大方,走上主席台应步态自然,刚劲有力,体现成竹在胸、自信自强的风度与气质。发言时应口齿清晰,逻辑严密,简明扼要,语速适中,音量适当。如果是书面发言,要时常抬头扫视一下会场,不能始终低头读稿、旁若无人。发言完毕应向全体与会者表示感谢。

自由发言则较随意,发言应讲究顺序和秩序,不能争先恐后;发言应简短,观点应明确;与他人有分歧,应态度平和、以理服人,听从主持人指挥,不与他人争论。

如果有与会者对发言人提问,应礼貌作答,对不能回答的问题应机智而礼貌地说明理由,对提问人的批评和意见应认真倾听,即使提问者的批评是错误的,也不要指出其错误之处或与其争执。

二、接待礼仪

接待包括迎来送往,是最为常见的社交活动。这里主要介绍办公室接待和客户接待。

(一)办公室接待

办公室接待他人,往往遵循礼仪接待“六步曲”。

1. 面对来人先起立

在办公室接待礼仪中,首先要有主、客意识。这时你处于主人位置,只要是组织以外的人来到办公室,他们都是客人。面对客人,主人最起码的礼节就是要表达一种尊重,“起立”就是你面对客人时表达尊重的第一个有效礼仪动作。当听到敲门声,要说“请进”,看见来人,马上起立。如果来者是熟人,这个动作表达的是尊重与欢迎;如果来者是陌生人,这个动作传递的是尊重与询问,并且加上这样的询问话语“请问您是?”显得更加礼貌而得体,也给来人介绍自我搭了台阶。

2. 迎上前去表欢迎

当来人介绍完自己后,你要快步迎上前去,主动与之握手,并伴之以口头语言:“您好,欢迎欢迎!”握手的方式,视来人身份而定。如果来人是平级单位的平级人员,多采用“平等式”握手,即以右手单手与人相握,这是最常用的握手方式,单手与人相握时,左手常垂直于地面最为适当;如果来人是上级或长者,采用“顺从式”握手,即身体微躬,手心朝上,托住对方的手掌;如果是老朋友,而且又多年未见,可采用“政治家式”的握手,即两手握住对方的手,并稍做停留;如果是女士,握手的动作要力求适度、文雅。这个环节的礼仪传达的是主人对客人的尊重与热情,以减少客人的陌生感。

3. 引座递上一杯茶

当对客人行完欢迎礼之后,应立即伸手行引导礼,口称“请坐”,而后递上一杯茶。敬茶和喝茶须注意以下三点。

(1)上茶有讲究。从右后侧给客人上茶比较好,因为一般人都用右手去端茶杯,杯的把手即杯耳朝外,方便客人端拿。上茶的顺序一般先宾后主,先女后男,先尊后卑。如果宾主双方不止一人,正确的顺序是先给客人上,给客人上的时候按照顺序,地位高的先上,地位低的后上,然后再给主人上,地位高的先上,地位低的后上。

(2)请茶要适当。放置茶壶时壶嘴不能正对他人,否则表示请人赶快离开。斟茶时只斟七分即可,暗寓“七分茶三分情”之意。俗话说“茶满欺客”,茶满不便于握杯啜饮。我国旧时有以再三请茶作为提醒客人,应当告辞了的做法,因此不要一而再、再而三地劝人饮茶。

(3)品茶要优雅。不论是主人还是客人,都不应大口吞咽茶水,或喝得咕咚咕咚响。应先捧到鼻子边上嗅一嗅,然后小口啜饮,茶水在嘴里含一含,舌头浸一浸,然后再慢慢咽下去。遇到漂浮在水面上的茶叶,可用茶杯盖拂去,或轻轻吹开,不可用手从杯里捞出来扔在地上,更不要吃茶叶。

4. 询问事由听真情

请客人落座并喝茶,自己也落座后,再询问来者意图。在这个环节要把握两个礼仪要素:一是“问”,二是“听”。

5. 认真处理不怠慢

(1)处理问题要认真,让客人感到你很重视他的事情。

(2)办事的速度要快捷,操作程序合理有序,让客人感到你办事有理有节,由此增强对你和你所在组织的信任。

6. 客人走时送出门

一般客人告别时,要起身相送到办公室门外。对客人行点头礼或握手礼,以示送别。是否握手告别的主动权掌握在客人手中,如果客人不伸手,接待者主动伸手行握手告别礼会有逐客之嫌。如果来者是上级领导或重要客人,接待人员要协助单位领导把客人送到客人的车门前,并为客人拉开车门,请其上车,再替其关好车门,挥手“再见”。

(二)客户接待

1. 精心准备

接待前的准备要求周密、细致。做到以下几点:①成立接待组;②环境布置;③材料准备;④馈赠礼品;⑤安排好迎接人员和交通工具。

2. 热情迎接

迎接客户要热情、有序。当客人到了公司楼下,如果是非常重要的客人,就需要老总或者身份与之相匹配的人员到楼下,或提前到门口热情相迎。如果客人是远道而来,洽谈业务或者参加会议的外地客人,要先了解清楚对方到达的车次、航班,提前到达接待地点恭候客人的到来,决不能迟到让客人久等。

接到客人后,礼貌的客套话是必要的,比如“您一路辛苦了”“欢迎您来我们公司指导工作”“非常欢迎您来到这个城市”等。如果是第一次见面,要做自我介绍,交换名片。

3. 周到服务

接待客户要求懂礼、守规。

首先,设立引导人员。当客人来到公司后,一般需要工作人员做引导;非常重要的客人则需要与其身份相匹配的人员出门迎接并做引导。

接待人员在引导客人时,要注意引导手势的使用。如果是男性接待人员,当客人进来时,只需要行个礼、鞠个躬,礼貌地说:“您好,欢迎光临!”然后伸出手为客人指路,当手伸出时,眼睛要随着你的手,手的位置在哪里,眼睛就要跟着到哪里,这才是礼貌的。如果是女接待人员,在做指引时,手要从腰边顺上来,视线随之过去,明确地告诉客人正确的方位。

如果需要给客人带路,开始走动时,记得手要放下来,以免碰到其他过路人。要转弯时,要打个手势告诉客人“请在这里转弯。”打手势时,五指要并拢,力度适宜。

如果引导客人上楼,应该让客人走在前面,接待人员走在后面。如果是下楼,应该由接待人员走在前面,客人在后面;上下楼梯时,接待员应该注意客人的安全。

如果引导客人乘坐有专人操控的电梯,接待人员让客人先入电梯,到达时让客人先出电梯;如果乘坐没有专人操控的电梯,接待人员要先入电梯,等客人进入后关闭电梯门,到达时,接待人员按“开”的按钮,让客人先出电梯。

接待人员都要面带微笑、举止稳重、服务周到。

最后,商务活动结束时,要遵守送客礼仪。对于客人返程的车、船或飞机票的购买,要尽可能提供方便;客人返程前,应到住地送行,可询问、提醒是否遗忘东西,并为之提取行李等。

三、谈判礼仪

谈判既是一门科学,又是一门艺术,优秀的谈判者,不仅要精通专业知识,还要通晓礼仪知识,这样才能在谈判中得心应手、应付自如。

(一)谈判前主动寒暄

在谈判时,营造一个友好的、和谐的谈判气氛是促使谈判顺利进行的关键,如果我们主动与对方打招呼、寒暄,那么无异于是在向对方宣布"我愿意与你建立良好的人际关系",也就是俗话说的"买卖不成仁义在"。这样的姿态,自然能够获得对方的好感,使谈判双方都能以轻松的姿态开始谈判。

我们可以大方的问候对方"您好,很高兴能认识您""见到您非常荣幸",或者"久仰大名"等。我们还可以在谈话中迅速找到双方的亲近点,并以此为契机进行发挥性问候,比如"你是山东人啊,那我们是半个老乡了,虽然我出生在武汉,但我母亲是山东人呢。"这些都是与人寒暄的话题。寒暄不一定要有实质性内容,因人、因时、因地而异。通常应该简洁些,不要过于程式化,带着友好与敬重之意,营造出一个良好的谈判气氛。

(二)适时插话,不引反感

在谈判中,打断对方的说话是一种不礼貌的行为,但是有时我们在倾听中适当插话也是有必要的。因为不时的进行语言反馈,一方面能够表明我们一直在积极地倾听,另一方面双方也可以及时沟通意见,对于谈判顺利进行是有利的。

如何抓住恰当的插话时机是很有技巧的,一般来说,以下几种情况插话是合适的。

1. 对方说话稍有停顿时

在谈判时,如果对方在说话时稍微停顿一下,或者在讲述到某一点时暂时的停顿,那么我们在这个时候可以短暂插话补充要求。

2. 对方谈话间歇时

当对方谈话间歇的瞬间给予简单的回答,肯定对方所述。如"我理解您的意思""是需要考虑到这一点"等,这种插话可以表示对对方谈话赞成、理解,使谈判气氛更加融洽和活跃。

在谈判中,尊重对方的发言是最重要的,如果要插话,就要"插"得适时,掌握好分寸,如果口若悬河、滔滔不绝地插话,无疑是一种失礼行为,同时让对方产生厌倦情绪。

(三)讨价还价求双赢

在谈判中,双方为了自己的利益而进行攻心斗智是不可避免的,最关键的是我们如何运用有效的手段化解存在的矛盾和冲突,那么就需要相互间磋商,这是谈判的中心环节。

我们经常会看到谈判双方在磋商过程中互不相让,结果最终没有谈成,都失去了机会。究其原因,是因为磋商工作的重点是讨价还价,双方都怕吃了亏。其实人们往往没有认清讨价还价的真正意义,讨价还价的最终目的是能够做到双赢,而不是吵架。

如果在谈判中双方都想着把对方压倒,那么双方最后都得不到什么好处,而且彼此将很可能会失去合作的机会。只有双方都是赢家的谈判才能使以后的合作持续下去。

为了取得"双赢"的谈判结果,谈判者应把握以下礼仪原则。

1. 换位思考

对于商务谈判双方来说，利益是他们实质的需要和欲望。如果谈判中一方索取无度、漫天要价或胡乱杀价，那么难免会导致谈判充满火药味和敌对态势。谈判双方应将心比心、互相体谅，这样才可能使谈判顺利进行，并取得皆大欢喜的结果。

2. 就事论事

在谈判过程中，当谈判双方各执己见时，谈判往往会陷入僵局。但无论双方为了维护各自的利益争论得多么激烈，始终要将人的问题与实质利益区分开来，决不能因为话不投机而恶语相向，甚至进行人身攻击。当谈判方彼此间出现偏差时，首先要尊重对方的人格，其次要控制好自己的情绪，不能针锋相对。

3. 平等协商

双赢结果建立在平等协商、相互尊重基础上，在谈判中任何一方仗势压人、以大欺小，都无法达成双赢结果。

四、通联礼仪

电话、短信、电子邮件、传真和即时通信已经成为职场上不可或缺的沟通工具，使用时也应遵守礼仪规范。

（一）接打电话

电话被公认为现代最便利的通信工具，在工作和生活中扮演着重要角色。信息产业部的统计数据显示，截至 2014 年 1 月，我国电话用户突破 15 亿，其中移动电话用户 12.35 亿。电话交流已经成为日常生活的重要组成部分。

接打电话看似简单，其实大有讲究。要正确地利用电话，不仅要熟练地掌握使用电话的技巧，更重要的是自觉维护自己的“电话形象”。电话是一个人的“声音名片”，电话交谈反映一个人的涵养。“电话形象”是电话礼仪的主旨所在，主要由电话使用时的时间、地点、语言、内容、态度、表情、举止等几个方面构成，是个人形象的重要组成部分。

1. 择时通话

通话人时间感的强弱能折射出其办事效率的高低和工作能力的大小。一般而言，公务电话应当在周一至周五的上班时间拨打，不宜在下班之后或例行的节假日拨打，更不能在凌晨、深夜、午休或用餐时间“骚扰”他人。如确有急事不得不打扰别人休息，务必在接通电话后向对方致歉。非公务电话应避免在对方的通话高峰和业务繁忙的时间段内拨打。如果打国际长途，应先计算时差，考虑对方是否方便。通话过程中，若通话人需取一些相关资料或暂时离开时，应在 30 秒之内解决。若超过 30 秒，需征得对方同意并致以歉意，或先暂时挂断电话，完事后再拨打过去。

2. 择点通话

使用手机前，应观察周围是否有禁止无线电发射的标志。如爆破区、加油站、化学制品或可燃气体储运仓库不能使用手机，以防止手机产生电火花引燃物体，如遇燃气泄漏，不要用手机报警。飞机上应关掉手机，以免干扰通信，影响飞行安全。课堂、会议室、演出场所不能使用手机。公务拜访、宴请、参加葬礼时不宜接电话。探望病人时尽量不让电话通话声影响病人休息。

3. 及时接听

接听电话要迅速及时，电话铃一响，就做好接电准备。接电话的最佳时机是铃响 2～3 遍后，因为此时双方都做好了通话准备。不可故意让铃响多遍再慢吞吞、懒洋洋地伸手去接，这样就怠慢对方，在职场上也妨碍了周围人的正常工作。也不宜过于神速，铃响一遍就立即接听，会给对方唐突之感。如确有重要原因耽误了接电话，务必向对方解释并致歉。

4. 讲究礼貌

通话时要面带微笑，即使不是可视电话也要如此，因为微笑是可以被听见的，面部表情也会影响讲话的语调。声音要亲切、自然、婉转，语调要愉悦。不要把话筒夹在脖子下，抱着电话机随意走动，也不要趴着、仰着、躺着、坐在桌子上，或高架双腿与人通话，更不要边打电话边吃东西。通话结束要轻放话筒，不要用力摔话筒。拨号时如对方一再占线，要有耐心，不可骂骂咧咧，甚至采取粗暴的举动拿电话机撒气。无论在哪儿接打电话，都切忌旁若无人、影响他人。

5. 语言简洁

除非亲人、恋人之间"煲电话粥"，或有很重要的事情需要沟通交流，一般要遵循"电话三分钟"原则，即每次通话的时间限定在 3 分钟之内。通话时，语言要简洁明了、开宗明义、切中要害，不讲空话，不说废话，如"猜猜我是谁""知道我找你有什么事吗"等。如果通话内容已陈述清楚，应及时结束通话。

6. 语音清晰

接打电话发音吐字要清晰，要让对方听明白你要表达的意思。音量要适中，嗓门过大，声调过高，有咄咄逼人之势；嗓门过小，声调过低，不仅让人听不清，还会给人沉闷感。使话筒与嘴部保持 2～3 厘米的间距，能有效保证音量适度。如果边吃东西边打电话，或叼着香烟打电话，话筒里的声音会含糊不清。如果听不清对方的话，则应委婉相告："对不起，我们这边线路有点问题，我听不清楚您的说话，请大点声好吗？"对方调整过来后再向对方致谢，切不可抱怨对方。

【案例 6-7】

彩铃误事

程雷是一家医药用品公司的销售员，能力突出，业绩不错。最近喜欢上了彩铃，因使用了一个恶作剧彩铃而损失了一大单业务。

程雷负责公司一个大客户的项目洽谈，对方有很明显的合作意向。有一次，对方经理打手机向他询问一些于药品相关的问题，手机接通之后传出的铃声是："我不接，我不接，我不接啊就不接"的留言，弄得对方经理莫名其妙。直到后来碰面才问明白，原来是程雷最近使用了恶作剧彩铃，才会出现了这样的讯息。

待程雷解释清楚后，对方经理非常惊讶，随后单方面取消合同。事后，这位经理给出的理由是:“这位业务员的恶作剧彩铃实在太荒唐,从这一细节上可以判断这个人敷衍了事、游戏人生的态度。”

(文天行编著:《我最想要的职场礼仪书》,中国华侨出版社,2011,116 页)

(二)收发短信

1. 发信看时间

公务短信也适合在上班时间发送。有些人觉得早上 7 点之前,晚上 10 点以后不方便给对方打电话了,发个短信告知就行。短信虽然简便,但对于 24 小时不关机的人来说,不必要的“信骚扰”同样会影响休息。因为有的手机有未接提示,如果不阅读,每隔几分钟就会发出提示音,没办法,只能起身查看,所以发短信前一定要换位思考,为他人着想。

2. 内容要高雅

短信内容反映了发信者的品位和水准,内容编辑上,应该和通话文明一样重视。庄重而文雅的短信文字,是书写短信的一种境界。发不堪入目的黄色段子是没有公德的表现,既有失修养,又不尊重对方,有时还会给对方家庭造成误会。更不能发侮辱他人、暴露他人隐私、讽刺伟人和名人甚至是革命烈士的短信。

3. 回复要及时

除广告短信和垃圾短信外,收到短信一般应及时回复。特别是因公短信,不回复会让对方很担心,或者认为你没收到,或者认为你不屑于回复。一时没看到而回复晚了,应说明原因并致歉。

4. 署名不误事

由于手机号码储存功能不同,有些手机号码不一定能存进手机里,这时短信署名就显得十分重要。短信署名既是对对方的尊重,也是达到目的的必要手段。凡遇重要节假日,几乎每个人都会收到来自四面八方的祝福短信,发信者如果不署名,有时对方就不知道是谁发的,再去核对就很麻烦。如果是正事,不署名更会误事。

5. 提醒用短信

如果事先已经与对方约好参加某项会议或活动,怕对方忘记,最好事先予以提醒。提醒时宜用短信而不宜直接打电话。打电话有不信任对方之嫌,短信提醒会显得亲切很多。当然,短信提醒时语气要亲切、委婉。

6. 频发惹人烦

如果频繁地给对方发毫无意义的短信,把短信当成自己打发时间、放松情绪的方式,就是自私、没有公德的表现。如果对方正在忙碌,聊天式的短信就会让对方心中不悦。

7. 祝福有来往

节假日都会收发祝福短信,来而无往非礼也。当收到别人发来的祝福短信时,一定要及时回复。接到对方短信回复后,一般就不要再发致谢之类的短信,因为对方一看,又得回过来。就祝福短信来说,一来一往足矣,二来二往就多了,三来三往就成了繁文缛节。

(三)收发传真

在职场中,我们经常需要将某些重要的文件、资料或者图表即刻传送到异地,传统的邮寄方式已经难于满足这一方面的要求。因此,使用传真机已经成为职场中必不可少的办公设备之一。身为职场人士,收发传真也就成为我们分内之事。

由于传真发送的自动性能较差,时时需要专人在旁边进行操作。因此,在收发传真时,同样也需要遵守礼节以及注意事项。

1. 合法使用

国家规定:任何单位或个人在使用自备的传真设备时,均须严格按照电信部门的有关要求,认真履行必要的使用手续,否则即为非法之举。

2. 按操作规范使用

在发送传真时,我们必须要按照规定来操作,并确保文件的清晰度。在内容上要尽量简明扼要,以节省费用。

3. 依礼使用

职场人士在使用传真时,必须牢记维护个人和所在单位的形象,不能做失礼之举,有损单位的形象。例如:当我们出差在外时,有可能使用公众传真设备,即付费使用电信部门设立在营业场所内的传真机,除了要办好手续、防止泄密之外,对于工作人员也要礼貌有加。不能无礼地说:“给我信号,我要发传真。”或者在还没注明清楚接收传真的部门就大声说:“传真是给某某的。”不等对方听清楚就挂了电话,这样很可能因对方匆忙而没有记牢,从而无法送达。

接收传真时,如果对方不能准确地说出需要接收传真的部门或者个人时,不能拒绝接收传真、挂断传真电话,这样无疑是在破坏公司形象。

使用传真机时,要学会礼让。当你有一份很长的传真需要发出去,而等候在你之后的同事只需要传真几页时,那么你应该请同事先用。

使用传真机时,要及时更换新的传真纸;当传真机出现故障,应及时找出原因,处理完好再离开,不要把问题留给下一个同事。

使用完毕后,一定要拿走原稿,防止泄密,给自己带来不便,给工作带来麻烦。

(四)收发电邮

电子邮件,又称电子函件或电子信函。使用电子邮件进行对外联络,不仅安全保密、节省时间、不受篇幅限制、清晰度极高,而且可以大大降低通信费用。

1. 认真撰写

向他人发送电子邮件,一定要精心构思、认真撰写。撰写时要注意以下四个方面。

(1)主题要明确。主题是接收者了解邮件的第一个信息,要使用提纲挈领、表意明确的主题词,便于收件人迅速了解邮件内容并判断其重要性。

(2)语言要流畅。电子邮件要便于阅读,不要使用过多新颖的网络语言,尽量不写生僻字、异体字;引用数据、资料时,最好标明出处,以便收件人核对。

(3)内容要简洁。网上的时间极为宝贵,电子邮件的内容应当简明扼要。如果事项繁多,最好标注序号,分段落清晰明确地说明,保证每个段落简短不冗长。

(4)附件要注明。如果发信时加了“附件”,一定要在信件内容里说明,以免对方没留意时误事。

2. 发送规范

发电子邮件要区分“To”(发送)、“CC”(抄送)和“BCC”(密抄)。“To”的对象即收件人,是受理这封邮件所涉及的主要问题的人,理应对邮件予以回复响应。“CC”的对象只是需要知道这件事,而没有义务对邮件予以回复的人。当然,如果有建议,也可以回复电子邮件。“BCC”是收件人不知道你同时发给了其他“BCC”对象,一般可用在非正式场合。“To”和“CC”中各收件人的排列应当遵循一定规则,如按部门排列或按职位从高到低排列。

3. 避免滥用

不少网民因为自己的电子信箱中堆满了垃圾邮件而烦心不堪,对其进行处理,浪费时间和精力,耽误正事。信息社会时间是无比珍贵的,职场人士尤其如此,因此若无必要,不要向他人乱发电子邮件。尤其不要以之与他人谈天说地,或只为检验自己的电子邮件能否成功发出,更不宜以这种方式在网上“征友”。

4. 注意编码

我国内地、台湾、港澳地区以及世界上其他国家的华人,目前使用着不同的中文编码系统。当使用中国内地的编码系统向境外或国外发电子邮件时,对方很可能收到一封由乱码组成的天书。因此,在使用中文向境外或国外发电子邮件时,最好用英文注明自己所使用的中文编码系统。

5. 慎选功能

电子邮件软件一般提供多种字体和各种信纸供使用者选择,有的还附带了其他功能。这虽可强化电子邮件的特色,但职场人士慎用。因为修饰过多,难免使邮件容量增大,收发时间增长,浪费时间和金钱,给人以华而不实之感。另外,收件人的电脑软件不一定能够支持上述功能。

6. 勿忘署名

与传统信函一样,电子邮件也必须在信件上署名,这是我们对收件人的一种尊重。而且,在点击发送前一定要先检查一遍邮件的内容,看看有没有错漏之处。电子邮件发出去就收不回来了,所以必须谨慎。如今有很多公司已经系统化使用公用电子邮件系统,通过邮件来安排工作、相互交流,职场人士使用电子邮件一定要符合礼仪规范。

(五)即时通信

即时通信(Instant Messenger,IM)是一种基于互联网的即时交流消息的业务,代表有百度 Hi、QQ、MSN、FastMsg、UC 等。使用即时通信软件,也要遵循特定的礼仪规范。

1. 语言文明礼貌

语言文明是即时通信的基本礼仪。文明用语会使聊天很愉快,给对方留下良好印象。回复对方的话语应该是有意义的语言,简单回复一个“哦”字或者类似的词代表聊天结束的意思。不要使用追问、盘问、反问、讽刺等容易引起别人反感的语气,忌用侮辱、漫骂、恶毒、肮脏、下流的不文明语言。

2. 慎用表情图片

恰到好处地使用 QQ 表情、图片、动漫等,可以使聊天图文并茂、情景交融、妙趣横生,使用自制图片更能体现个性。但表情图片一定要加以选择，使之适合话题、适合情景、适合气氛，多使用表示友好和祝福的表情图片，不要使用表意不明、容易造成误解的表情图片，忌用侮辱性、低级下流的表情图片。

3. 使用语音聊天

语音聊天方便快捷，表达清楚，有亲切感。请求对方语音聊天，最好先进行文字沟通，待对方同意后再发出请求。无论对方以什么理由拒绝，都不要强求。在对方请求语音聊天时，如无特殊原因，应尽快接受；如不能或不宜语音聊天需要拒绝，用文字告知对方，说明理由并致歉。语音聊天的语气、语速、音调、用词都能反映出一个人的修养，要恰当使用。

4. 使用视频聊天

视频聊天要保持仪表端庄。聊天过程中不能有低级、下流、猥亵、故意暴露身体等肢体语言。请求视频聊天之前要做好文字沟通。发出视频聊天请求时语气要缓和，尊重对方选择。拒绝视频聊天也应说明理由并致歉。

【拓展训练】

一、姿态训练

（一）站姿训练

训练目的：一要训练站立时身体重心的位置和重心的调整；二要训练两脚位置与两脚间的距离，并与手的位置和谐一致，使身体协调自然；三要训练挺胸、收腹、立腰、收臂，使躯体挺拔向上；四要训练站立时的面部表情，心情愉快、精神饱满；五要训练站立的耐久性，能适应较长时间站立工作的需要。

1. 贴墙站立。要求后脚跟、小腿、臀、双肩、后脑勺都紧贴墙。这种训练是让训练者感受到身体上下处于一个平面。

2. 背靠背训练。两人一组，背靠背站立，两人头部、肩部、臀部、小腿、脚跟紧靠，并在两人肩部、小腿部搁放一张卡片，不让滑动掉落。此法可使后脑、肩部、臀部、小腿、脚跟保持在一个面上，使训练者有较完美的背影。

（二）坐姿训练

1. 练习入座起立。入座时，教师说“请坐”，学生说“谢谢”，女生双手掠一下裙子，按示范动作坐下；起立时速度适中，既轻又稳。

2. 练习坐姿。按规范坐姿坐下，放上音乐，训练时重点强调上身挺直。

（三）姿训练

顶书而行：把书本放置于头顶中心行走，头、身躯自然保持平稳，避免书本滑落下来。

二、小组活动

以寝室为单位分组，每组课后收集男女便装、礼服、职业装的着装资料，分析整理，撰写讲稿并制作课件，每组派代表到课堂上演讲。

三、电话询问

你面试了一家心仪的公司，但一直没收到面试结果通知，于是打电话询问，你准备怎么说？

四、见面礼仪

分小组设计见面场合并现场表演(包括称谓、介绍、握手、接递名片等几个部分),相互评分。

五、餐饮安排

王小姐是武汉一家外贸公司的公关部经理,这天公司来了一个由英国投资商查理夫妇、公司总裁、总裁助理、市场部经理等一行5人组成的考察团进行项目考察,老总要求王小姐安排一场具有中国特色的欢迎晚宴,武汉公司有总经理、总经理秘书、副总经理、项目部经理和王小姐参加。如果你是王小姐,如何做能让双方满意,请根据中餐礼仪的相关知识,写一份欢迎晚宴的安排方案。要求写出:时间、地点;菜单安排;位次排列。

六、短信通知

公司定于今天下午2:30,在行政楼3楼会议室召开紧急会议,要求全体中层干部参加。总经理让小王短信通知相关人员,要通知的第一个人是销售部胡部长。请思考和讨论:如果你是小王,这条短信怎么发?全班同学各编辑短信,并展开互评。

参考文献

[1] 中华人民共和国教育部高等教育司,全国高职高专校长联席会. 职场必修:高等职业教育学生职业素质培养与训练[M]. 北京:高等教育出版社,2005.

[2] 劳动和社会保障部培训就业司,中国就业培训技术指导中心. 360 职业生涯——职业指导教学训练[M]. 北京:中国劳动社会保障出版社,2006.

[3] 穆学君,英宝有. 高职学生职业素质培养[M]. 北京:高等教育出版社,2009.

[4] 陈桃源,朱晓蓉. 职场沟通与交流能力训练教程[M]. 北京:高等教育出版社,2011.

[5] 田光哲,张春林. 职业意识训练与指导[M]. 北京:中国劳动社会保障出版社,2004.

[6] 马必学,王式正. 职场必修:高等职业教育学生职业素质培养与训练[M]. 北京:高等教育出版社,2005.

[7] 人力资源和社会保障部职业技能鉴定中心. 信息处理能力训练手册[M]. 北京:人民出版社,2011.

[8] 张静波,等. 信息素养能力与教育[M]. 北京:科学出版社,2007.

[9] 张厚生,袁曦临. 信息素养[M]. 南京:东南大学出版社,2007.

[10] 任国升,王建亚. 信息素养训练[M]. 保定:河北大学出版社,2012.

[11] 潘安岚. 综合素质拓展训练:职场素质拓展、求职面试全攻略[M]. 北京:旅游教育出版社,2010.

[12] 易涤尘. 大学生人文素质修养[M]. 上海:上海交通大学出版社,2012.

[13] 范文琼,丰晓流. 人际沟通技巧[M]. 武汉:华中科技大学出版社,2009.

[14] 吕一中,杜新安,薄爱敬. 职业道德教育与就业指导[M]. 北京:北京师范大学出版社,2006.

[15] 蔡升桂. 沟通能力培训全案[M]. 2 版. 北京:人民邮电出版社,2011.

[16] 郭强. 创新能力培训全案[M]. 2 版. 北京:人民邮电出版社,2010.

[17] 余伟. 创新能力培养与应用教程[M]. 北京:航空工业出版社,2009.

[18] 何流. 创新能力自我训练[M]. 北京:中国言实出版社,2006.

[19] 杨宗华. 责任胜于能力[M]. 北京:石油工业出版社,2009.

[20] 金正昆. 礼仪金说[M]. 西安:陕西师范大学出版社,2006.

[21] 余玫,庞玉周,党焱,等. 现代礼仪实训[M]. 成都:四川大学出版社,2011.

[22] 陈西荥. 真我风采:办公室的至尊礼仪[M]. 深圳:海天出版社,2006.

[23] 何开四. 制胜 13 韬:百战人生的另类攻略[M]. 成都:四川人民出版社,2005.

[24] 王仁锋. 职商决定职场[M]. 北京:中国科学文化音像出版社,2010.

[25] 李践. 提升品质——人人必学的 15 个品质方法[M]. 济南:齐鲁电子音像出版社,2010.

[26] 王超. 卓越员工团队精神[M]. 北京:北京工业出版社,2013.

[27] 中国人寿保险股份有限公司教材编写委员会. 团队精神[M]. 北京:中国金融出版社,2010.

[28] 洁岛. 世界 500 强员工的 15 种品格[M]. 北京:中国工人出版社,2006.

[29] 严家明. 执行力决定竞争力[M]. 北京:人民邮电出版社,2010.

[30] 徐颖,徐向阳. 学习能力:国家公务员九项能力培训教程[M]. 北京:人民出版社,2005.

[31] 人力资源和社会保障部职业技能鉴定中心. 自我学习能力训练手册[M]. 北京:人民出版社,2011.

[32] 王道华. 学商:学习心理、学习方略、学习能力[M]. 广州:暨南大学出版社,2008.

[33] 李源记忆心理研究室. 提高学习能力宝典[M]. 石家庄:河北美术出版社,2009.

[34] 龚勋. 好成绩有好方法:LQ 学商故事[M]. 重庆:重庆出版社,2012.

[35] 唐曾磊. 爱学习,会学习:学习方法决定学习成绩[M]. 北京:同心出版社,2008.
[36] 李芒. 信息化学习方式[M]. 北京:北京师范大学出版社,2006.
[37] 韩荣华. 新学习革命[M]. 上海:上海三联书店,2008.
[38] (英)维克托·迈尔-舍恩伯格,(英)肯尼思·库克耶. 大数据时代[M]. 盛杨燕,周涛,译. 杭州:浙江人民出版社,2013.
[39] 于丹. 于丹讲孔子的忠恕之道[M]. 北京:中国长安出版社,2006.
[40] 陈琦,刘儒德. 当代教育心理学[M]. 北京:北京师范大学出版社,2005.